Christian Schlieder

Autodesk® Inventor® 2020
DYNAMISCHE SIMULATION

Viele praktische Übungen am
Konstruktionsobjekt RADLADER

Christian Schlieder

Autodesk® Inventor® 2020
DYNAMISCHE SIMULATION

Viele praktische Übungen am
Konstruktionsobjekt RADLADER

Die Bücher der Autodesk-Reihe:

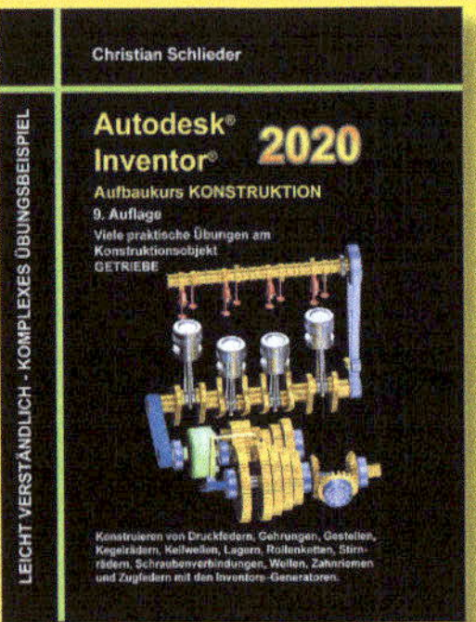

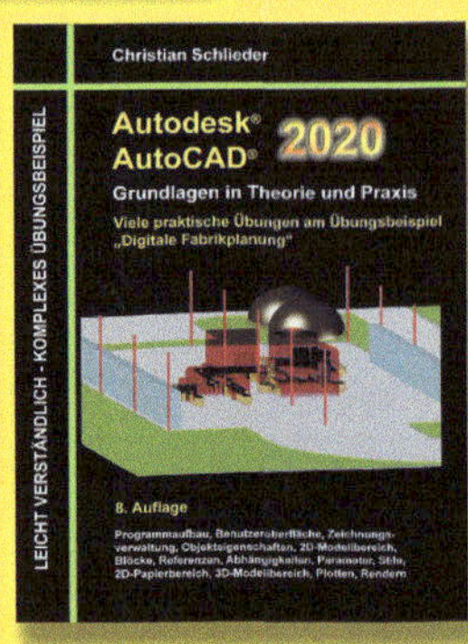

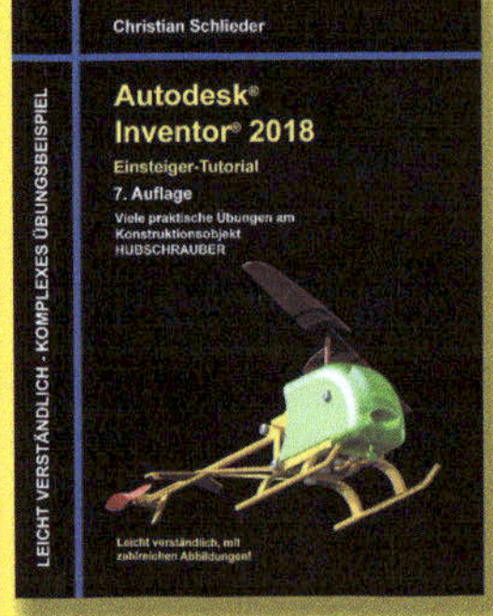

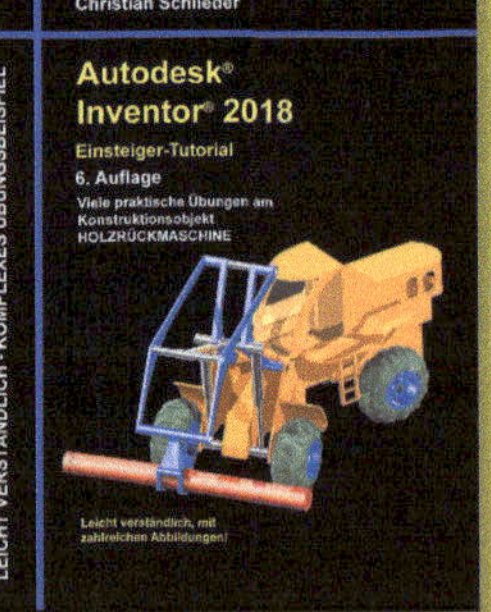

www.cad-trainings.de

ISBN

978-3-7386-3919-3

IMPRESSUM

Dipl.- Ing. Christian Schlieder
www.cad-trainings.de
Fax: +49 (0) 3212 - 1122290

HERSTELLUNG UND VERLAG

Books on Demand GmbH, Norderstedt
www.BoD.de

INHALTSVERZEICHNIS

1 Grundlegendes zum Buch

Dieses Buch ist ein Aufbaukurs für Fortgeschrittene, die mit den Grundlagen von *Autodesk® Inventor® 2020* bereits vertraut sind. Es wird empfohlen, vor der Arbeit mit diesem Buch das Grundlagenbuch:

> *Autodesk® Inventor® 2020 – Grundlagen in Theorie und Praxis*

vollständig durchzuarbeiten, in dem die vorausgesetzten Grundlagen zum Programm vermittelt werden.

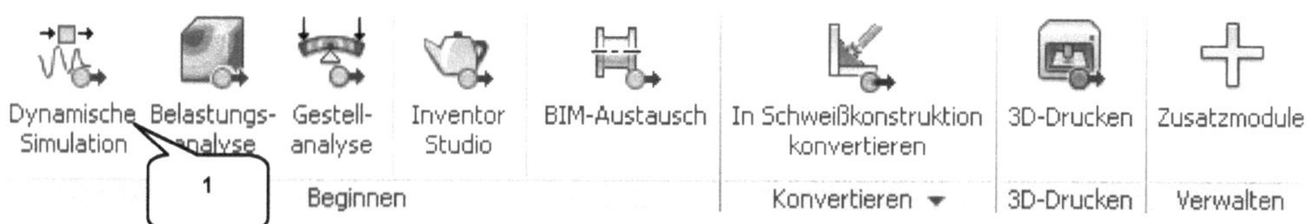

Autodesk® Inventor® 2020 bietet für Baugruppen den speziellen Bereich der *Dynamischen Simulation* (1). Baugruppen können hier um weitere Umgebungsvariablen (wie z. B. Dämpfung, Steifigkeit, Reibungskoeffizient) ergänzt und mit zusätzlichen externen Kräften oder Drehmomenten beaufschlagt werden, was eine Analyse der Baugruppe unter realistischen Bedingungen ermöglicht. Die Berechnungsergebnisse können in den Bereich der Finiten-Elemente-Methode (FEM) exportiert und dort einer statischen Analyse oder einer Modalanalyse unterzogen werden.

Die folgenden Befehle der Dynamischen Simulation werden behandelt:

> *Gelenke einfügen*
> *Abhängigkeiten ableiten*
> *Status des Mechanismus prüfen*
> *Kräfte erzeugen*
> *Drehmomente erzeugen*
> *Ausgabediagramm darstellen*
> *Dynamische Bewegungen*

> *Unbekannte Kraft ermitteln*
> *Spuren darstellen*
> *Filme publizieren*
> *Simulationseinstellungen*
> *Simulationswiedergabe*
> *Exportieren nach FEM*

Das vorliegende Übungsbeispiel bietet genügend Möglichkeiten, die Befehlsketten sporadisch zu verlassen und eigene Versuche zu starten, was dem Anwender auch empfohlen wird. Sollte die Konstellation der Baugruppe dabei zerstört werden, kann ersatzweise die im Downloadordner enthaltene Kopie der Baugruppe verwendet werden.

2 Installation von Autodesk® Inventor® 2020

2.1 Systemanforderungen

Die folgenden von Autodesk® empfohlenen Systemanforderungen gelten für Bauteile und Baugruppen mit weniger als 1000 Bauteilen:

Betriebssystem	64 Bit-Version von Microsoft® Windows® 10 64-Bit-Version von Microsoft® Windows® 8.1 64-Bit-Version von Microsoft® Windows® 7
CPU-Typ	Empfohlen: 3 GHz oder mehr, mindestens 4 Kerne Mindestens: 2,5 GHz oder mehr
Arbeitsspeicher	Empfohlen: 20 GB RAM Mindestens: 8 GB RAM
Festplattenspeicher	Empfohlen: 40 GB
Grafikkarte	Empfohlen: 4 GB GPU mit einer Bandbreite von 106 Gbit/s und kompatibel mit DirectX 11 Mindestens: 1 GB GPU mit einer Bandbreite von 29 Gbit/s und kompatibel mit DirectX 11
Bildschirmauflösung	Empfohlen: 3840x2160 (4K) Bevorzugte Skalierung: 100%, 125%, 150% oder 200% Mindestens: 1280x1024 (1080p)
Zeige-/ Eingabegerät	Maus, Tastatur, optional 3D-Maus
Netzwerk	Internetverbindung für die Webinstallation mit der Autodesk® Desktop-App, die Autodesk®-Funktion für die Zusammenarbeit, die .NET-Installation, Webdownloads und die Lizenzierung. Network License Manager unterstützt Windows Server® 2016, 2012, 2012 R2, 2008 R2 und die oben aufgeführten Betriebssysteme.
Tabellenkalkulation	Vollständige lokale Installation von Microsoft® Excel 2010, 2013 oder 2016 für iFeatures, iParts, iAssemblies, globale Stücklisten, Bauteillisten, Revisionstabellen, tabellenbasierte Konstruktionen und Studio-Animationen von Positionsdarstellungen. Die 64-Bit-Version von Microsoft Office ist erforderlich, um Access 2007-, dBase IV-, Text- und CSV-Formate zu exportieren. Abonnenten von Office 365 müssen sicherstellen, dass Microsoft Excel 2016 lokal installiert ist. Windows Excel Starter®, OpenOffice® und browserbasierte Anwendungen von Office 365 werden nicht unterstützt.
Browser	Google Chrome™ oder gleichwertig
.NET Framework	.NET Framework Version 4.7 oder höher. Die Installation von Windows-Updates ist aktiviert.

Die folgenden zusätzlichen von Autodesk® empfohlenen Systemanforderungen gelten für Bauteile und Baugruppen mit mehr als 1000 Bauteilen:

CPU-Typ	Empfohlen: 3,3 GHz oder mehr, mindestens 4 Kerne
Arbeitsspeicher	Empfohlen: 24 GB RAM oder mehr
Grafik	Empfohlen: 4 GB GPU mit einer Bandbreite von 106 Gbit/s und kompatibel mit DirectX 11

2.2 Für Anwender von Autodesk® Inventor® 2020 auf Macintosh

Sie können Autodesk® Inventor® Professional auf einem Mac®-Computer auf einer Windows-Partition installieren. Das System muss Apple Boot Camp® zum Verwalten einer Konfiguration mit zwei Betriebssystemen verwenden und die folgenden Mindestsystemanforderungen erfüllen:

Betriebssystem	Mindestens: Mac OS™ X 10.13.x Empfohlen: Mac OS™ X 10. 12.x
Parallels	Parallels Desktop 13 oder höher
CPU-Typ	Mindestens: Intel® Core 2 Duo (3 GHz oder höher)
Arbeitsspeicher	Mindestens: 8 GB RAM Empfohlen: 16 GB Ram oder mehr
Partitionsgröße	Mindestens: 100 GB freier Festplattenspeicher Empfohlen: 250 GB freier Festplattenspeicher oder mehr
Betriebssystem	64 Bit-Version von Microsoft® Windows® 10 Anniversary Update (Version 1607 oder höher) 64-Bit-Version von Microsoft® Windows® 8.1 64-Bit-Version von Microsoft® Windows® 7 SP1 mit Update KB4019990

2.3 Download des Programms

Sollten Sie die Software nicht bereits besitzen, haben Sie die Möglichkeit Autodesk® Inventor® 2020 zu privaten Schulungszwecken als kostenlose Version herunterzuladen:

> ➤ *https://www.autodesk.com/education/free-software/inventor-professional*

Eröffnen Sie hierfür einen kostenlosen Autodesk® Account unter demselben Link.

2.4 Installationsvoraussetzungen

Zugriffsrechte

Sie müssen über lokale Benutzer-Administratorrechte verfügen.

> **Systemsteuerung > Benutzerkonten > Benutzerkonten verwalten**

System-Updates/ Antivirenprogramm

Vor der Installation von Autodesk® Inventor® 2020 sollten eventuell noch ausstehende Updates von Windows® durchgeführt werden. Starten Sie den Rechner danach neu. Antivirenprogramme müssen während der Installation eventuell vorübergehend deaktiviert werden.

Language Packs

Prüfen Sie vor der Installation von Autodesk® Inventor® 2020, ob die heruntergeladene Programmversion in der richtigen Sprache vorhanden ist. Eventuell muss vorab ein Sprachpaket heruntergeladen und installiert werden.

Seriennummer/ Produktschlüssel

Beim Download müssen Seriennummer und Produktschlüssel in Erfahrung gebracht werden. Diese werden bei der Installation benötigt.

Beenden anderer Programme

Beenden Sie alle anderen Programme vor der Installation von Autodesk® Inventor® 2020.

2.5 Installation von Autodesk® Inventor® 2020

Stellen Sie vor der Installation von Autodesk® Inventor® 2020 sicher, dass alle Teile des Programms vollständig vorhanden sind. Wurden diese vollständig heruntergeladen (Schritt entfällt, wenn die Software auf DVD vorhanden ist), kann mit der Installation begonnen werden. Sollte das Installationsprogramm noch nicht geöffnet sein, starten Sie dieses. Sie finden es für gewöhnlich im Pfad:

> **C:\Autodesk\Inventor_2020_...\Setup.exe**

Nachdem Sie die Lizenzvereinbarung gelesen und akzeptiert haben, muss im Dropdown-Menü mit den Produktsprachen einer der folgenden Schritte durchgeführt werden:

1) Wählen Sie eine Sprache aus.
2) Wählen Sie unter Lizenztyp die Option *Einzelplatz*.
3) Geben Sie Seriennummer und Produktschlüssel ein (falls erforderlich).
4) Bestimmen Sie den Installationspfad (dieser Pfad darf maximal 260 Zeichen lang sein).
5) Übernehmen Sie die vorgegebene Konfiguration oder passen Sie die Installation an (weitere Informationen zur Konfiguration finden Sie in der Produktdokumentation).
6) Klicken Sie auf *Installieren*.
7) Nach der Installation: Klicken Sie auf *Fertigstellen*.

2.6   *Aktivierung von Autodesk® Inventor® 2020*

Online aktivieren und registrieren

Sobald Autodesk® Inventor® 2020 das erste Mal gestartet wurden, startet auch automatisch der Aktivierungsvorgang. Sollte der PC über eine bestehende Internetverbindung verfügen, führen Sie die folgenden Schritte aus:

1) Achten Sie darauf, dass Ihre Firewall oder Antivirenprogramme den Datenaustausch zwischen Autodesk® Inventor® 2020 und dem Server von Autodesk® nicht unterbrechen.
2) Starten Sie Autodesk® Inventor® 2020.
3) Stimmen Sie den Datenschutzrichtlinien zu.
4) Klicken Sie auf *Aktivieren*.
5) Geben Sie den Produktschlüssel ein, wenn Sie dazu aufgefordert werden sollten. Melden Sie sich an und registrieren Sie das Produkt.

Autodesk® überprüft jetzt die Berechtigungsinformationen, wie z. B. Ihre Seriennummer. Wenn Sie die Aktivierungsaufforderung sehen und keine Verbindung mit dem Internet herstellen können, ist die Aktivierung manuell vorzunehmen.

Manuelles Aktivieren und Registrieren (offline)

Sollte der PC über keine bestehende Internetverbindung verfügen, führen Sie die folgenden Schritte aus:

1) Starten Sie Autodesk® Inventor® 2020.
2) Stimmen Sie den Datenschutzrichtlinien zu.
3) Klicken Sie auf *Aktivieren*.
4) Wählen Sie Aktivierungscode *Mit einer Offlinemethode anfordern*.
5) Klicken Sie auf *Weiter*.
6) Notieren Sie die Aktivierungsinformationen, die auf dem Bildschirm angezeigt werden, einschließlich der URL.
7) Starten Sie ein Gerät mit einer bestehenden Internetverbindung.
8) Öffnen Sie die URL aus Punkt (6). Melden Sie sich an und registrieren Sie das Produkt.
9) Notieren Sie den Aktivierungscode.
10) Starten Sie Autodesk® Inventor® 2020.
11) Klicken Sie auf *Aktivieren*.
12) Wählen Sie die Option *Ich habe einen Aktivierungscode von Autodesk*.
13) Kopieren Sie den Aktivierungscode, und fügen Sie ihn in das erste Feld ein, um automatisch die anderen Felder auszufüllen.
14) Klicken Sie auf *Weiter*.

3 Programmaufbau und Programmoberfläche

3.1 Programmaufbau

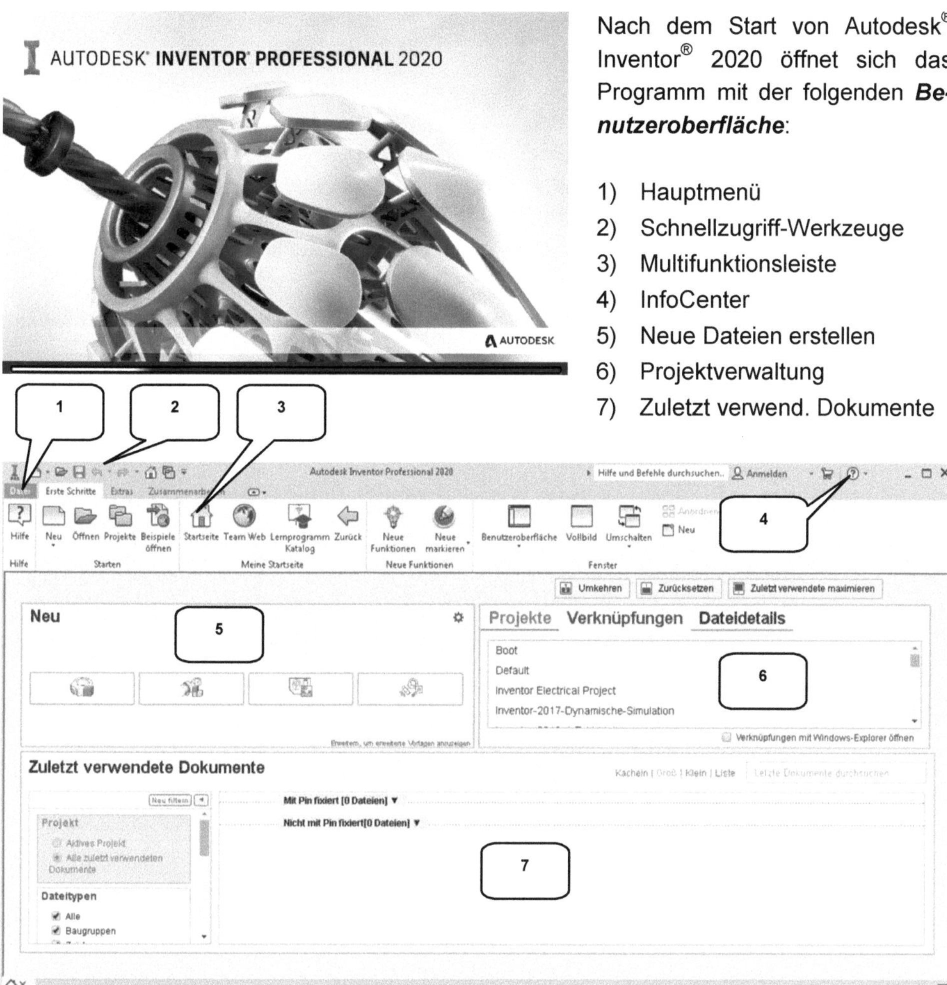

Nach dem Start von Autodesk$^®$ Inventor$^®$ 2020 öffnet sich das Programm mit der folgenden **Benutzeroberfläche**:

1) Hauptmenü
2) Schnellzugriff-Werkzeuge
3) Multifunktionsleiste
4) InfoCenter
5) Neue Dateien erstellen
6) Projektverwaltung
7) Zuletzt verwend. Dokumente

3.2 Hauptmenü

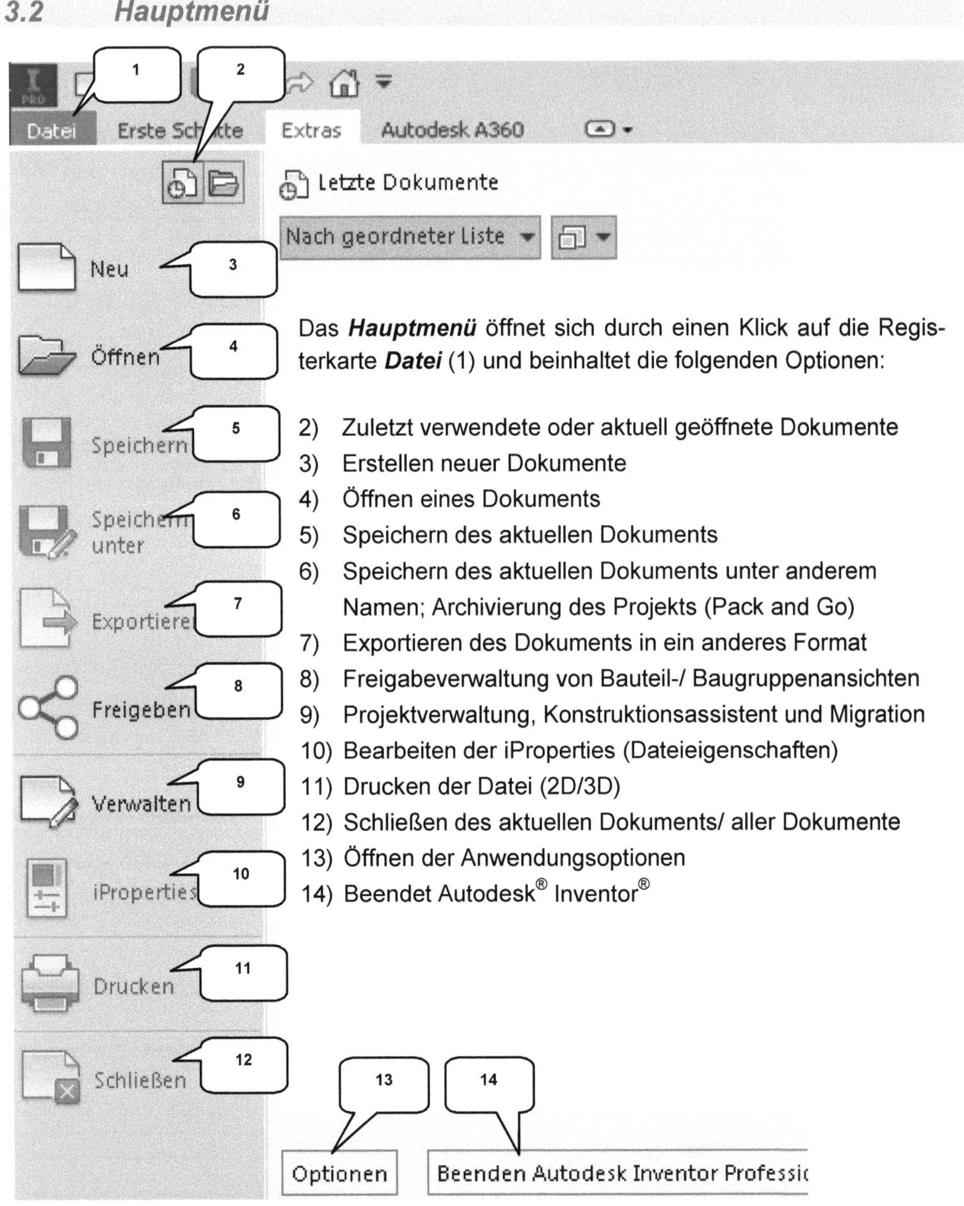

Das *Hauptmenü* öffnet sich durch einen Klick auf die Registerkarte *Datei* (1) und beinhaltet die folgenden Optionen:

2) Zuletzt verwendete oder aktuell geöffnete Dokumente
3) Erstellen neuer Dokumente
4) Öffnen eines Dokuments
5) Speichern des aktuellen Dokuments
6) Speichern des aktuellen Dokuments unter anderem Namen; Archivierung des Projekts (Pack and Go)
7) Exportieren des Dokuments in ein anderes Format
8) Freigabeverwaltung von Bauteil-/ Baugruppenansichten
9) Projektverwaltung, Konstruktionsassistent und Migration
10) Bearbeiten der iProperties (Dateieigenschaften)
11) Drucken der Datei (2D/3D)
12) Schließen des aktuellen Dokuments/ aller Dokumente
13) Öffnen der Anwendungsoptionen
14) Beendet Autodesk® Inventor®

HINWEIS: Die jeweiligen Befehle können mit einem Klick der linken Maustaste auf die nebenstehenden Dreiecke noch erweitert werden.

3.3 Schnellzugriff-Werkzeuge

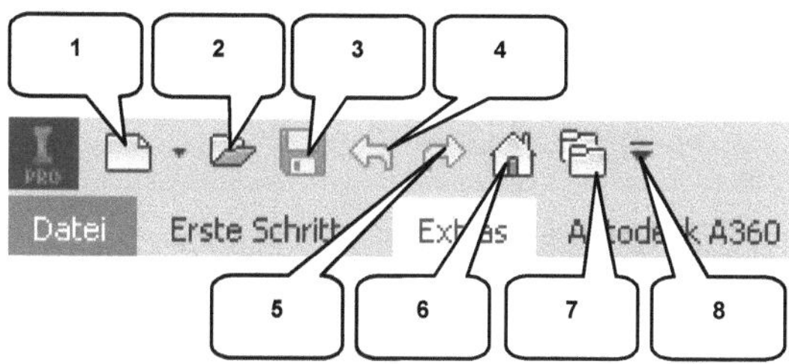

Die **Schnellzugriff-Werkzeuge** sind einige häufig verwendete Befehle, die einzeln ein- oder ausgeblendet werden können. Die folgenden Befehle befinden sich darin:

1) Erstellen eines neuen Dokuments
2) Öffnen eines vorhandenen Dokuments
3) Speichern des Dokuments
4) Einen Arbeitsschritt zurück

5) Einen Arbeitsschritt vorwärts
6) Aktiviert die Startseite
7) Öffnet die Projektverwaltung
8) Schnellzugriff-Werkzeuge anpassen

3.4 Multifunktionsleiste

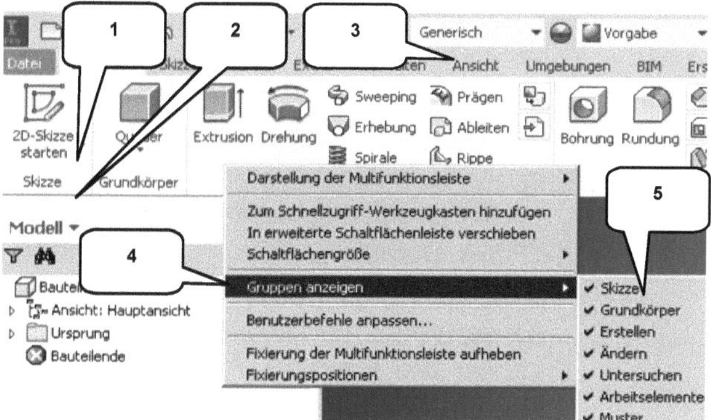

Die **Multifunktionsleiste** (1) befindet sich im oberen Bereich des Programms und enthält verschiedene Befehlsgruppen (2), deren Inhalt entsprechend der Auswahl einer der verfügbaren Registerkarten (3) variiert. Jede Registerkarte enthält diverse Befehlsgruppen, welche ein- oder ausgeblendet werden können.

Zum Ein- oder Auszublenden der Befehlsgruppen muss mit der **rechten Maustaste** auf einen beliebigen Bereich der Multifunktionsleiste (1) geklickt werden, um im Kontextmenü die Option **Gruppen anzeigen** (4) zu erweitern und darin (5) die jeweiligen Befehlsgruppen zu aktivieren oder deaktivieren.

HINWEIS: Sollten in diesem Buch Befehle verwendet werden, die Sie in Ihrer Multifunktionsleiste im entsprechenden Arbeitsbereich nicht finden können, kontrollieren Sie bitte ob die entsprechende Befehlsgruppe bereits aktiviert wurde. Wenn nicht, muss dieser Schritt zuerst durchgeführt werden.

3.5 Browser

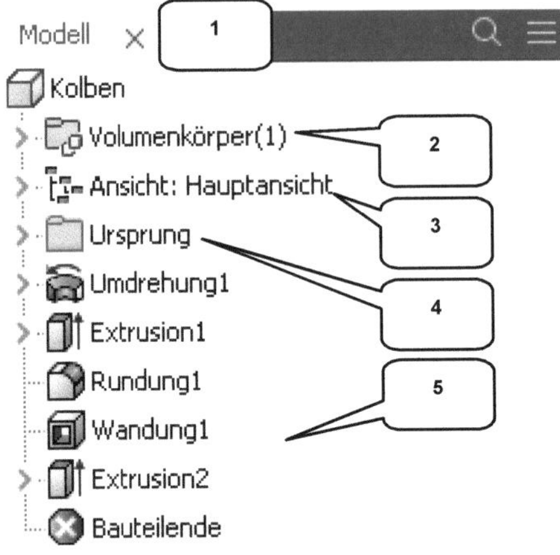

Der **Browser** (1) spiegelt den grundlegenden Aufbau eines Objekts wieder der je Arbeitsbereich inhaltlich variiert.

> ### Bauteil-Browser

In einem **Bauteil-Browser** befinden sich z. B. der Ordner **Volumenkörper** (2) (er listet die einzelnen Volumenkörper eines Bauteils auf), der Ordner **Ansicht** (3) (er beinhaltet die Ansichten eines Bauteils) sowie der Ordner **Ursprung** (4) (er listet die Hauptachsen und -ebenen des Bauteils auf). Weiterhin werden alle bereits am Bauteil vorgenommenen **Arbeitsschritte** (5) chronologisch aufgelistet und können hier bearbeitet werden.

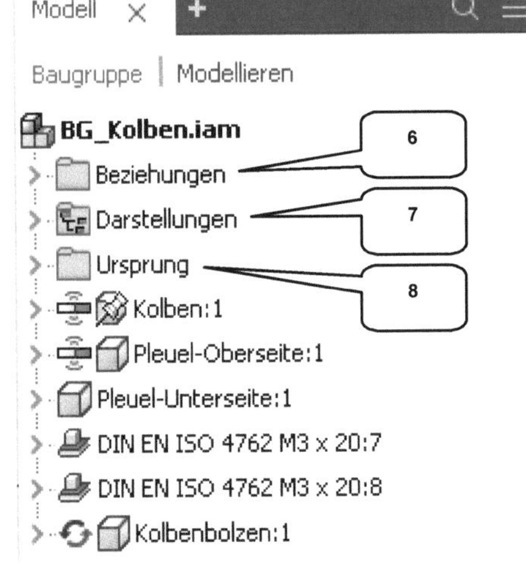

> ### Baugruppen-Browser

Im **Baugruppen-Browser** befinden sich der Ordner **Beziehungen** (6) (mit allen in der Baugruppe besetzten Verbindungen/ Abhängigkeiten), der Ordner **Darstellungen** (7) (mit den Ansichten, Positionen und Detailgenauigkeiten der Baugruppe) und der Ordner **Ursprung** (8) mit den Achsen/ Ebenen. Natürlich werden auch alle in der Baugruppe vorhandenen Komponenten (Bauteile/ Normteile) aufgelistet.

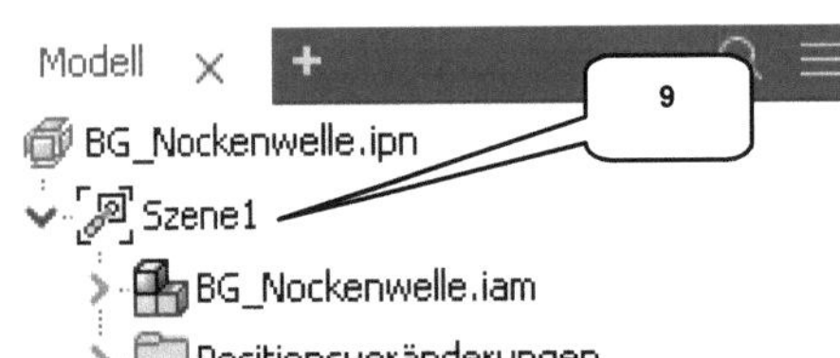

> ### Präsentations-Browser

Der **Präsentations-Browser** enthält einen Ordner **Szene** (9). Darin werden die Präsentationsdrehbücher der animierten Baugruppen und die zugehörigen Pfade abgelegt.

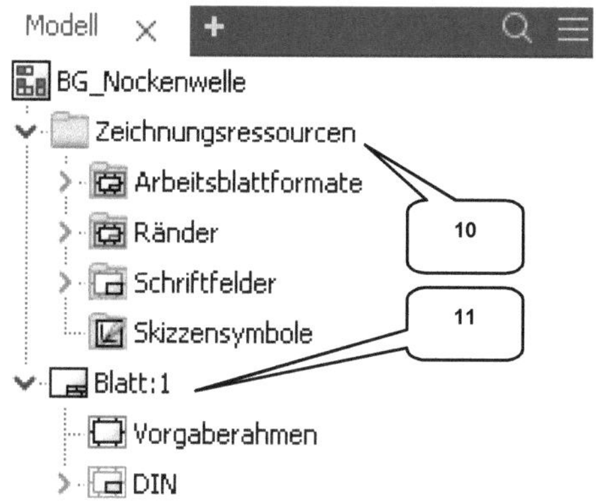

> ### *Zeichnungs-Browser*

Im *Zeichnungs-Browser* gibt es den Ordner *Zeichnungsressourcen* (10) (mit allen vordefinierten Arbeitsblattformaten, Rändern, Schriftfeldern und Symbolen) und je Zeichnung einen Ordner *Blatt* (11). Jedes Zeichnungsblatt beinhaltet die dem Blatt zugeordneten Arbeitsblattformate, Ränder, Schriftfelder und Symbole sowie dargestellten Ansichten mit den darin abgebildeten Komponenten.

3.6   *Arbeitsbereich*
3.6.1   *Startbildschirm*

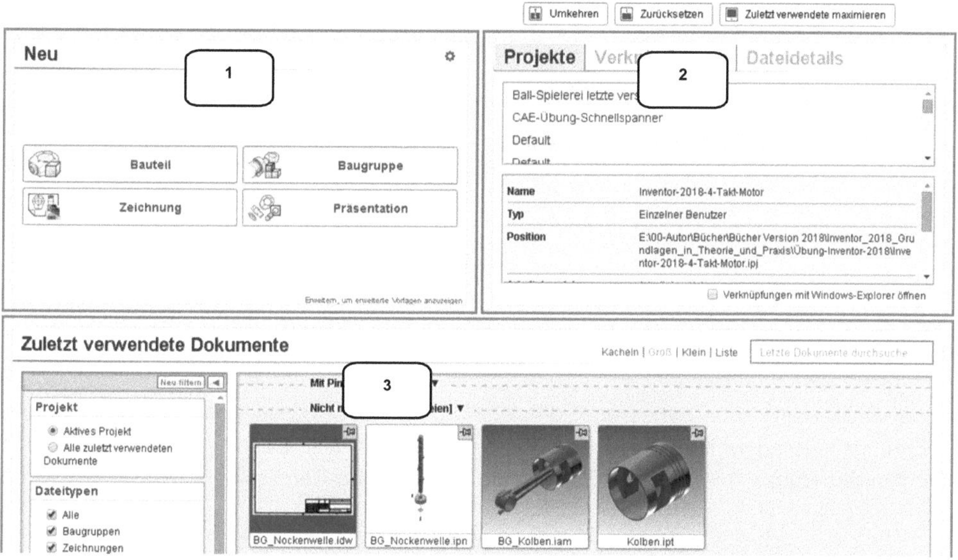

Nach dem Start des Programms wird dem Benutzer ein *Startbildschirm* mit den folgenden Inhalten angeboten:

1) Erstellen eines neuen Dokuments
2) Projektverwaltung
3) Öffnen eines bereits vorhandenen Dokuments

4 Die ersten Schritte

4.1 Programmhilfe und neue Funktionen

In der Befehlsgruppe *Hilfe* (Register *Erste Schritte*) befindet sich der Befehl ⌧ Hilfe (1). Ein Klick darauf öffnet im Arbeitsbereich die Online-Hilfe wenn ein Internetzugang vorhanden ist (ggf. müssen die Einstellungen der Firewall bearbeitet werden).

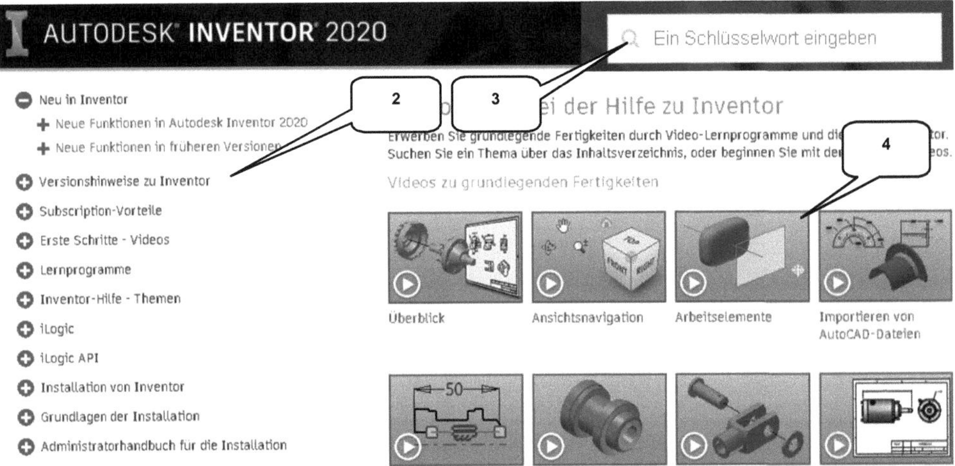

In der Online-Hilfe kann entweder in der *Inhaltsübersicht* (2) aus einem der angebotenen Themengebiete auswählt werden, oder ein bestimmter Befehl/ Begriff *gesucht* werden (3). Der *Ausgabebereich* (4) stellt die Ergebnisse dann anschließend dar.

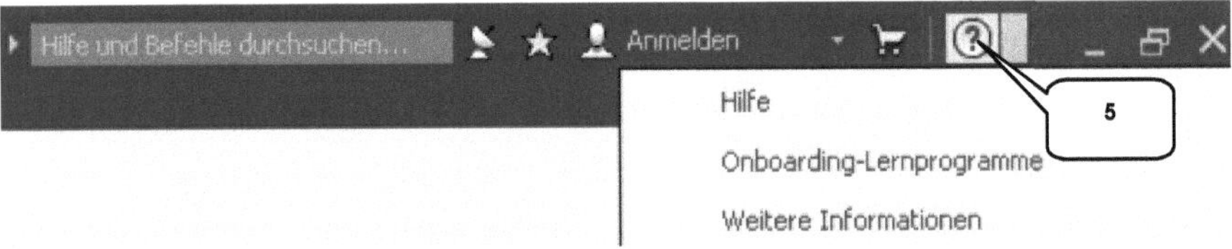

HINWEIS: Die Programmhilfe kann auch durch den Befehl ? Hilfe (5) in der oberen Programmleiste gestartet werden.

4.2 Lernprogramme

Startet man den Befehl 📤 **Lernprogrammkatalog** (1), so öffnet sich eine interaktive Lernumgebung (2) in der schrittweise der Umgang mit der Software erlernt und mit diversen Übungen gefestigt werden kann.

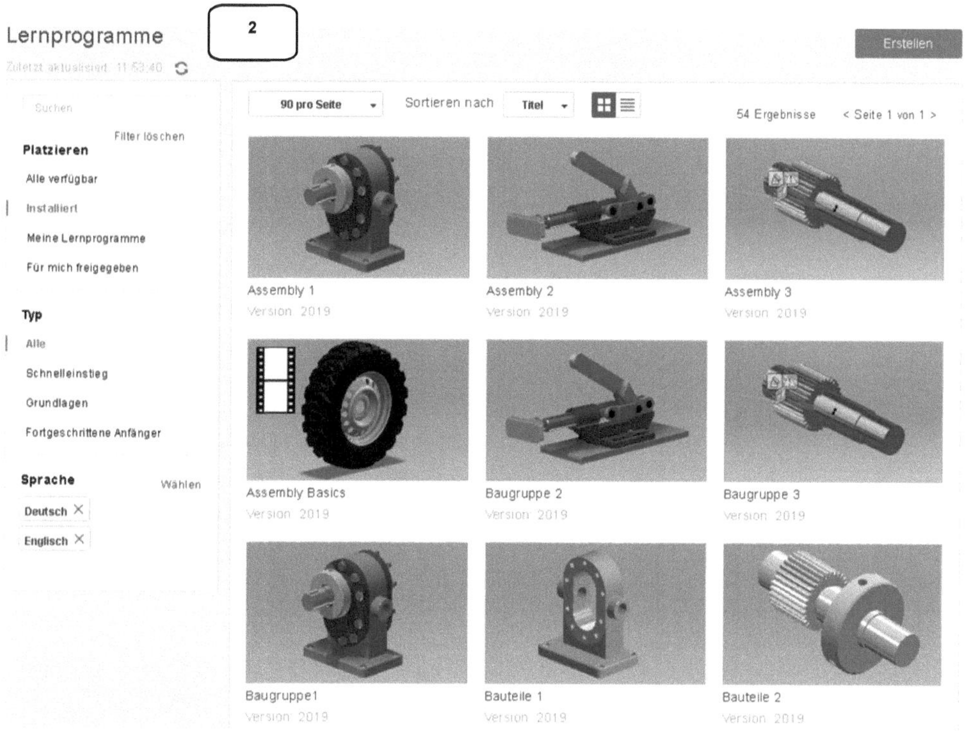

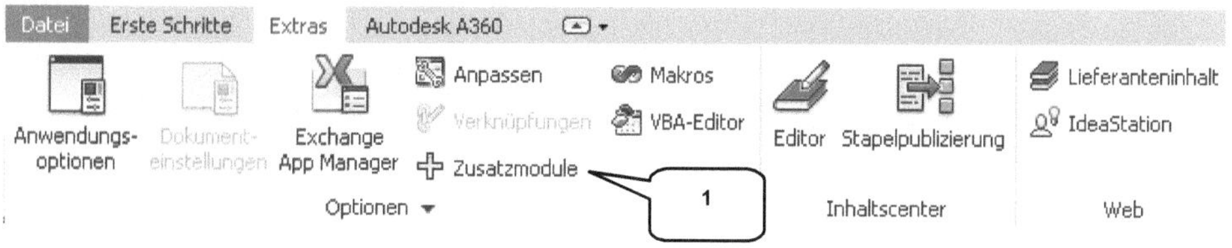

4.3 Zusatzmodule (empfohlene Einstellungen)

In der Befehlsgruppe **Optionen** (Register **Extras**) befindet sich der Befehl ✛ Zusatz-module (1) welcher den **Zusatzmodul-Manager** öffnet. Damit können die automatisch beim Programmstart zusätzlich zu den Standardeinstellungen zu aktivierenden Programm-Module festgelegt werden.

Um ein Modul automatisch laden zu lassen, muss dieses in der **Liste** (2) aktiviert werden, um anschließend die beiden Haken im Bereich **Ladeverhalten** (3) zu setzen. Andernfalls sind die Haken zu entfernen.

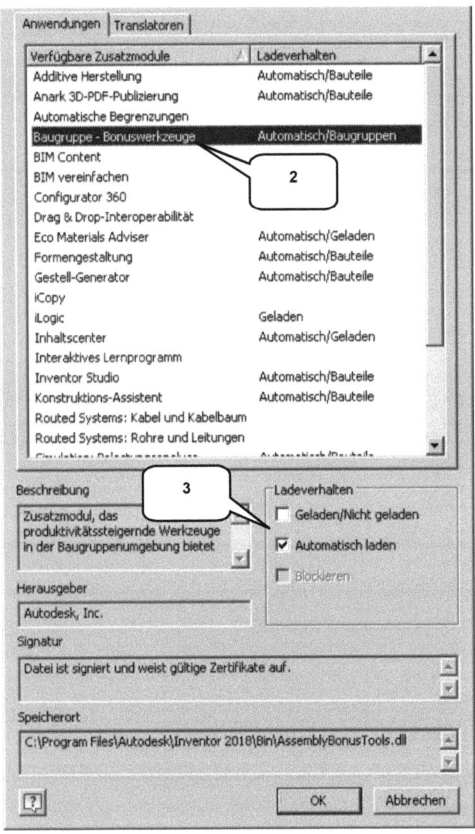

Die Aktivierung der folgenden Module wird empfohlen:

> Additive Herstellung
> Automatische Begrenzungen
> Baugruppe - Bonuswerkzeuge
> BIM-Austausch
> BIM-Vereinfachen
> Gestell-Generator
> iCopy
> iLogic
> Inhaltscenter
> Inventor Studio
> Konstruktions-Assistent
> Simulation: Belastungsanalyse
> Simulation: Dynamische Simulation
> Simulation: Gestellanalyse

HINWEIS: Je nach Programmversion (Inventor® oder Inventor® Professional) können einige der Module unter Umständen nicht aktiviert werden. Bitte beachten Sie weiterhin, dass eine generelle Aktivierung aller verfügbaren Module die Leistungsfähigkeit des PCs stark beeinträchtigen kann und deshalb nicht zu empfehlen ist.

4.4 Anwendungsoptionen (empfohlene Einstellungen)

Mit dem Befehl 🖪 **Anwendungsoptionen** (1) werden die Grundeinstellungen des Programms festgelegt. Er sollte jetzt geöffnet und die folgenden Einstellungen kontrolliert werden:

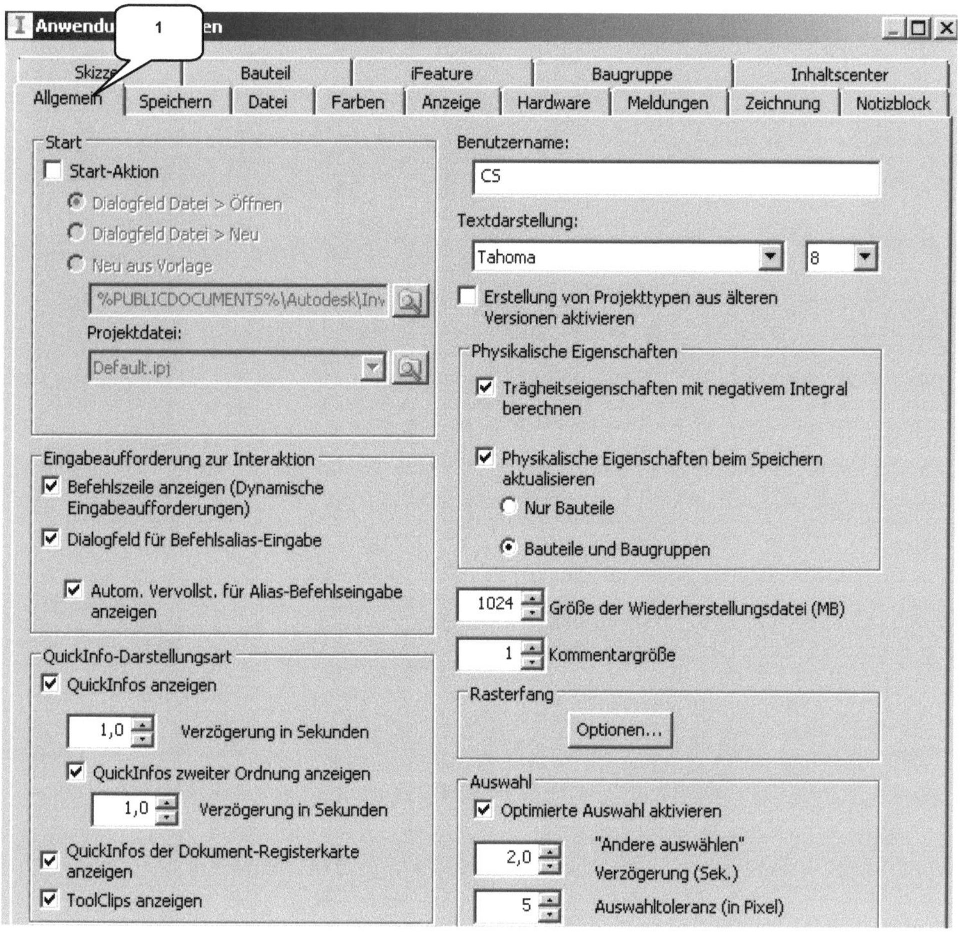

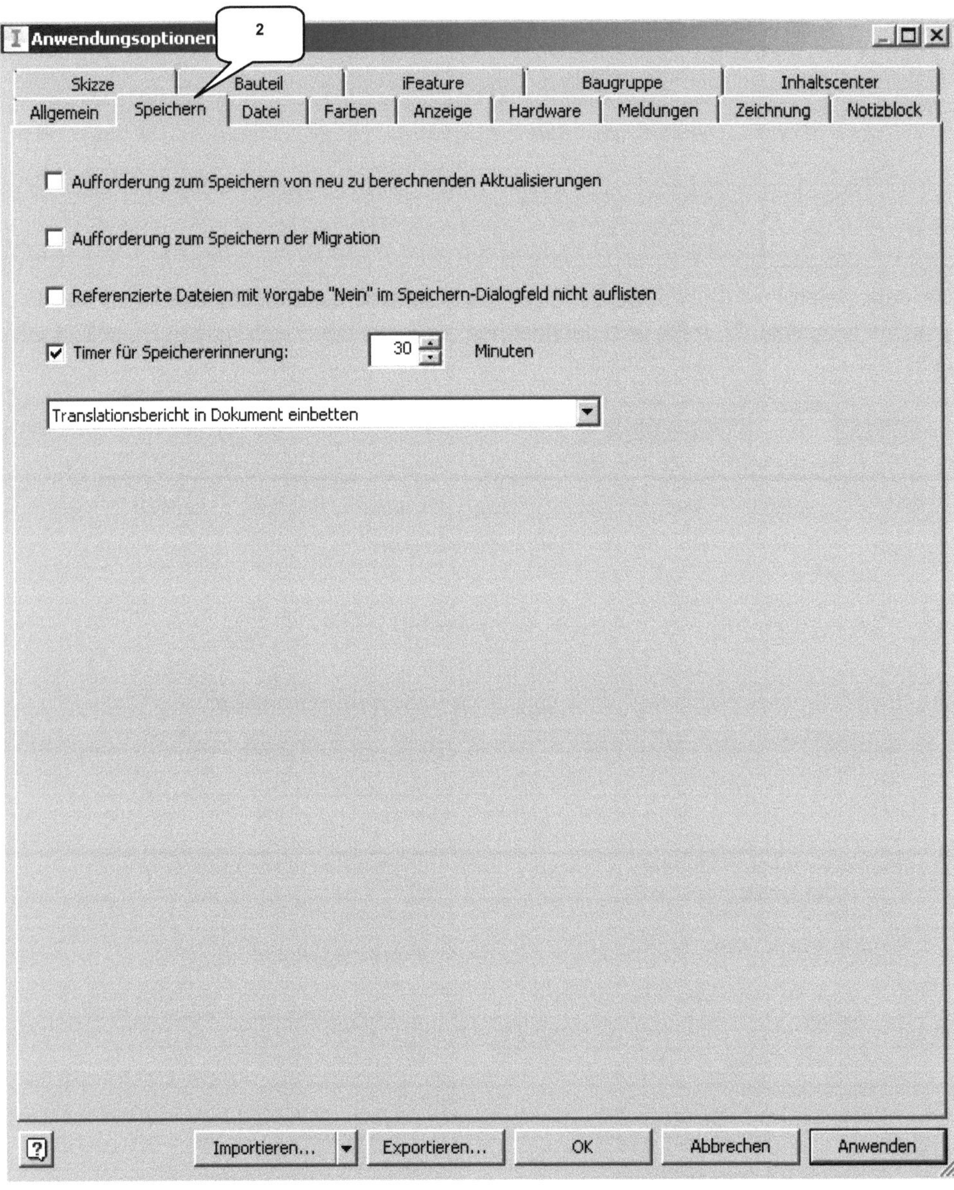
Anwendungsoptionen
2
Skizze   Bauteil   iFeature   Baugruppe   Inhaltscenter
Allgemein   Speichern   Datei   Farben   Anzeige   Hardware   Meldungen   Zeichnung   Notizblock
Aufforderung zum Speichern von neu zu berechnenden Aktualisierungen
Aufforderung zum Speichern der Migration
Referenzierte Dateien mit Vorgabe "Nein" im Speichern-Dialogfeld nicht auflisten
Timer für Speichererinnerung: 30   Minuten
Translationsbericht in Dokument einbetten
Importieren...   Exportieren...   OK   Abbrechen   Anwenden

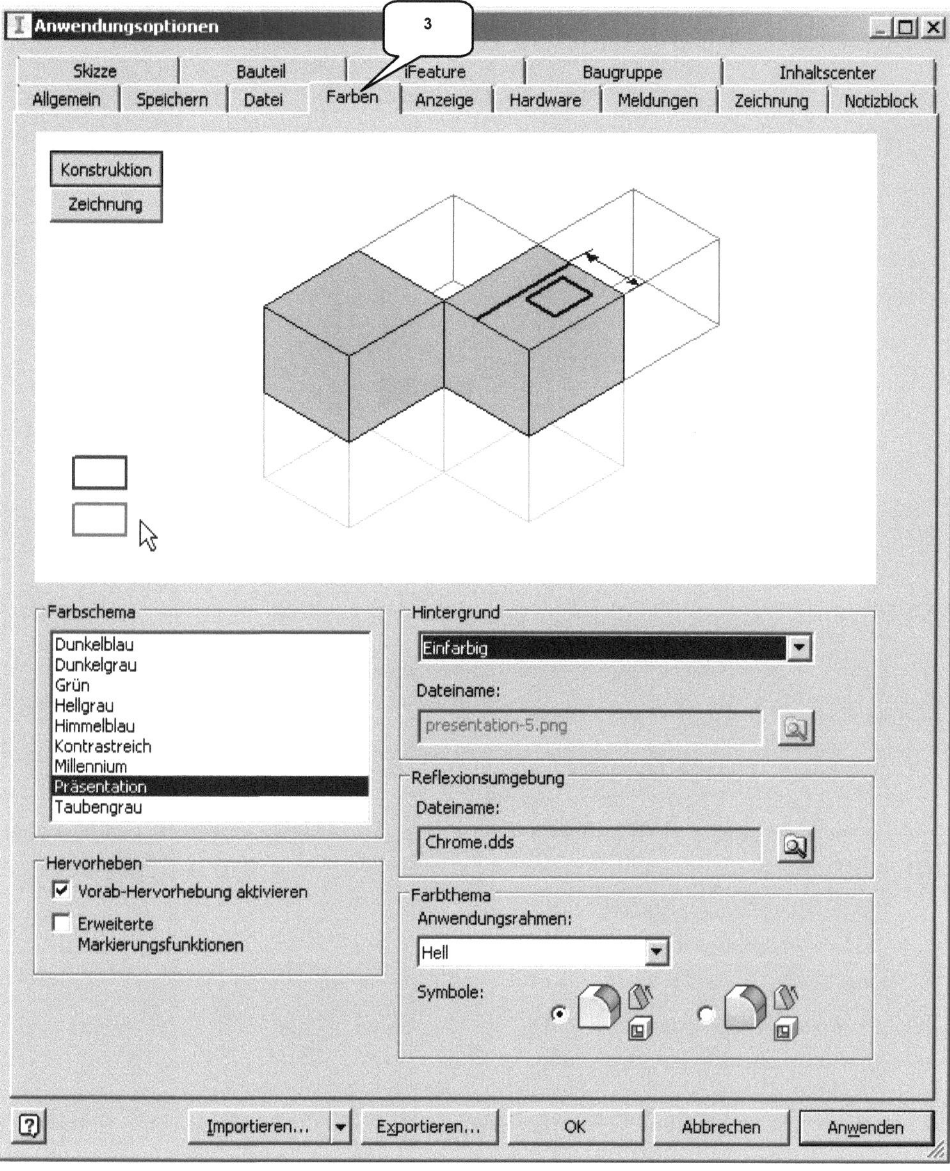
Anwendungsoptionen
3
Skizze
Bauteil
iFeature
Baugruppe
Inhaltscenter
Allgemein
Speichern
Datei
Farben
Anzeige
Hardware
Meldungen
Zeichnung
Notizblock
Konstruktion
Zeichnung
Farbschema
Dunkelblau
Dunkelgrau
Grün
Hellgrau
Himmelblau
Kontrastreich
Millennium
Präsentation
Taubengrau
Hervorheben
Vorab-Hervorhebung aktivieren
Erweiterte
Markierungsfunktionen
Hintergrund
Einfarbig
Dateiname:
presentation-5.png
Reflexionsumgebung
Dateiname:
Chrome.dds
Farbthema
Anwendungsrahmen:
Hell
Symbole:
Importieren...
Exportieren...
OK
Abbrechen
Anwenden

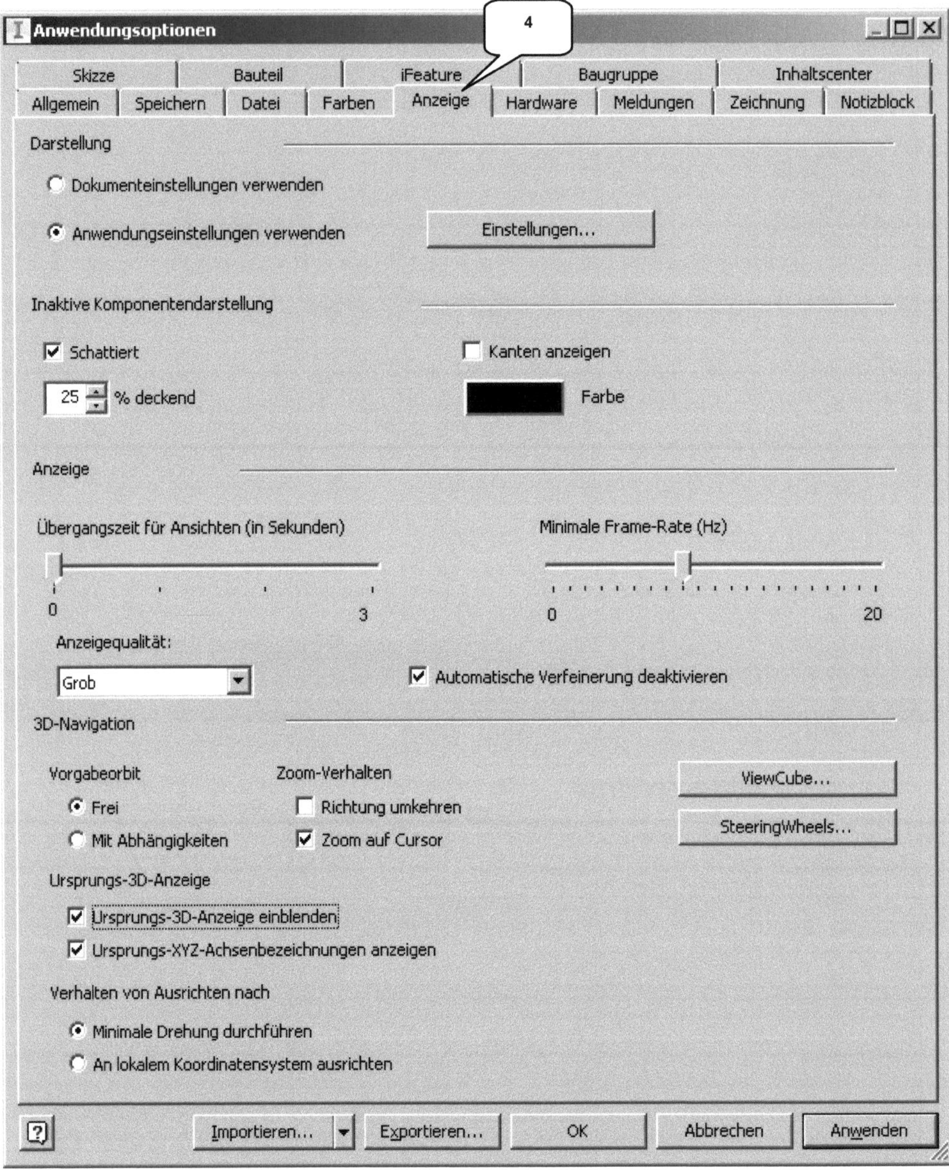
Anwendungsoptionen
4
Skizze
Bauteil
iFeature
Baugruppe
Inhaltscenter
Allgemein
Speichern
Datei
Farben
Anzeige
Hardware
Meldungen
Zeichnung
Notizblock
Darstellung
Dokumenteinstellungen verwenden
Anwendungseinstellungen verwenden
Einstellungen...
Inaktive Komponentendarstellung
Schattiert
Kanten anzeigen
25 % deckend
Farbe
Anzeige
Übergangszeit für Ansichten (in Sekunden)
Minimale Frame-Rate (Hz)
0
3
0
20
Anzeigequalität:
Grob
Automatische Verfeinerung deaktivieren
3D-Navigation
Vorgabeorbit
Zoom-Verhalten
Frei
Richtung umkehren
Mit Abhängigkeiten
Zoom auf Cursor
ViewCube...
SteeringWheels...
Ursprungs-3D-Anzeige
Ursprungs-3D-Anzeige einblenden
Ursprungs-XYZ-Achsenbezeichnungen anzeigen
Verhalten von Ausrichten nach
Minimale Drehung durchführen
An lokalem Koordinatensystem ausrichten
Importieren...
Exportieren...
OK
Abbrechen
Anwenden

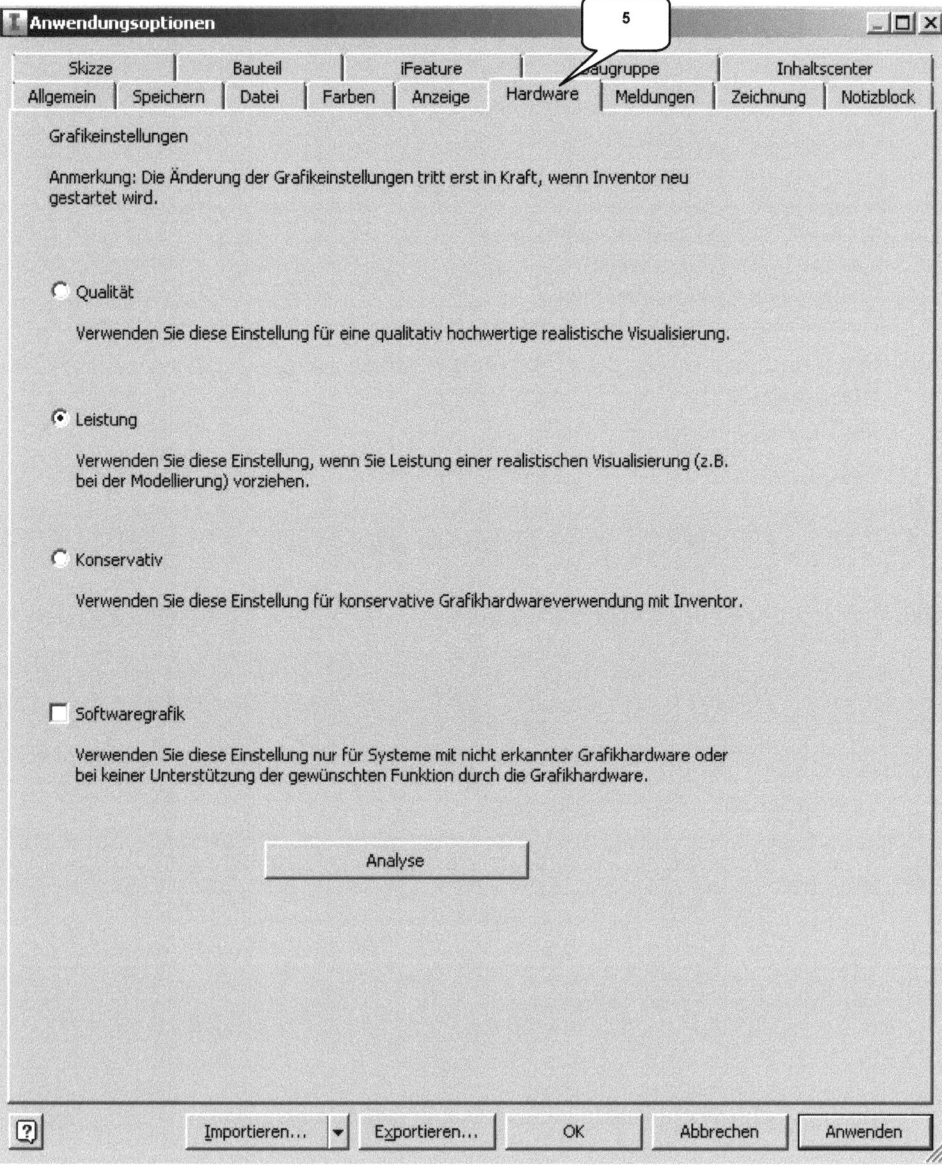

5
Anwendungsoptionen
Skizze
Bauteil
iFeature
Baugruppe
Inhaltscenter
Allgemein
Speichern
Datei
Farben
Anzeige
Hardware
Meldungen
Zeichnung
Notizblock
Grafikeinstellungen
Anmerkung: Die Änderung der Grafikeinstellungen tritt erst in Kraft, wenn Inventor neu gestartet wird.
Qualität
Verwenden Sie diese Einstellung für eine qualitativ hochwertige realistische Visualisierung.
Leistung
Verwenden Sie diese Einstellung, wenn Sie Leistung einer realistischen Visualisierung (z.B. bei der Modellierung) vorziehen.
Konservativ
Verwenden Sie diese Einstellung für konservative Grafikhardwareverwendung mit Inventor.
Softwaregrafik
Verwenden Sie diese Einstellung nur für Systeme mit nicht erkannter Grafikhardware oder bei keiner Unterstützung der gewünschten Funktion durch die Grafikhardware.
Analyse
Importieren...
Exportieren...
OK
Abbrechen
Anwenden

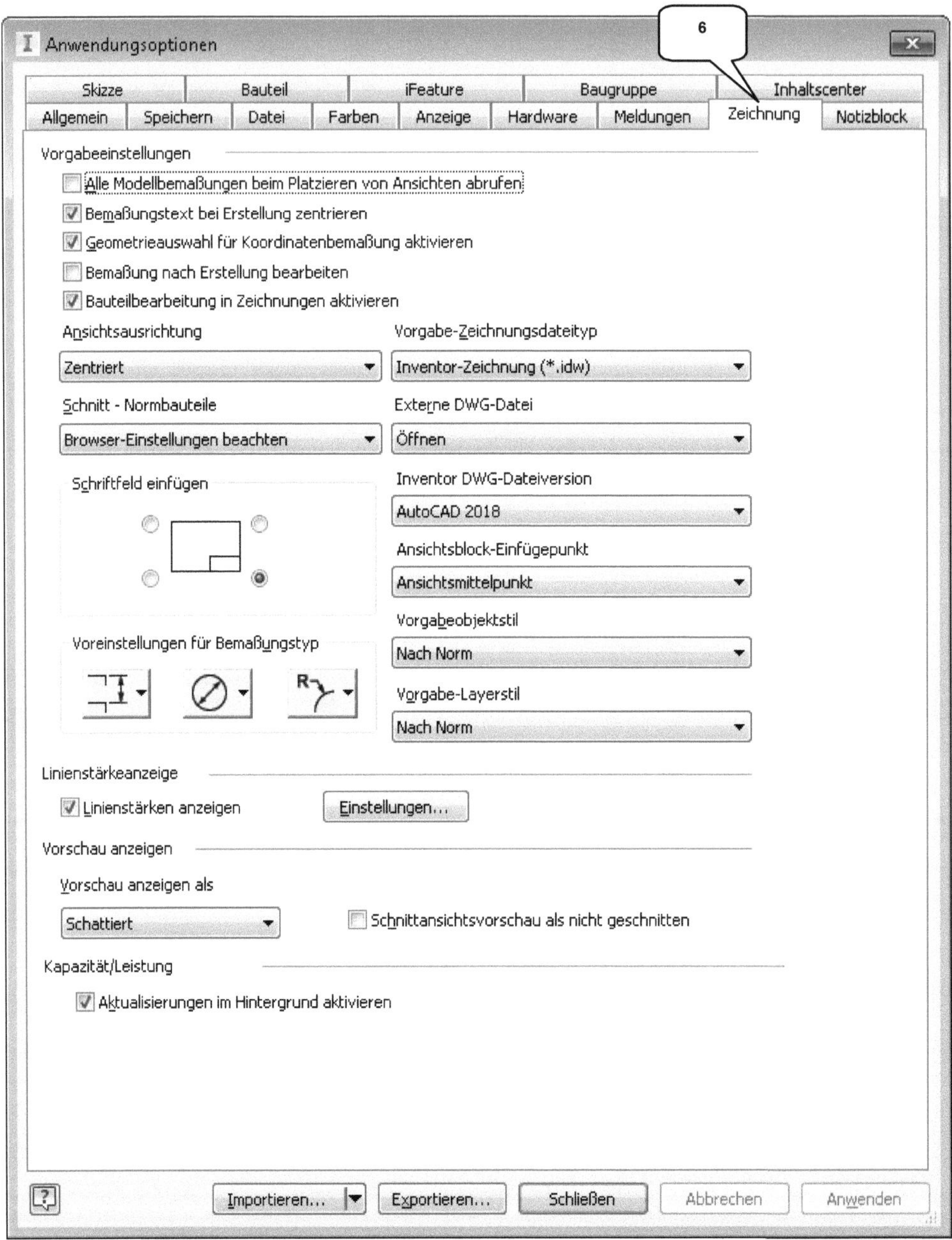
6
Anwendungsoptionen
Skizze
Bauteil
iFeature
Baugruppe
Inhaltscenter
Allgemein
Speichern
Datei
Farben
Anzeige
Hardware
Meldungen
Zeichnung
Notizblock
Vorgabeeinstellungen
Alle Modellbemaßungen beim Platzieren von Ansichten abrufen
Bemaßungstext bei Erstellung zentrieren
Geometrieauswahl für Koordinatenbemaßung aktivieren
Bemaßung nach Erstellung bearbeiten
Bauteilbearbeitung in Zeichnungen aktivieren
Ansichtsausrichtung
Zentriert
Vorgabe-Zeichnungsdateityp
Inventor-Zeichnung (*.idw)
Schnitt - Normbauteile
Browser-Einstellungen beachten
Externe DWG-Datei
Öffnen
Schriftfeld einfügen
Inventor DWG-Dateiversion
AutoCAD 2018
Ansichtsblock-Einfügepunkt
Ansichtsmittelpunkt
Voreinstellungen für Bemaßungstyp
Vorgabeobjektstil
Nach Norm
R
Vorgabe-Layerstil
Nach Norm
Linienstärkeanzeige
Linienstärken anzeigen
Einstellungen...
Vorschau anzeigen
Vorschau anzeigen als
Schattiert
Schnittansichtsvorschau als nicht geschnitten
Kapazität/Leistung
Aktualisierungen im Hintergrund aktivieren
Importieren...
Exportieren...
Schließen
Abbrechen
Anwenden

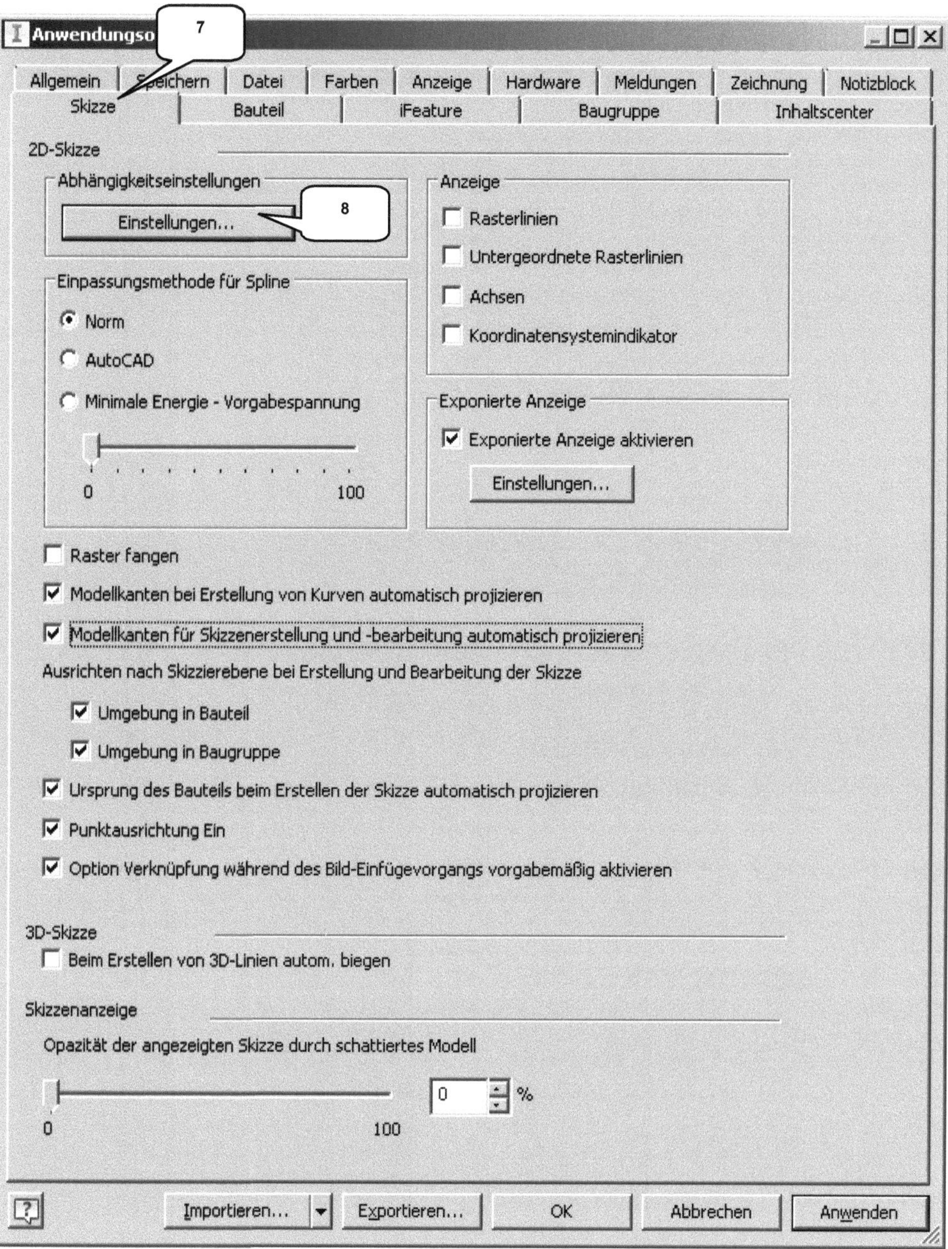

Anwendungso
7
8
Allgemein | Speichern | Datei | Farben | Anzeige | Hardware | Meldungen | Zeichnung | Notizblock
Skizze | Bauteil | iFeature | Baugruppe | Inhaltscenter
2D-Skizze
Abhängigkeitseinstellungen
Einstellungen...
Einpassungsmethode für Spline
Norm
AutoCAD
Minimale Energie - Vorgabespannung
0
100
Anzeige
Rasterlinien
Untergeordnete Rasterlinien
Achsen
Koordinatensystemindikator
Exponierte Anzeige
Exponierte Anzeige aktivieren
Einstellungen...
Raster fangen
Modellkanten bei Erstellung von Kurven automatisch projizieren
Modellkanten für Skizzenerstellung und -bearbeitung automatisch projizieren
Ausrichten nach Skizzierebene bei Erstellung und Bearbeitung der Skizze
Umgebung in Bauteil
Umgebung in Baugruppe
Ursprung des Bauteils beim Erstellen der Skizze automatisch projizieren
Punktausrichtung Ein
Option Verknüpfung während des Bild-Einfügevorgangs vorgabemäßig aktivieren
3D-Skizze
Beim Erstellen von 3D-Linien autom. biegen
Skizzenanzeige
Opazität der angezeigten Skizze durch schattiertes Modell
0
100
0 %
Importieren... | Exportieren... | OK | Abbrechen | Anwenden

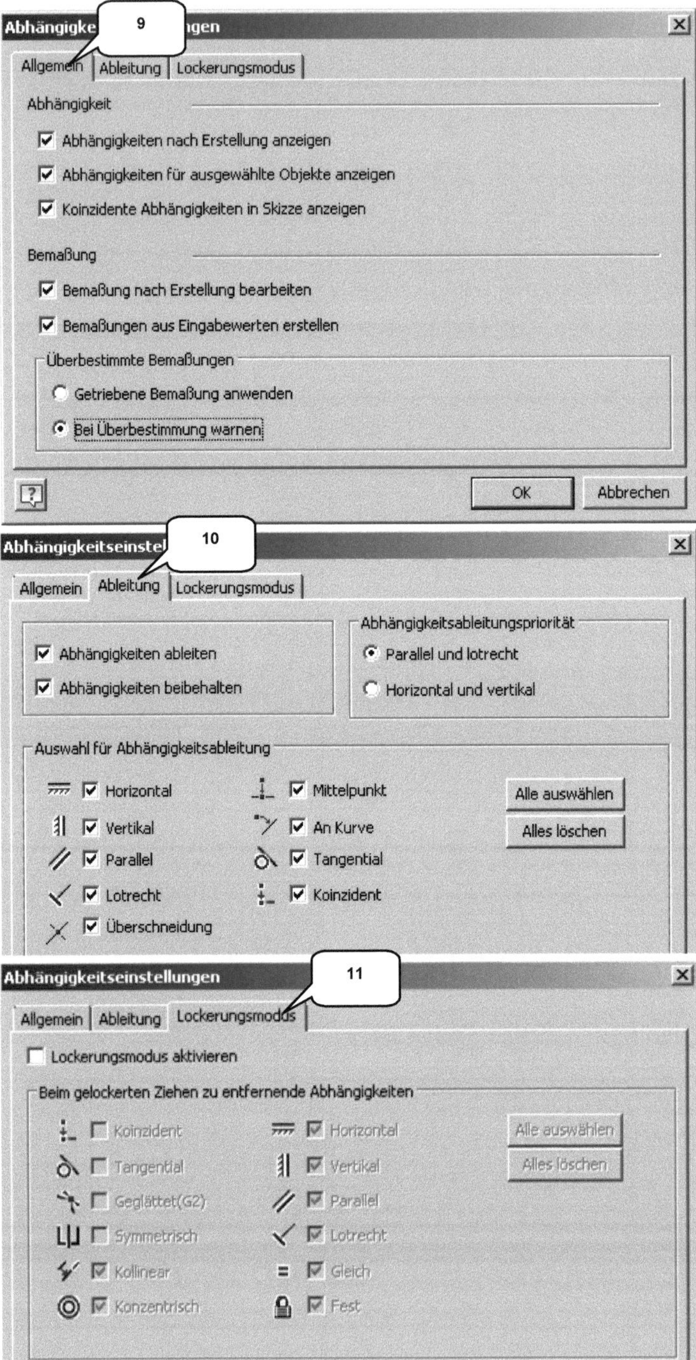
Abhängigke   ngen
9
Allgemein | Ableitung | Lockerungsmodus
Abhängigkeit
Abhängigkeiten nach Erstellung anzeigen
Abhängigkeiten für ausgewählte Objekte anzeigen
Koinzidente Abhängigkeiten in Skizze anzeigen
Bemaßung
Bemaßung nach Erstellung bearbeiten
Bemaßungen aus Eingabewerten erstellen
Überbestimmte Bemaßungen
Getriebene Bemaßung anwenden
Bei Überbestimmung warnen
OK
Abbrechen
Abhängigkeitseinstel   ngen
10
Allgemein | Ableitung | Lockerungsmodus
Abhängigkeiten ableiten
Abhängigkeiten beibehalten
Abhängigkeitsableitungspriorität
Parallel und lotrecht
Horizontal und vertikal
Auswahl für Abhängigkeitsableitung
Horizontal
Vertikal
Parallel
Lotrecht
Überschneidung
Mittelpunkt
An Kurve
Tangential
Koinzident
Alle auswählen
Alles löschen
Abhängigkeitseinstellungen
11
Allgemein | Ableitung | Lockerungsmodus
Lockerungsmodus aktivieren
Beim gelockerten Ziehen zu entfernende Abhängigkeiten
Koinzident
Tangential
Geglättet(G2)
Symmetrisch
Kollinear
Konzentrisch
Horizontal
Vertikal
Parallel
Lotrecht
Gleich
Fest
Alle auswählen
Alles löschen

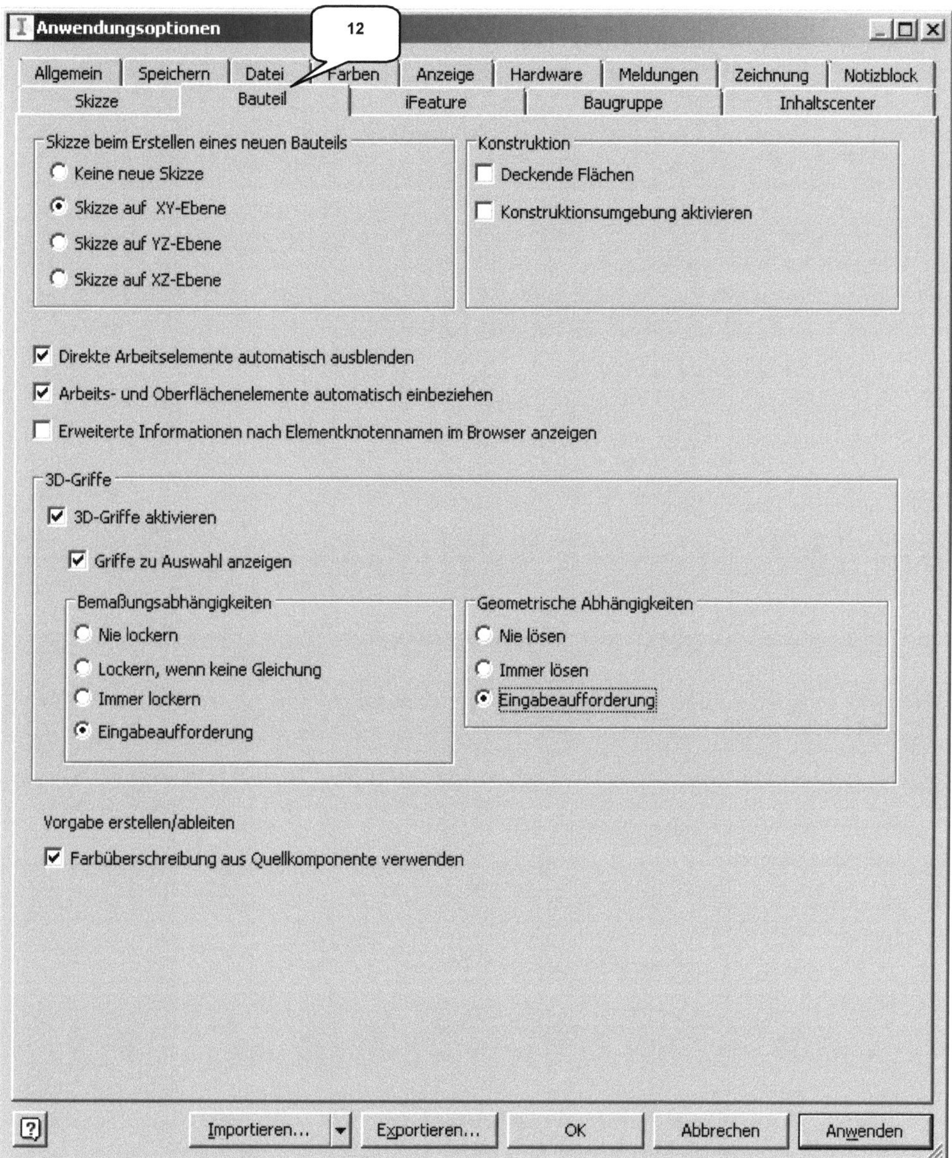
Anwendungsoptionen
12
Allgemein | Speichern | Datei | Farben | Anzeige | Hardware | Meldungen | Zeichnung | Notizblock
Skizze | Bauteil | iFeature | Baugruppe | Inhaltscenter
Skizze beim Erstellen eines neuen Bauteils
Keine neue Skizze
Skizze auf XY-Ebene
Skizze auf YZ-Ebene
Skizze auf XZ-Ebene
Konstruktion
Deckende Flächen
Konstruktionsumgebung aktivieren
Direkte Arbeitselemente automatisch ausblenden
Arbeits- und Oberflächenelemente automatisch einbeziehen
Erweiterte Informationen nach Elementknotennamen im Browser anzeigen
3D-Griffe
3D-Griffe aktivieren
Griffe zu Auswahl anzeigen
Bemaßungsabhängigkeiten
Nie lockern
Lockern, wenn keine Gleichung
Immer lockern
Eingabeaufforderung
Geometrische Abhängigkeiten
Nie lösen
Immer lösen
Eingabeaufforderung
Vorgabe erstellen/ableiten
Farbüberschreibung aus Quellkomponente verwenden
Importieren... | Exportieren... | OK | Abbrechen | Anwenden

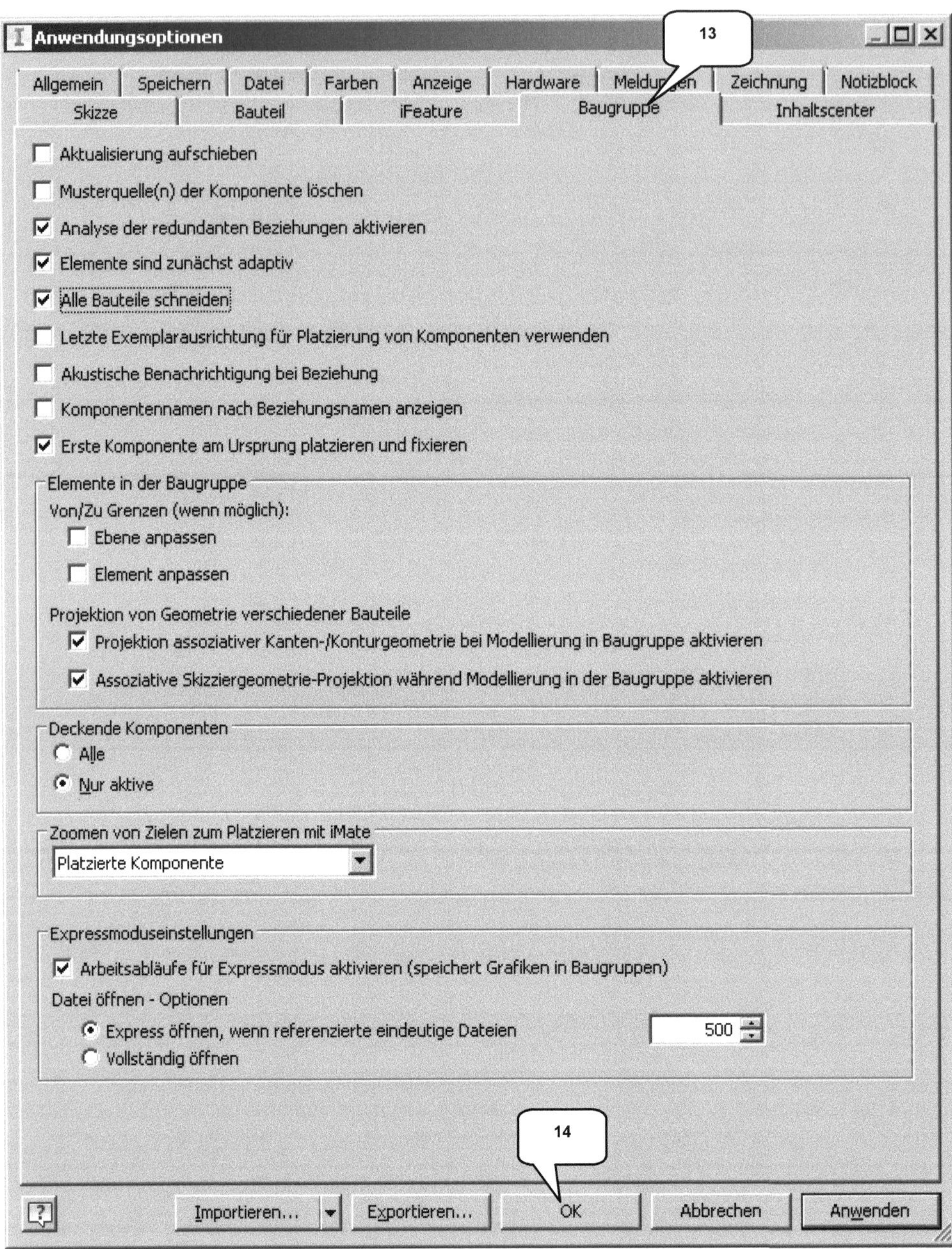
Anwendungsoptionen
13
Allgemein | Speichern | Datei | Farben | Anzeige | Hardware | Meldungen | Zeichnung | Notizblock
Skizze | Bauteil | iFeature | Baugruppe | Inhaltscenter
Aktualisierung aufschieben
Musterquelle(n) der Komponente löschen
Analyse der redundanten Beziehungen aktivieren
Elemente sind zunächst adaptiv
Alle Bauteile schneiden
Letzte Exemplarausrichtung für Platzierung von Komponenten verwenden
Akustische Benachrichtigung bei Beziehung
Komponentennamen nach Beziehungsnamen anzeigen
Erste Komponente am Ursprung platzieren und fixieren
Elemente in der Baugruppe
Von/Zu Grenzen (wenn möglich):
Ebene anpassen
Element anpassen
Projektion von Geometrie verschiedener Bauteile
Projektion assoziativer Kanten-/Konturgeometrie bei Modellierung in Baugruppe aktivieren
Assoziative Skizziergeometrie-Projektion während Modellierung in der Baugruppe aktivieren
Deckende Komponenten
Alle
Nur aktive
Zoomen von Zielen zum Platzieren mit iMate
Platzierte Komponente
Expressmoduseinstellungen
Arbeitsabläufe für Expressmodus aktivieren (speichert Grafiken in Baugruppen)
Datei öffnen - Optionen
Express öffnen, wenn referenzierte eindeutige Dateien   500
Vollständig öffnen
14
Importieren... | Exportieren... | OK | Abbrechen | Anwenden

5 Grundlegende Vorbereitungen

5.1 Projektordner erstellen

Bevor mit der Umsetzung des Projekts gestartet wird, müssen die folgenden Arbeiten erledigt werden:

Auf dem PC ist an geeigneter Stelle ein neuer Ordner mit folgender Bezeichnung zu erstellen:

> *Inventor-2020-Übung-Dynamische-Simulation*

5.2 Download der Übungsdateien

Besuchen Sie im Internet die folgende Website:

> *http://www.cad-trainings.de*

Suchen Sie im Bereich **Literatur und Übungsdateien** das passende Buch und klicken Sie auf den nebenstehenden Link, um die zum Buch gehörende Übungsdatei (ZIP-Format) auf Ihrem PC zu speichern.

Speichern Sie die Datei in dem vorher erzeugten Projektordner *Inventor-2020-Übung-Dynamische-Simulation* und entpacken Sie die Datei dort hinein. Die darin enthaltenen Dateien werden später benötigt.

5.3 Aktivierung des Einzelbenutzerprojekts

Inventor® arbeitet in Projekten, was die Koordination zusammenhängender Dateien und Einstellungen vereinfacht. Eine Projektdatei (*.ipj) sichert alle Informationen und Querverweise eines Projekts. Das ist wichtig, wenn später komplexe Baugruppen archiviert oder von einem PC auf einen anderen übertragen werden sollen.

Im Register **Erste Schritte** (Befehlsgruppe **Starten**) ist mit dem Befehl Projekte das Projekt *Inventor-2020-Simulation.ipj* zu aktivieren.

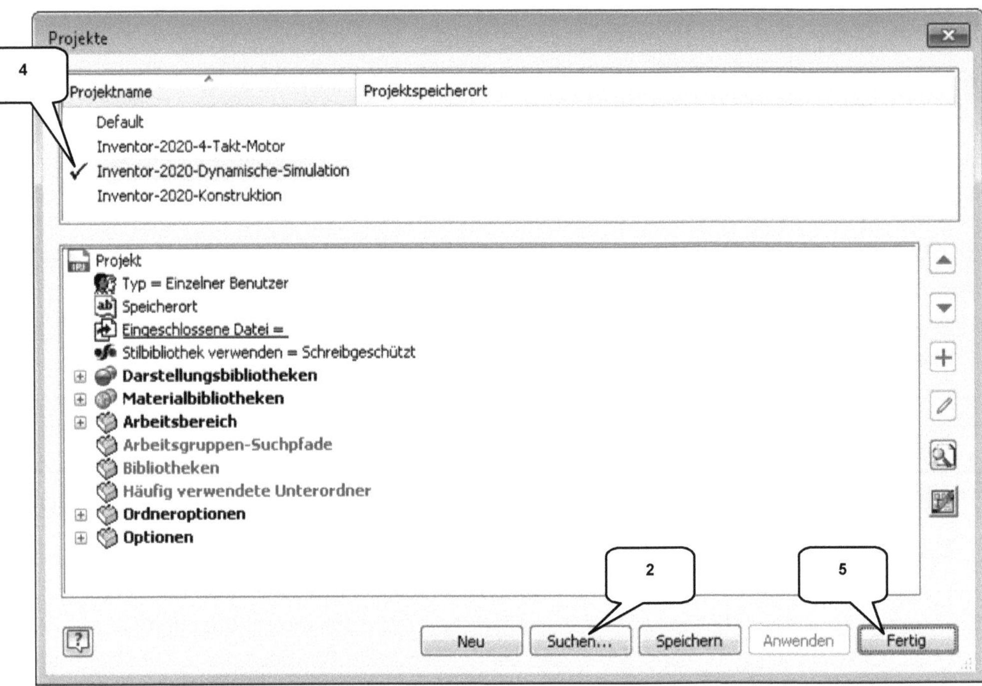

Mit der Option soll der Pfad zum Projektordner ausgewählt und die darin enthaltene Projekt-datei *Inventor-2019-Dynamische-Simulation.ipj* (3) aktiviert werden.

Name

Inventor-2020-Dynamische-Simulation

Register *Erste Schritte*

Projekte (1)

- ➢ *Suchen* (2)
- ➢ Pfad zum Projektordner wählen
- ➢ Dateiname: *Inventor-2020-Dynamische-Simulation.ipj* (3)
- ➢ Öffnen *Öffnen*

Das Projekt wird automatisch aktiviert, was durch einen kleinen *Haken* in der entsprechen-den Zeile (4) signalisiert wird.

- ➢ Fertig *Fertig* (5)

6   Die Baugruppe im Überblick

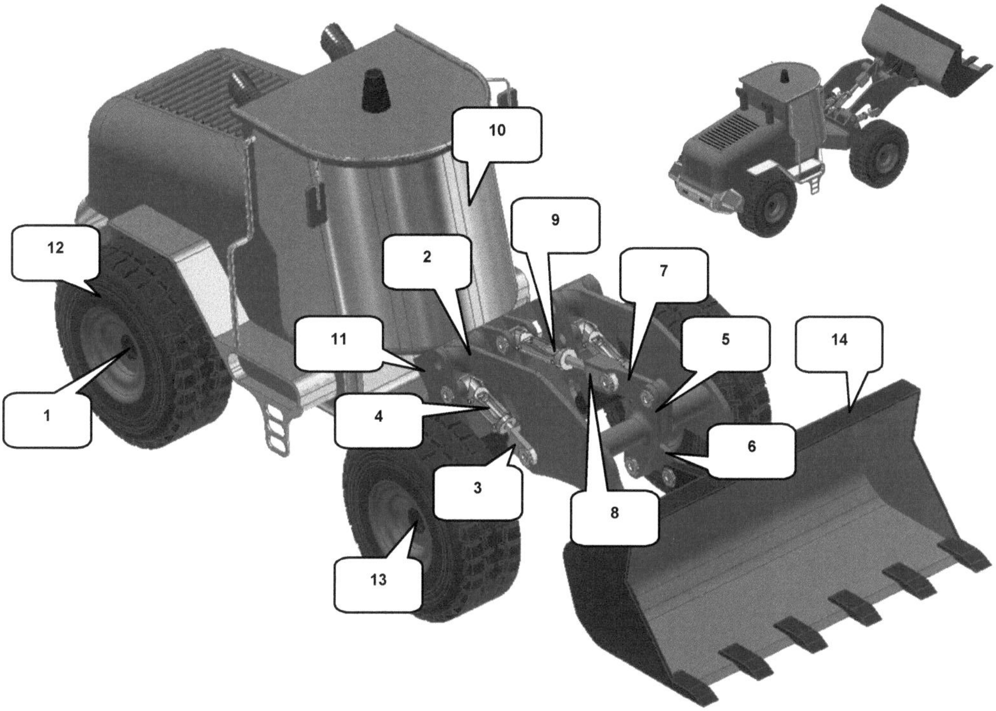

1) Hinterradachse
2) Hubrahmen
3) Hubzylinder-Kolben
4) Hubzylinder-Zylinder
5) Kipphebel
6) Kippschwinge
7) Kippzylinder-Fixierung
8) Kippzylinder-Kolben
9) Kippzylinder-Zylinder
10) Maschinengehäuse
11) Maschinenrahmen
12) Rad
13) Radbolzen
14) Schaufel

7 Die Umgebung der Dynamischen Simulation

7.1 Öffnen der Unterbaugruppe UBG_1

Öffnen Sie zuerst die Unterbaugruppe **UBG_1** welche sich bereits im Projektordner befindet:

📂 Öffnen (1)

➢ Order: Projektordner wählen

➢ Dateiname: UBG_1 (2)

➢ Dateityp: *.iam

➢ Öffnen **Öffnen**

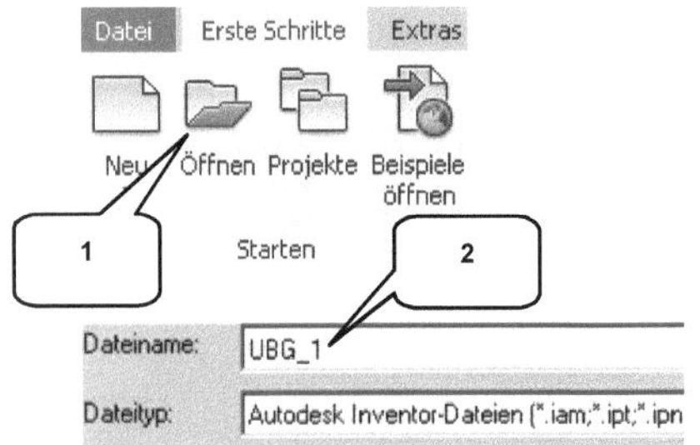

Die Baugruppe besteht aus der Hinterradachse und den beiden Hinterrädern, wobei die Hinterradachse bereits am Koordinatenursprung der Unterbaugruppe ausgerichtet und fixiert wurde (3).

Eines der beiden Räder wurde ebenfalls bereits befestigt: Es wurde mit einer axialen Abhängigkeit zur Achse (4) und einer Flächenabhängigkeit dazu positioniert (5).

Das zweite Rad besitzt noch alle sechs Freiheitsgrade: es wird später ausgerichtet (6).

Die aktuelle Konstellation an vorhandenen Abhängigkeiten und Freiheitsgraden soll jetzt im Bereich der **Dynamischen Simulation** genauer betrachtet werden.

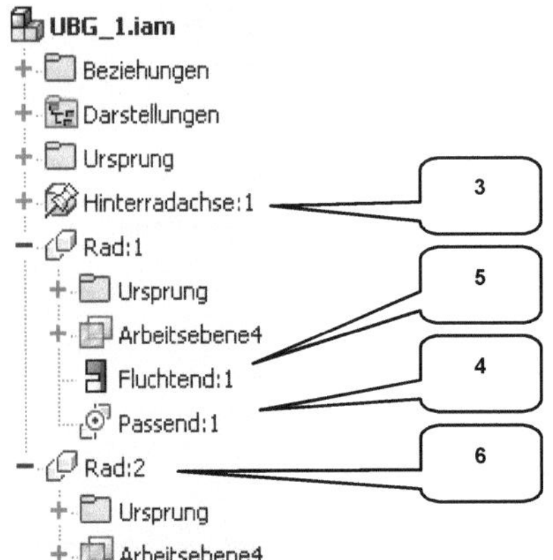

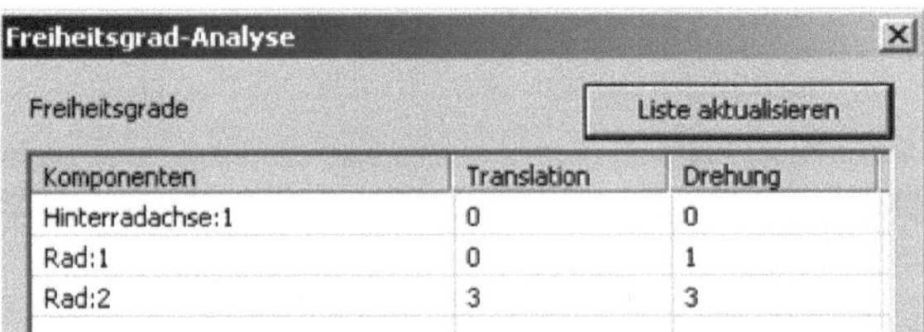

Komponenten	Translation	Drehung
Hinterradachse:1	0	0
Rad:1	0	1
Rad:2	3	3

7.2　In den Bereich der Dynamischen Simulation wechseln

Arbeitsbereich:
Dynamische Simulation

Um in den Bereich der Dynamischen Simulation wechseln zu können, muss das Register *Umgebungen* aktiviert und der Befehl *Dynamische Simulation* gestartet werden.

> Register *Umgebungen* (1)
> Dynamische Simulation (2)

7.3　Grundlegender Aufbau des Simulationsbereiches
7.3.1　Das Lernprogramm

Das Programm wird jetzt ein Hinweisfenster[1] öffnen, in dem die Entscheidung zu treffen ist, ob das *Lernprogramm* gestartet werden soll.

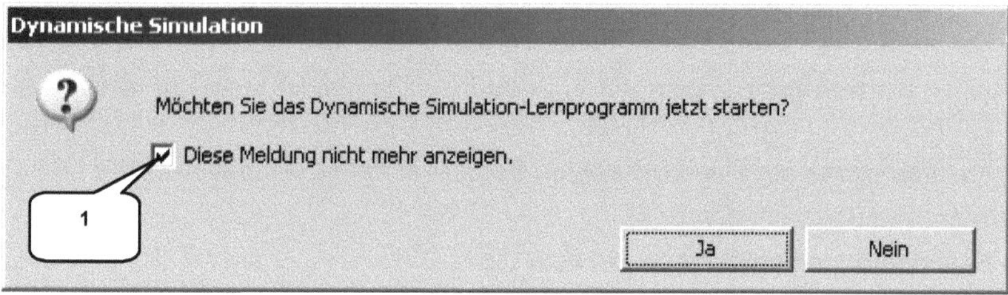

> Aktivieren: Diese Meldung nicht mehr anzeigen. (1)
> Ja　*Ja*

Besteht eine Internetverbindung, so sollte sich der Web-Browser jetzt öffnen.

---

[1] Wurde die Option (1) bereits deaktiviert, den Start des Lernprogramms automatisch anzubieten, so wird das oben dargestellte Fenster nicht mehr angezeigt. Das Lernprogramm kann in der Programmhilfe allerdings trotzdem jederzeit gestartet werden (Taste: F1).

> *Suchbegriff:* Dynamische Simulation (2)

Im rechten Bereich des Befehlsfensters befindet sich eine Auflistung (3) der verfügbaren Lernprogramme. Per Mausklick gelangen Sie in die jeweiligen Bereiche.[2]

> Der Web-Browser kann wieder *geschlossen* werden

7.3.2   *Die Befehlsgruppen*

Zuerst sollten die *Befehlsgruppen* auf Vollständigkeit kontrolliert und ggf. aktiviert werden:

> *Rechte Maustaste* auf einen beliebigen Bereich in der Multifunktionsleiste (1)
> *Gruppen anzeigen* erweitern (2)
> Alle Befehlsgruppen sollten aktiviert sein (3)

---

[2] Das Archiv verweist teilweise auf die Beschreibungen älterer Programmversionen. Es besteht daher die Möglichkeit, dass einige der verwendeten Befehle nicht mehr aktuell sind.

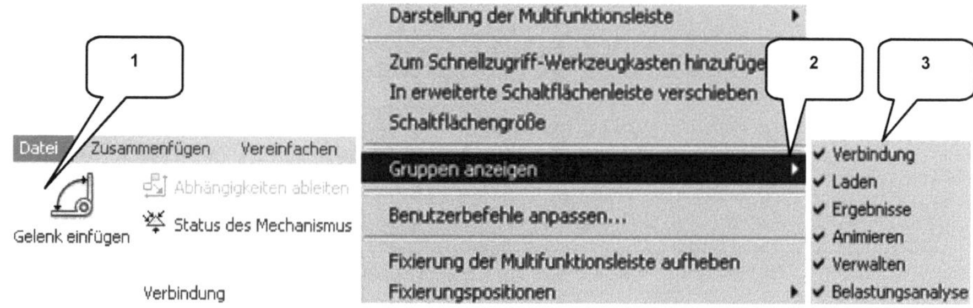

Die folgenden *Befehlsgruppen* finden Sie im Bereich der Dynamischen Simulation:

Verbindung

> Einfügen neuer Gelenke
> Ableiten vorhandener Abhängigkeiten
> Prüfen des Mechanismus

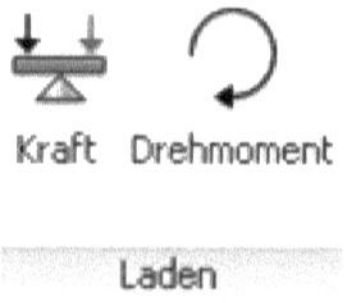

Laden

> Hinzufügen von Kräften
> Hinzufügen von Drehmomenten

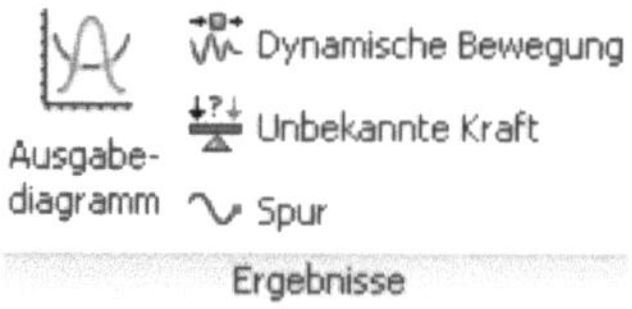

Ergebnisse

> Starten des Ausgabediagramms
> Starten der Dynamischen Bewegung
> Ermitteln unbekannter Kräfte
> Einfügen von Spuren

Animieren

> Publikation eines Filmes
> Öffnen von Inventor® Studio

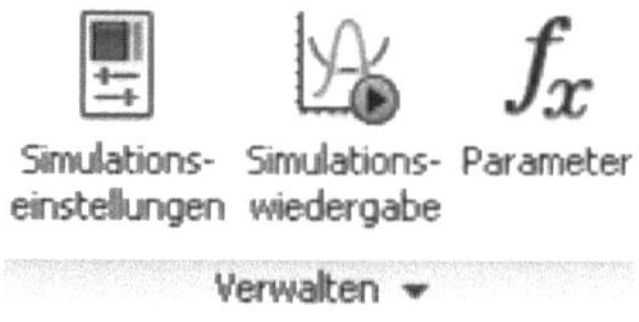

Verwalten

> Bearbeiten der Simulationseinstellungen
> Starten der Simulationswiedergabe
> Öffnen des Parametermanagers

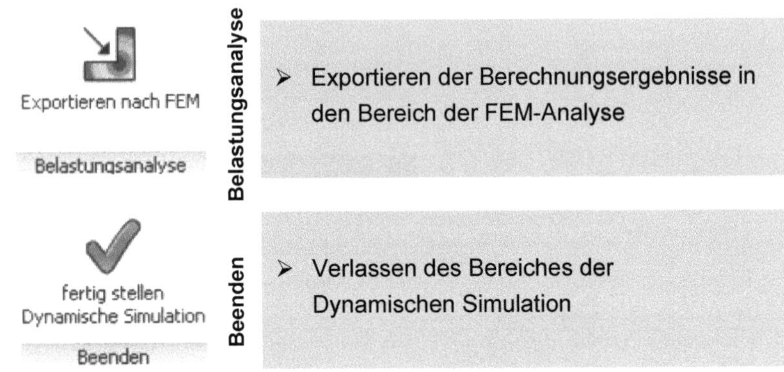

> Exportieren der Berechnungsergebnisse in den Bereich der FEM-Analyse

> Verlassen des Bereiches der Dynamischen Simulation

7.3.3   Der Browser und seine Ordner

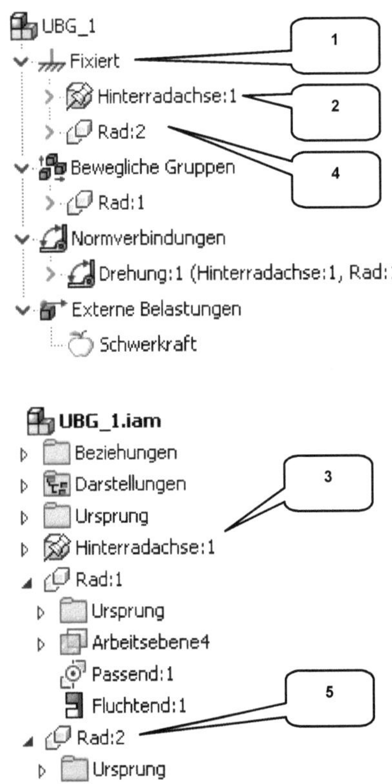

Der **Browser** der Dynamischen Simulation spiegelt den Mechanismus einer Baugruppe wider: Hier werden alle Komponenten, Gelenke und Lasten einer Baugruppe aufgelistet. Die folgenden Ordner sollten bereits darin vorhanden sein:

Ordner *Fixiert* (1)

Hier werden alle Komponenten aufgelistet, die entweder noch alle sechs Freiheitsgrade besitzen, oder gar keinen mehr. Sie waren im Baugruppenbereich also fixiert oder aber noch völlig frei beweglich.

Ordner	Freiheitsgrade
Fixiert	0 oder 6

Die *Hinterradachse* (2) der Baugruppe ist darin angeordnet, weil Sie bereits im Baugruppenbereich (3) fixiert wurde. Auch das **Rad:2** (4) liegt darin, denn es verfügte im Baugruppenbereich noch über alle sechs Freiheitsgrade (5), besitzt also noch keine Abhängigkeiten.

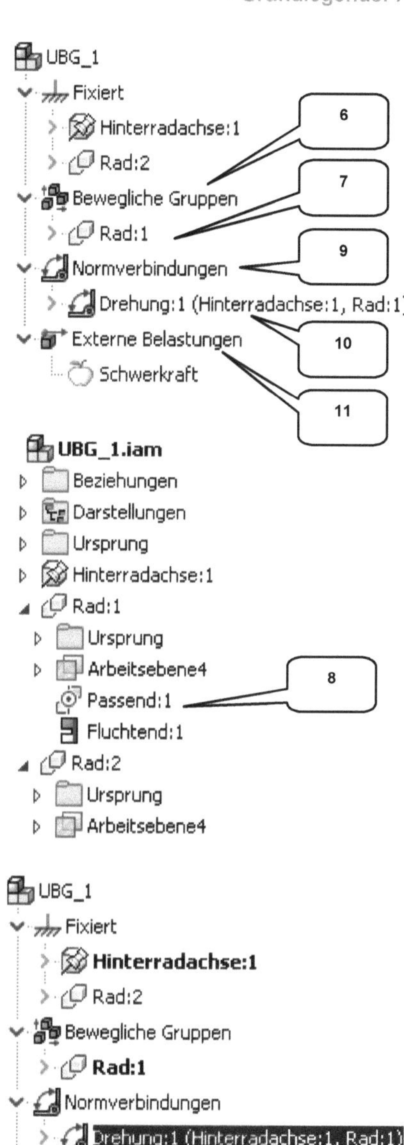

Ordner **Bewegliche Gruppen**

Im Ordner **Bewegliche Gruppen** (6) werden alle restlichen Komponenten aufgelistet, was in diesem Fall nur das **Rad:1** (7) ist. Sie besitzen zwischen einem und fünf Freiheitsgrade und wurden bereits im Baugruppenbereich - zumindest teilweise - mit Abhängigkeiten versehen. Das Rad z. B. kann noch eine Drehbewegung um die Achse vollführen, ist ansonsten aber fest mit dieser verbunden.

Ordner	Freiheitsgrade
Bewegliche Gruppen	1 bis 5

Ordner **Normverbindungen**

Der Ordner **Normverbindungen** (9) enthält alle in einer Baugruppe enthaltenen Gelenke. Darin befindet sich momentan nur ein einziges **Drehgelenk** (10). Es wurde vom Programm automatisch aus der Kombination der beiden Abhängigkeiten **Passend** und **Fluchtend** (8) erstellt.

Ordner **Externe Belastungen**

Der Ordner **Externe Belastungen** (11) beinhaltet alle Lasten (Kräfte, Drehmomente), die auf einen Mechanismus einwirken. Aktuell ist nur die Schwerkraft darin enthalten, die allerdings noch nicht aktiviert wurde.

Weitere Ordner im Browser der Dynamischen Simulation können sein:

➢ Ordner **Rollverbindungen**
➢ Ordner **Schiebeverbindungen**
➢ Ordner **Kontaktverbindungen**
➢ Ordner **Kraftverbindungen**

Folgende *Sonderbedingungen* können zusätzlich auftreten:

> ▪ *Gelenke* mit internen Kräften, Drehmomenten oder Grenzen
> ① *Gelenke* mit Redundanzen
> ▵ *Objekte*, die deaktiviert oder unterdrückt wurden
> ▨ *Baugruppenabhängigkeiten*, die unterdrückt wurden

Die aktuelle Baugruppe ist recht übersichtlich und die einzelnen Komponenten und ihre zugehörigen Normverbindungen könnten im Browser relativ schnell lokalisiert werden. Bei größeren Baugruppen wird das dann schon schwieriger. Um im Browser eine Komponente schnell lokalisieren zu können, kann sie im Zeichenbereich mit der linken Maustaste angeklickt werden. Im Browser wird das entsprechende Bauteil dann hervorgehoben und auch die zugeordnete Normverbindung *fett* dargestellt.

Betrachtet man den Browser genauer, so findet man im Ordner *Fixiert* zum einen die Hinterradachse und zum anderen das Bauteil Rad:2. Die Hinterradachse wurde bereits im Baugruppenbereich fixiert, das zweite Rad hingegen besitzt noch alle sechs Freiheitsgrade und wird daher ebenfalls in diesem Ordner aufgelistet. Bewegt man das Rad:2 bei gedrückter linker Maustaste im Zeichenbereich, so kann man feststellen, dass es keineswegs fixiert ist, sondern sich problemlos bewegen lässt. Das geht allerdings nur beim manuellen Bewegen des Rades per Hand. Bei einer Simulation würde sich das Rad (unter den gegebenen Umständen) nicht bewegen.

Im Ordner *Bewegliche Gruppen* wird das Bauteil Rad:1 aufgelistet, da es nur noch einen Freiheitsgrad (Rotation um die Hinterradachse) besitzt. Dreht man dieses Rad jetzt bei gedrückter linker Maustaste etwas, so signalisiert ein dynamischer schwarzer Kraftvektor das vorhandene Gelenk und symbolisiert damit eine manuelle Krafteinwirkung durch das Drehen des Rades.

Im Ordner *Normverbindungen* wird ein Drehgelenk angezeigt, welches das Programm automatisch aus den beiden Abhängigkeiten (Achse auf Achse und Fläche auf Fläche) zwischen der Hinterradachse und dem zweiten Rad generiert hat. Erweitert man das Drehgelenk, so findet man darin die ursprünglichen beiden Abhängigkeiten.

Im Ordner *Externe Belastungen* befindet sich derzeit nur die Schwerkraft, welche momentan allerdings noch grau hinterlegt, also nicht aktiviert ist.

7.4 Die Baugruppenumgebung und die Dynamische Simulation
7.4.1 Freiheitsgrade im Bereich der Baugruppenmodellierung

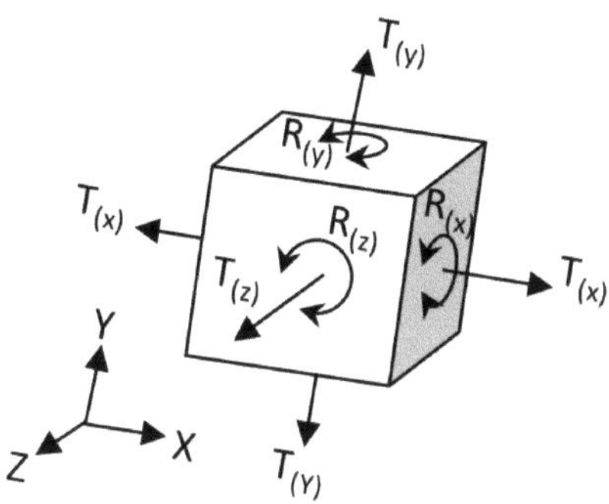

Gelenkverbindungen spielen im Bereich der Dynamischen Simulation eine sehr große Rolle, daher sollten einige wichtige Grundlagen dazu erläutert werden. Eine Komponente in der Inventor® Baugruppenumgebung kann grundsätzlich jede beliebige Position und Ausrichtung einnehmen, da sie dort frei beweglich ist. Sie verfügt darin über insgesamt sechs Freiheitsgrade und kann sich sowohl linear entlang der drei Achsen (**X**, **Y**, **Z**) verschieben (Translation entlang T_X, T_Y und T_Z), als auch um jede der drei Achsen rotieren (Rotation um R_X, R_Y und R_Z).

7.4.2 Freiheitsgrade im Bereich der Dynamischen Simulation

Anders ist es im Bereich der **Dynamischen Simulation**: Hier besitzt eine Komponente grundsätzlich keinen Freiheitsgrad (zumindest nicht während einer Simulation) wenn es nicht vorab definiert wurde. Soll ein Bauteil also eine bestimmte Bewegung während der Simulation ausführen, so muss es vorher mit dem entsprechenden Gelenk versehen werden. Solche Gelenke können entweder neu im Bereich der Dynamischen Simulation erzeugt werden, oder aus vorhandenen Abhängigkeiten des Baugruppenbereiches abgeleitet werden. Beide Möglichkeiten sollen in den folgenden Übungen genauer erläutert werden.

7.5 Die Simulationseinstellungen
7.5.1 Grundlagen: Simulationseinstellungen

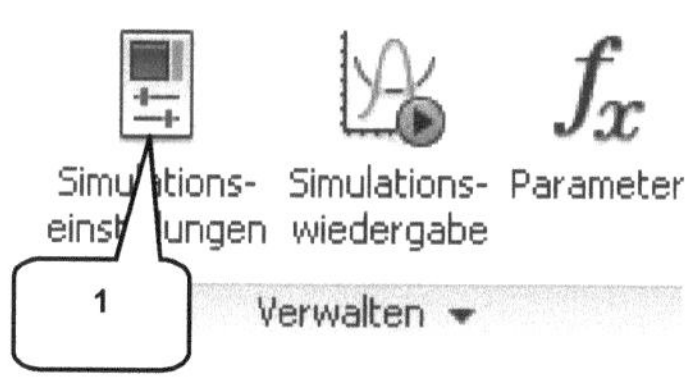

➢ Befehlsgruppe **Verwalten**

▣ Simulationseinstellungen (1)

In den **Simulationseinstellungen** wird festgelegt, ob Abhängigkeiten aus dem Baugruppenbereich beim Öffnen des Bereiches der Dynamischen Simulation automatisch in Normgelenke konvertiert werden sollen, ob das Programm beim Start auf Redundanzen hinweisen soll und ob ausschließlich bewegliche Bauteile farblich darzustellen sind oder nicht.

7.5.2 Abhängigkeiten in Gelenkverbindungen konvertieren

Inventor® kann Abhängigkeiten und Verbindungen aus dem Baugruppenbereich automatisch in Gelenke konvertieren, sofern diese Option in den Simulationseinstellungen aktiviert wurde. Bestimmte Gruppierungen verschiedener Abhängigkeiten bilden dabei Gelenkverbindungen, deren Zusammengehörigkeit in der folgenden Tabelle dargestellt wird.

Gelenkverbindung	Option	Abhängigkeiten
Drehung	1.	*Einfügen*
	2.	*Passend* (Linie auf Linie) und *Passend* (Fläche auf Fläche)
Prismatisch	1.	Zweimal Passend (Fläche auf Fläche)
Zylindrisch	1.	*Passend* (Linie auf Linie)
	2.	*Passend* (zylindrische Fläche auf zylindrische Fläche)
Kugelförmig	1.	*Passend* (Punkt auf Punkt)
	2.	*Passend* (kugelförmige Fläche auf kugelförmige Fläche)
Eben	1.	*Passend* (Fläche auf Fläche)
Punkt-Linie	1.	*Passend* (Linie auf Punkt)
	2.	*Passend* (Linie auf kugelförmige Fläche)
Linie-Ebene	1.	*Passend* (Linie auf Fläche)
Punkt-Ebene	1.	*Passend* (Punkt auf Fläche)
	2.	*Passend* (Fläche (planar) auf Fläche (konkav))
Verschweißt	1.	*Fixiert* oder mehrere Abhängigkeiten *Passend*

7.5.3 Überprüfen der Simulationseinstellungen

Standardmäßig ist in den *Simulationseinstellungen* aktiviert, dass Abhängigkeiten aus dem Baugruppenbereich automatisch in Normgelenke konvertiert werden. Sollen Gelenkverbindungen aber direkt im Bereich der Dynamischen Simulation platziert werden, dann muss diese Option deaktiviert werden.

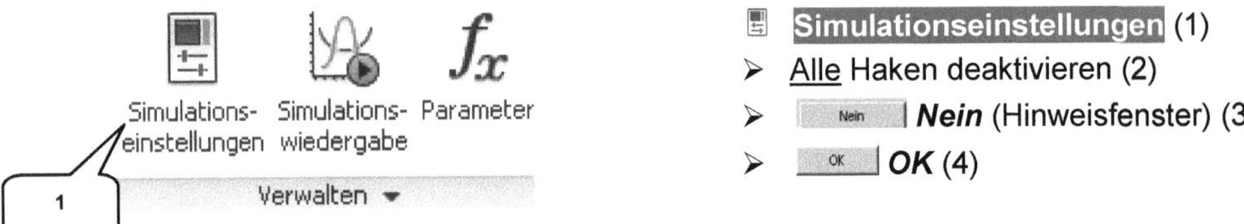

Die Änderungen in den Simulationseinstellungen können jetzt im *Browser* des Programms kontrolliert werden: Der Ordner *Bewegliche Gruppen* ist jetzt nicht mehr vorhanden und alle Bauteile befinden sich im Ordner *Fixiert*.

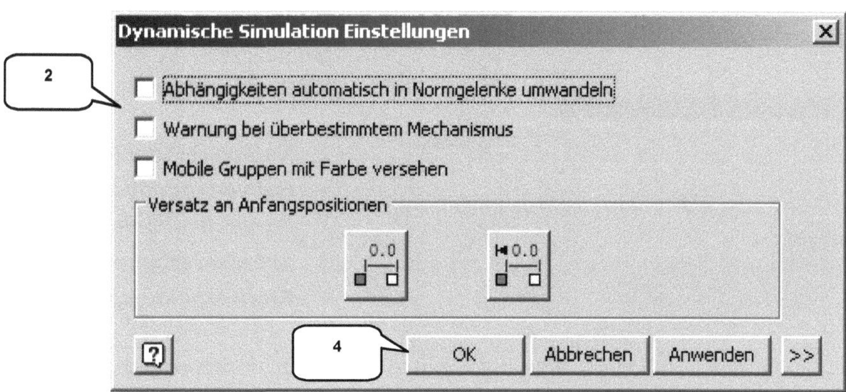

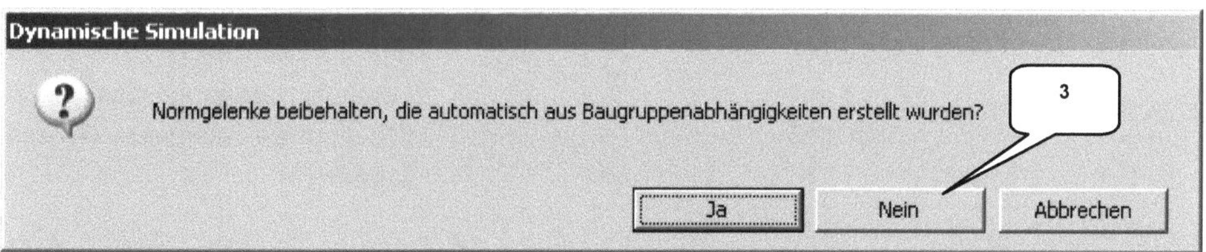

HINWEIS: Wenn die **Einstellungen** im Bereich der Dynamischen Simulation bearbeitet werden und die darin enthaltene Option **Abhängigkeiten automatisch in Normgelenke umwandeln** deaktiviert wird, so erscheint im Programm die oben dargestellte Hinweismeldung. Darin ist festzulegen ob die bereits automatisch konvertierten Gelenke weiterhin in der Baugruppe bleiben sollen, oder vollständig zu entfernen sind. Diese Option sollte mit Bedacht gewählt werden, da eine unbeabsichtigte Löschung aller Gelenke unter Umständen zu erheblichem Mehraufwand führen kann.

7.6 Gelenkverbindungen einfügen
7.6.1 Grundlagen: Gelenke in der Dynamischen Simulation

Vor den nächsten Übungen, sollten einige Grundlagen zu den **Gelenkverbindungen** erläutert werden.

> Befehlsgruppe **Verbindung**
> Gelenk einfügen (1)

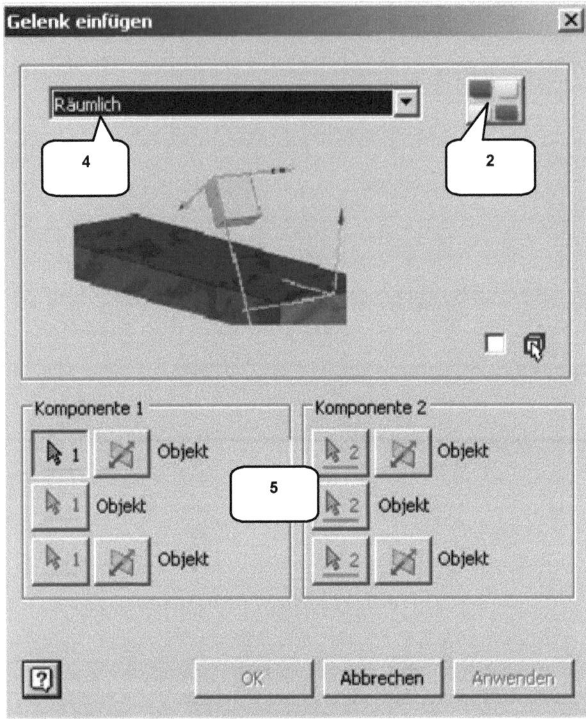

Gelenkverbindungen können grundsätzlich in die folgenden Kategorien eingeteilt werden:

> *Normverbindungen*
> *Rollverbindungen*
> *Kontaktverbindungen*
> *Schiebeverbindungen*
> *Kraftverbindungen*

Eine tabellarische Übersicht dieser Kategorien öffnet man mit einem Klick auf das zugehörige *Symbol* (2). Wählt man eine der Kategorien aus, so öffnet sich die passende *Gelenktabelle* (3).

Alle Gelenkverbindungen können auch direkt (ohne die vorherige Auswahl der Kategorie) aus einer *Liste* (4) heraus aktiviert werden.

Nach der Auswahl einer der Gelenkverbindungen müssen die Referenzen zur Positionierung definiert werden. Je nach Gelenktyp können dabei Achsen, Flächen, Punkte oder Körperkanten verwendet werden.

In der folgenden Übersicht werden die einzelnen Kategorien und die zugehörigen Gelenkverbindungen noch einmal aufgelistet. Je nach Anzahl der vorhandenen Freiheitsgrade in der Baugruppe können einige Gelenke allerdings auch fehlen.

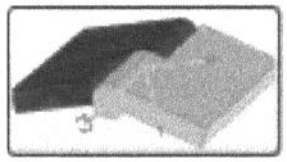 **Normverbindungen**

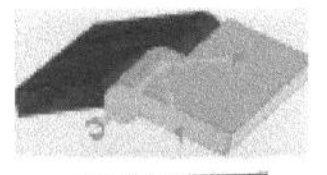 *Drehung*

 *Prismatisch*

 *Zylindrisch*

 *Kugelförmig*

 *Eben*

 *Punkt-Linie*

 *Linie-Ebene*

 *Punkt-Ebene*

 *Räumlich*

 *Verschweißt*

 **Rollverbindungen**

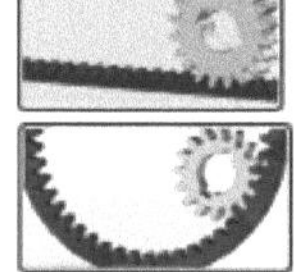 *Zylinder auf Ebene*

 *Zylinder auf Zylinder*

 *Zylinder in Zylinder*

 *Zylinder auf Kurve*

 *Riemen*

 *Kegel auf Ebene*

 *Kegel auf Kegel*

 *Kegel in Kegel*

Schraube

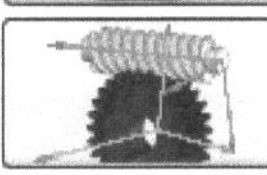 *Schneckenrad*

 **Kontaktverbindungen**

 *2D-Kontakt*

Gleitverbindungen

Zylinder auf Ebene

Zylinder auf Zylinder

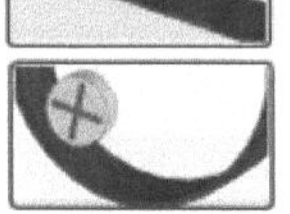
Zylinder in Zylinder

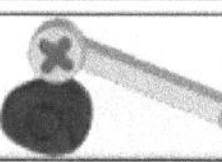
Zylinder auf Kurve

Punkt auf Kurve

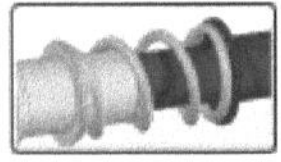

Kraftverbindungen

3D-Kontakt

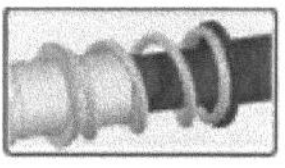
Feder/ Dämp- fung/ Buchse

7.6.2 Erstellen eines Drehgelenkes

Das Bauteil *Rad:2* soll jetzt über ein *Drehgelenk* mit der Hinterradachse verbunden werden, wofür der Befehl *Gelenk einfügen* zu starten ist. Begonnen wird immer mit einem Bauteil, welches möglichst noch nicht anderweitig befestigt wurde.

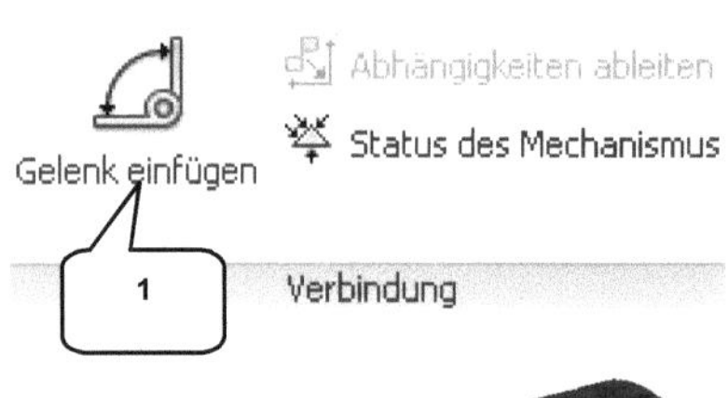

- Gelenk einfügen (1)
- ➤ Auswahlmenü erweitern (2)
- ➤ Drehung (3)
- ➤ Komponente 1 (Z-Achse): Bohrungszylinder (Rad:2) (4)
- ➤ Komponente 1 (Ursprung): Bohrungskante (Rad:2) (5)
- ➤ Komponente 2 (Z-Achse): Zylinder (Hinterradachse:1) (6)
- ➤ Komponente 2 (Ursprung): Kreiskante (Hinterradachse:1) (7)
- ➤ OK *OK*

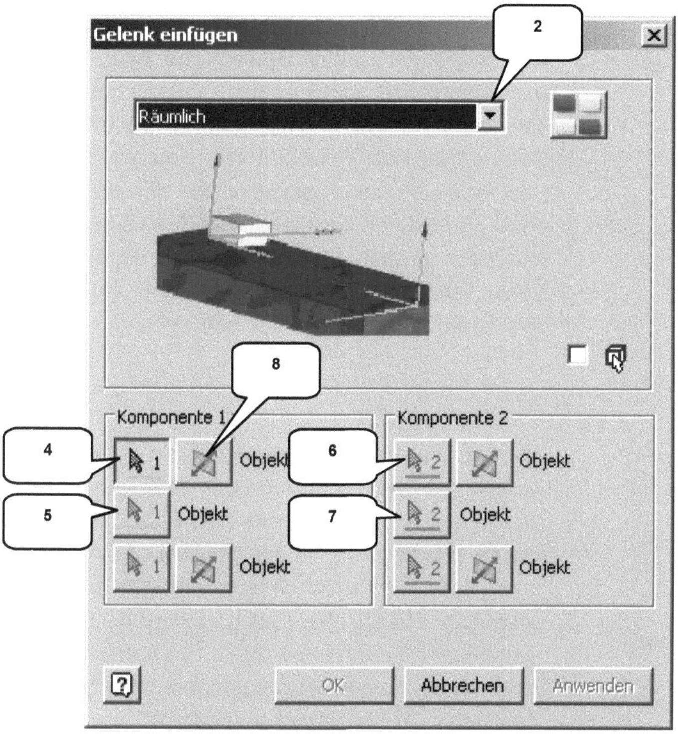

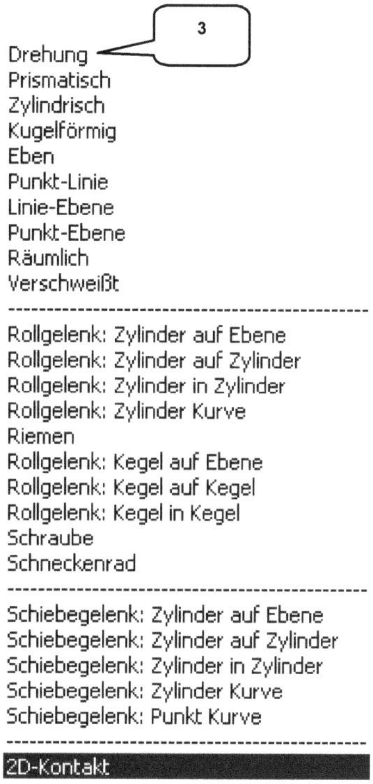

HINWEIS: Bei der Platzierung von Gelenkverbindungen sollte stets die noch unbefestigte Komponente ausgewählt werden. Vorhandene Abhängigkeiten könnten ansonsten unbeabsichtigt gelöscht werden. Sollte sich das Rad nicht vollständig auf die Achse geschoben haben (es sitzt dann neben der Achse), so muss zur Korrektur die Option ⊠ **Umschalten** (8) aktiviert werden. Hierfür muss das Drehgelenk bearbeitet werden, wofür im Browser mit der **rechten Maustaste** darauf geklickt wird (9), um die Option **Bearbeiten** auswählen zu können.

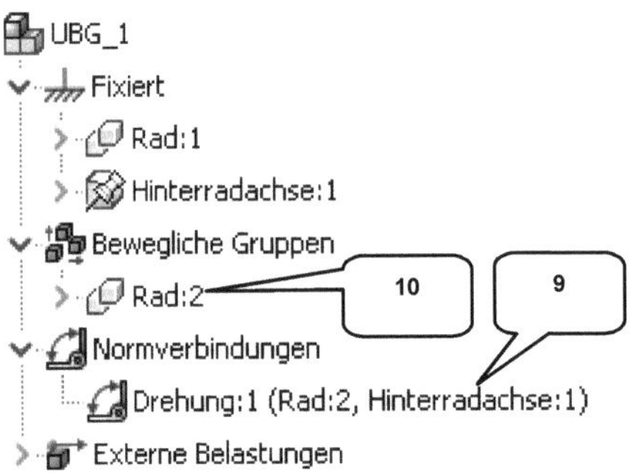

Das Bauteil *Rad:2* (10) sollte im Browser jetzt wieder im Ordner *Bewegliche Gruppen* angeordnet worden sein. Dreht man das zweite Rad bei gedrückter linker Maustaste darauf, so erscheint ein schwarzer Pfeil: er stellt einen Kraftvektor dar, der das neue Drehgelenk bestätigt. *Rad:1* müsste sich auch drehen lassen, allerdings sollte dieser Pfeil hier nicht erscheinen, denn ein wirkliches Gelenk gibt es da noch nicht.

7.6.3 Gelenke von vorhandenen Abhängigkeiten ableiten

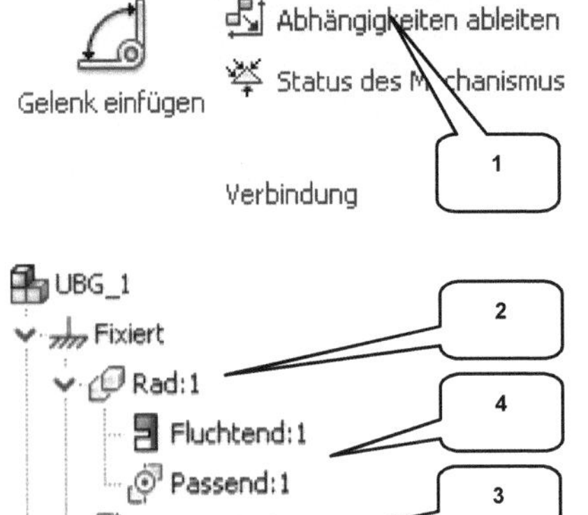

Nachdem eines der Räder durch ein Drehgelenk mit der Hinterradachse verbunden wurde, soll auch das zweite Rad ein Drehgelenk erhalten. Neben der Möglichkeit Gelenke über den Befehl *Gelenk einfügen* zu erzeugen, können diese auch - sofern noch „unbenutzte" Abhängigkeiten vorhanden sind - von bereits im Baugruppenbereich definierten Abhängigkeiten abgeleitet werden.

Abhängigkeiten ableiten (1)

➢ Nacheinander im Browser auf die beiden Bauteile *Rad:1* (2) und *Hinterradachse:1* (3) klicken

Im Befehlsfenster werden jetzt die Passungen (Abhängigkeiten) *Fluchtend* und *Passend* (4) angezeigt, die zwischen den beiden Bauteilen bestehen und das Programm kombiniert daraus automatisch ein *Drehgelenk* (5).

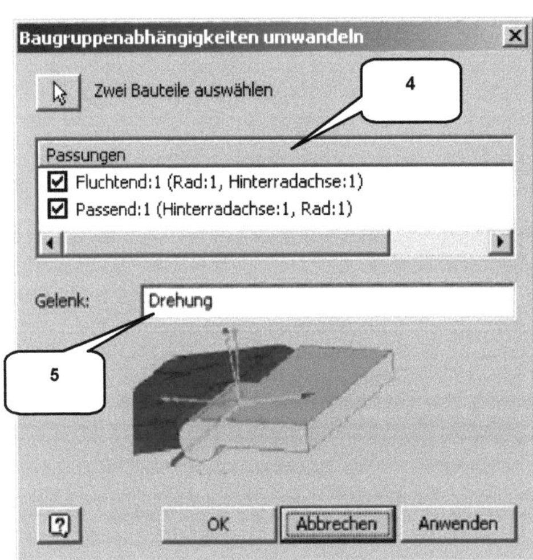

➢ **OK** (Befehlsfenster)

Die Unterbaugruppe *UBG_1.iam* kann jetzt *gespeichert* und *geschlossen* werden.

7.7 Montage der Hauptbaugruppe
7.7.1 Öffnen der Hauptbaugruppe

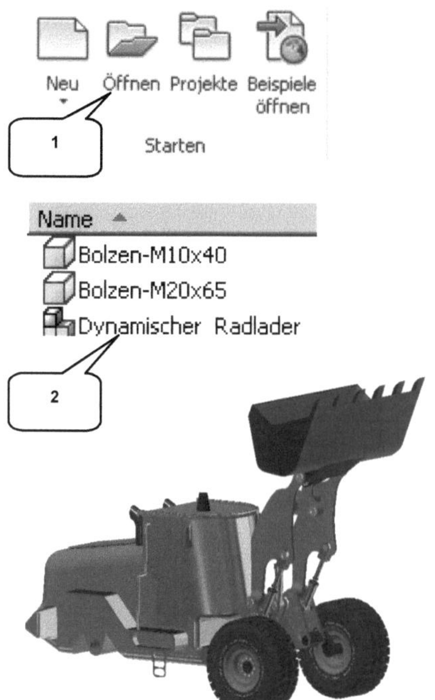

Öffnen Sie die Baugruppe **Dynamischer_Radlader.iam**.

 **Öffnen** (1)

➢ Order: Projektordner wählen

➢ Dateiname: Dynamischer_Radlader (2)

➢ Dateityp: *.iam

➢ Öffnen | **Öffnen**

Der enthaltene Radlader muss jetzt zuerst komplettiert werden, wofür die Hinterradachse und die beiden Hinterräder einzufügen sind.

Alle drei Bauteile können gemeinsam importiert werden, denn sie wurden ja bereits in der Unterbaugruppe **UBG_1.iam** vormontiert.

7.7.2 Platzieren der Unterbaugruppe UBG_1

Arbeitsbereich:
Baugruppe (Zusammenfügen) 

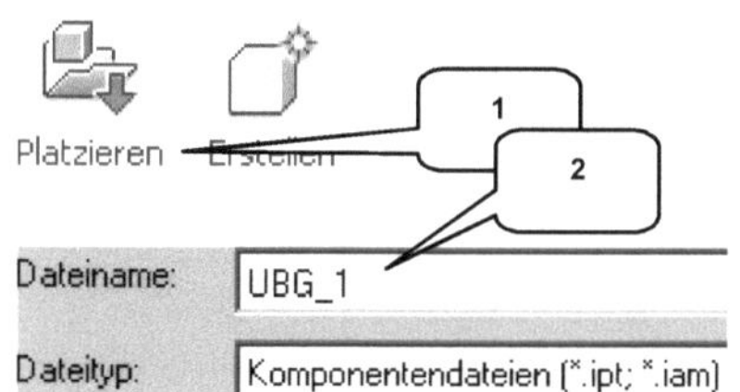

Komponente platzieren (1)

➢ UBG_1 (2)

➢ Dateityp: *.iam

➢ Öffnen | **Öffnen**

➢ Baugruppe 1x frei ablegen

➢ Taste: **ESC**

Nachdem die Unterbaugruppe **UBG_1.iam** in die Hauptbaugruppe eingefügt wurde, soll sie durch ein Drehgelenk mit dem Bauteil **Maschinengehäuse.ipt** verbunden werden. Anstelle einer Abhängigkeit ist bereits im Baugruppenbereich eine Gelenkverbindung zu setzen.

7.7.3 Unterbaugruppe UBG_1 drehbar lagern

Um Bauteile miteinander zu verbinden, können im Baugruppenbereich entweder **Abhängigkeiten** gesetzt oder ⬚ **Gelenkverbindungen** platziert werden. Gelenkverbindungen stellen dabei eine Kombination verschiedener Abhängigkeiten dar, welche bei gezielter Platzierung sehr effizient sein können. Die im Bereich der Dynamischen Simulation gewünschten Gelenkverbindungen können damit bereits im Bereich der Baugruppenmodellierung eindeutig definiert werden und Fehlinterpretationen des Programms beim Konvertieren von Abhängigkeiten in Gelenkverbindungen werden minimiert.

Um die Unterbaugruppe **UBG_1.iam** mit dem Maschinengehäuse verbinden zu können, soll ein **Drehgelenk** platziert werden.

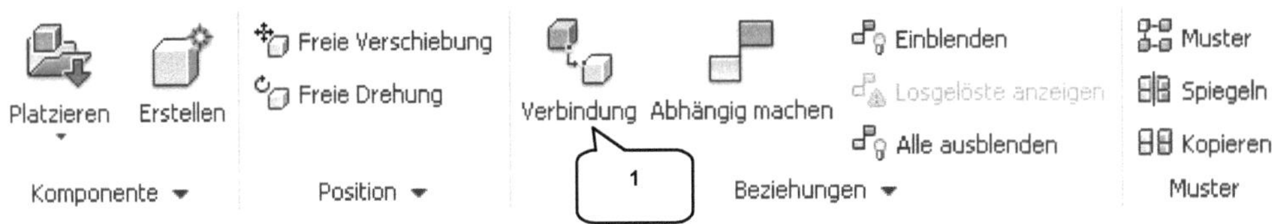

⬚ **Verbindung** (1)
➢ Typ: Drehbar (2)
➢ Abstand: 0 mm (3)
➢ Verbinden 1: Mittleren Ursprungspunkt der Hinterachse wählen (4)
➢ Verbinden 2: Mittleren Ursprungspunkt der Zylinderbohrung am Gehäuse wählen (5)
➢ `OK` **OK**

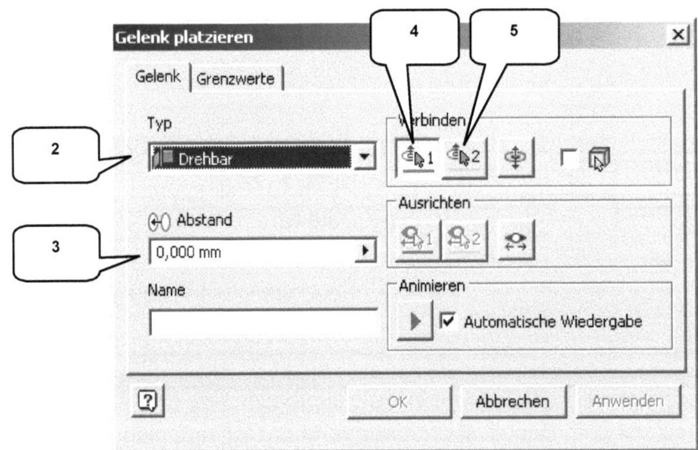

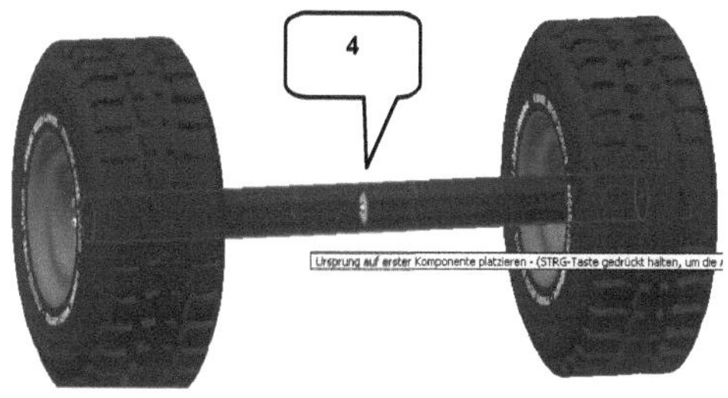

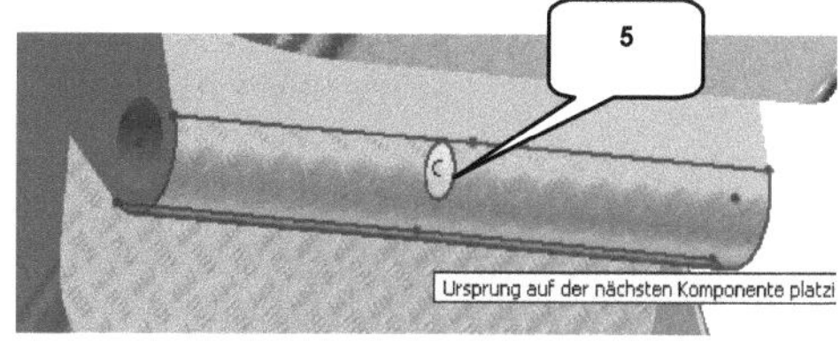

Sobald die beiden Referenzpunkte ausgewählt wurden, verschiebt das Programm die
Unterbaugruppe *UBG_1.iam* in die Bohrung
des *Maschinengehäuses*.

Die Baugruppe sollte zu diesem Zeitpunkt
noch einmal *gespeichert* werden, wobei die
Hinweisfenster des Programms (geändertes
Datenformat...) mit *OK* zu bestätigen sind.

7.8 Der Radlader im Bereich der Dynamischen Simulation
7.8.1 Überprüfen der Simulationseinstellungen

Arbeitsbereich:
Dynamische Simulation

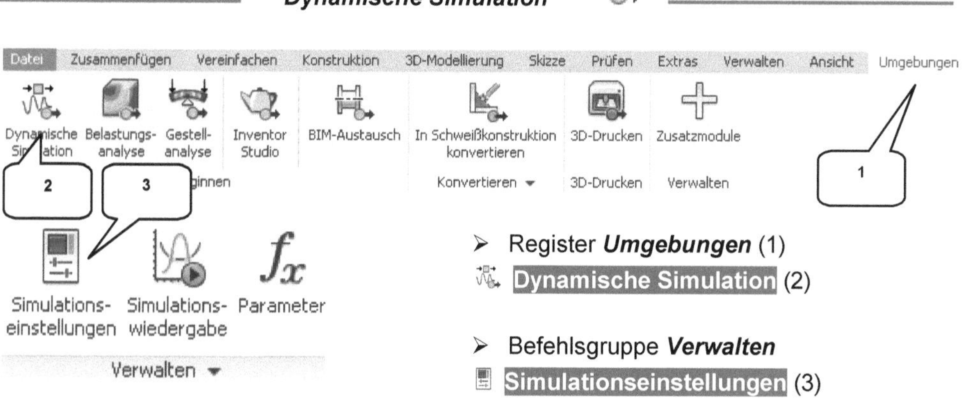

> Register *Umgebungen* (1)
> **Dynamische Simulation** (2)

> Befehlsgruppe *Verwalten*
> **Simulationseinstellungen** (3)

In den *Simulationseinstellungen* muss die Option *Abhängigkeiten automatisch in Normgelenke umwandeln* wieder aktiviert werden (4), um die bereits vorhandenen Abhängigkeiten und Verbindungen automatisch in Gelenke zu konvertieren.

HINWEIS: Der Hinweis des Programms auf eine Überbestimmung des Mechanismus kann mit *OK* bestätigt werden. Es weist dabei lediglich auf vorhandene Redundanzen hin.

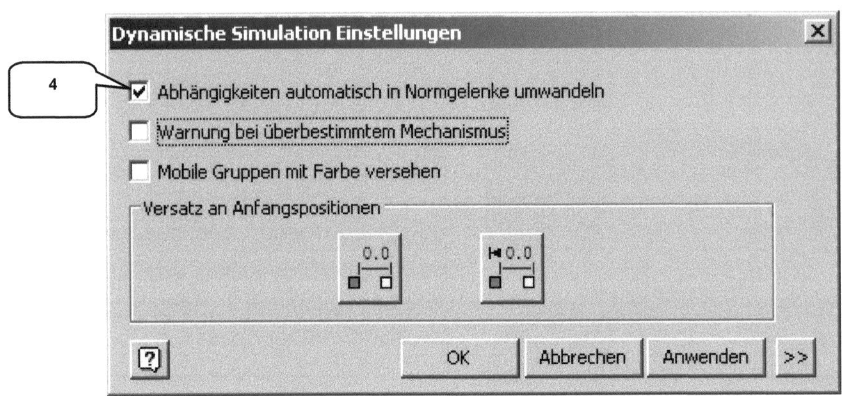

7.8.2 Betrachten der automatisch erstellten Normverbindungen

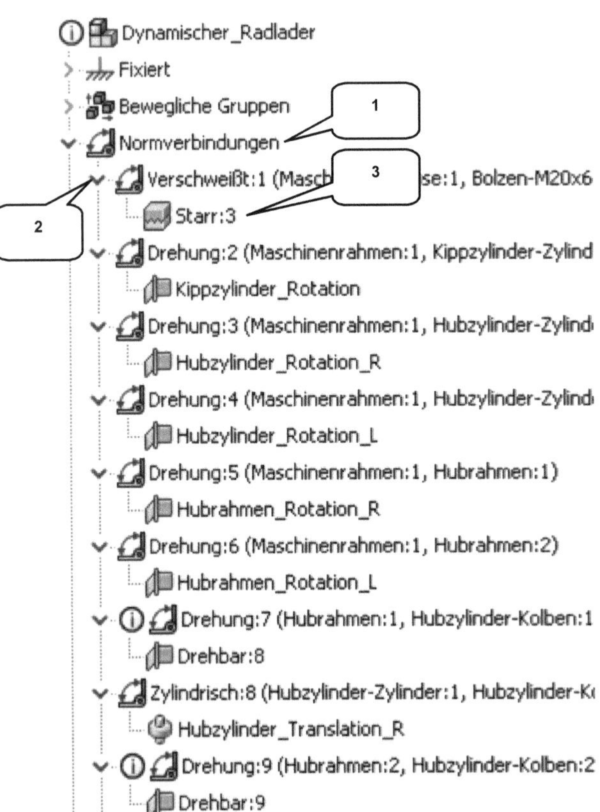

Das Programm wird jetzt alle Abhängigkeiten und Verbindungen automatisch in Normgelenke konvertieren, was zu kontrollieren ist:

Erweitert man im **Browser** den Ordner **Normverbindungen** (1), so werden dort alle bereits vorhandenen Normgelenke aufgelistet. Erweitert man außerdem die einzelnen Gelenke (2), so findet man darin die jeweiligen Verbindungen oder Abhängigkeiten aus dem Baugruppenbereich, woraus die neuen Gelenke erstellt wurden (3).

Ein Klick der rechten Maustaste darauf eröffnet das Kontextmenu. Hier können die Gelenke über die entsprechenden Befehle gelöscht bzw. unterdrückt werden.

7.9 Manuelle und automatische Simulation
7.9.1 Was ist eine Simulation

Eine Simulation kann grundsätzlich auf zwei verschiedene Arten durchgeführt werden: manuell oder automatisch.

Die manuelle Simulation (Befehl: *Dynamische Bewegung*) entspricht der einfachen Bewegung des Mechanismus bei gedrückter linker Maustaste darauf, wobei alle Kräfte und Gelenke in die Berechnung des Bewegungsablaufes mit einbezogen werden.

Bei der automatischen Simulation (Befehl: *Simulationswiedergabe*) wird der Mechanismus nicht per Hand bewegt, sondern das Programm berechnet den exakten Bewegungsablauf einer Baugruppe anhand der vorgegebenen Kräfte und Gelenke.

7.9.2 Grundlagen: Dynamische Bauteilbewegung (manuelle Simulation)

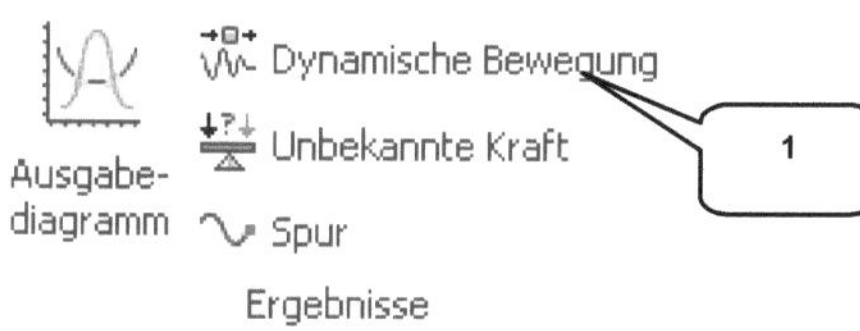

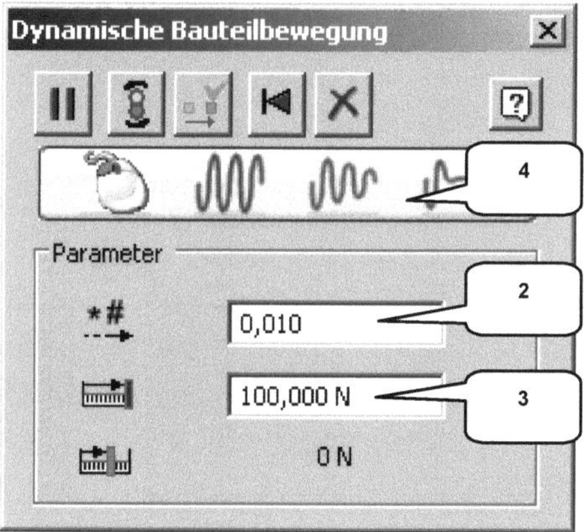

> Befehlsgruppe *Ergebnisse*
> **Dynamische Bewegung** (1)

Bei der *Dynamischen Bauteilbewegung* wird der Mechanismus durch die Bewegung der Maus bei gedrückter linker Maustaste auf ein Bauteil animiert. Die Mausbewegung simuliert hierbei eine äußere Krafteinwirkung deren Multiplikationsfaktor (2) und Maximalwert (3) zu definieren sind.

Optional kann bei dieser Simulation ohne eine Dämpfung, mit einer leichten Dämpfung oder stark gedämpft gearbeitet werden (4).

Leider reagiert das Programm auf diesen Befehl sehr sensibel, was häufig einen Programmabsturz zur Folge hat. Hier hilft dann oft nur ein Neustart des Programms. Aus diesem Grund wird in diesem Buch ausschließlich mit der automatischen Simulation gearbeitet.

7.9.3 Grundlagen: Simulationswiedergabe (automatische Simulation)

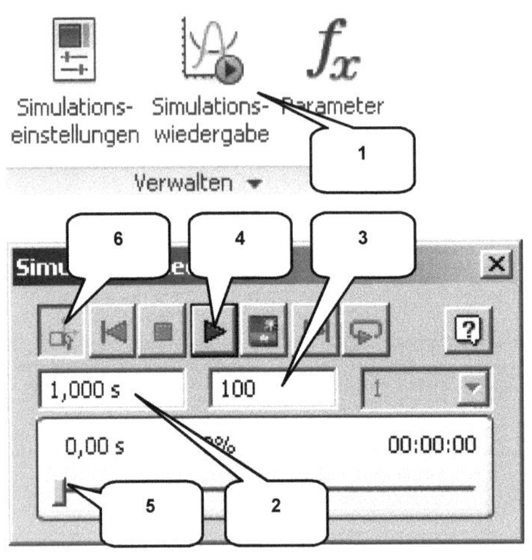

> Befehlsgruppe **Verwalten**
> **Simulationswiedergabe** (1)

In der **Simulationswiedergabe** wird der gesamte Mechanismus unter Beachtung der voreingestellten Parameter (wie z. B. Reibung und Dämpfung) und unter Einwirkung äußerer Kräfte und Drehmomente (automatisch) simuliert. Die Simulationsdauer (2) und die daraus resultierende Anzahl an Bildberechnungen (3) kann frei definiert werden. Nach Simulationsstart (4) signalisiert der Schieberegler (5) den zeitlichen Verlauf. Der Konstruktionsmodus (6) beendet die Simulation.

7.9.4 Starten der ersten Simulation

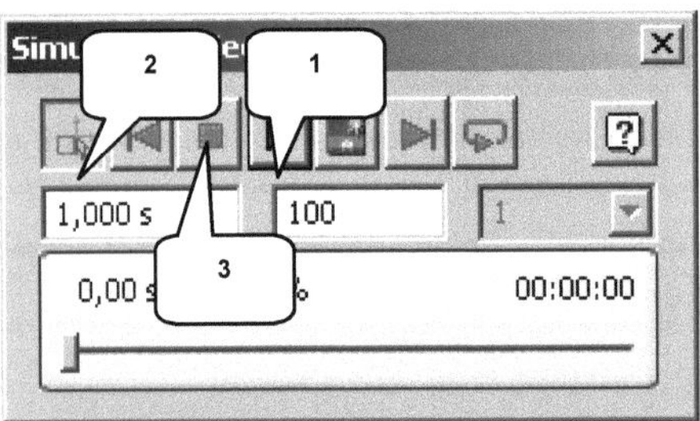

Um die erste Simulation durchführen zu können muss im Fenster **Simulationswiedergabe** die Wiedergabe gestartet werden.

> **Wiedergabe** (1)
> Simulation vollständig ablaufen lassen
> **Konstruktionsmodus** (2)

HINWEIS: Der Button **Stopp** (3) beendet eine Simulation vorzeitig. Der Button **Konstruktionsmodus** (2) lässt das Programm in den Konstruktionsbereich zurückkehren.

Leider war der Schieberegler (4) das Einzige, was sich während der Simulation bewegte: der Rest der Baugruppe **blieb starr!** Der Grund ist folgender: Eine Simulation erfordert neben einer Gelenkverbindung mindestens eine Kraft oder ein Drehmoment!

7.10 Definition der Schwerkraft
7.10.1 Die Normalfallbeschleunigung

Eine relativ einfache Möglichkeit den gesamten Mechanismus anzutreiben, ist die Aktivierung der Normalfallbeschleunigung. Dadurch wird dem Programm ermöglicht, die Schwerkraft zu berechnen. Hierfür muss im Browser der Ordner *externe Belastungen* erweitert und die darin enthaltene *Schwerkraft* bearbeitet werden.

Der Radlader wurde in der Baugruppe auf der XZ-Ebene positioniert, daher muss die Normalfallbeschleunigung in negativer Richtung der Y-Achse, also lotrecht zu XZ-Ebene wirken. Diese Einstellung kann im Eingabebereich in der Zeile g[Y] mit -9810 mm/s^2 vorgenommen werden.

HINWEIS: Sollte sich die Richtung der Schwerkraft nicht definieren lassen und der gesamte Browser noch grau dargestellt sein, so befinden Sie sich unter Umständen noch im Simulationsmodus. In diesem Fall muss im Fenster der Simulationswiedergabe vorab der Button **Konstruktionsmodus** gewählt werden (siehe vorheriges Kapitel).

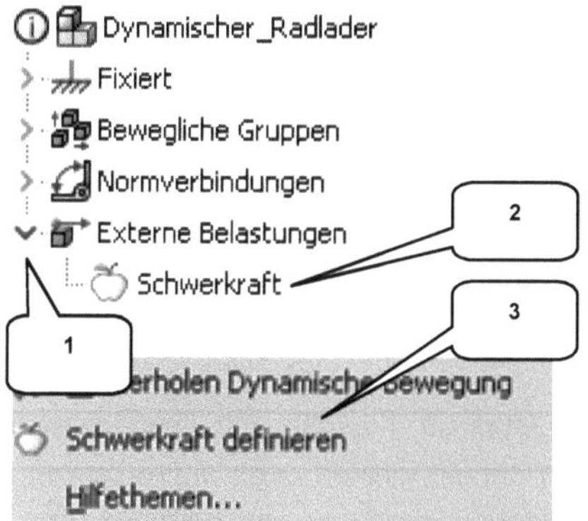

- ➤ *Externe Belastungen* erweitern (1)
- ➤ *Rechte Maustaste* auf *Schwerkraft* (2)
- ➤ *Schwerkraft definieren* (3)

- ➤ Deaktivieren: Unterdrücken (4)
- ➤ Aktivieren: Vektorkomponenten (5)
- ➤ g[Y]: -9810 mm/s^2 (6)
- ➤ OK

Newtons Apfel sollte im Browser jetzt gelb dargestellt werden, was die aktive Schwerkraft symbolisiert. Ihr Richtungsvektor wird durch einen gelben Pfeil (6) dargestellt.

Die Baugruppe sollte vor dem nächsten Schritt noch einmal gespeichert werden.

Speichern (Ja für alle)

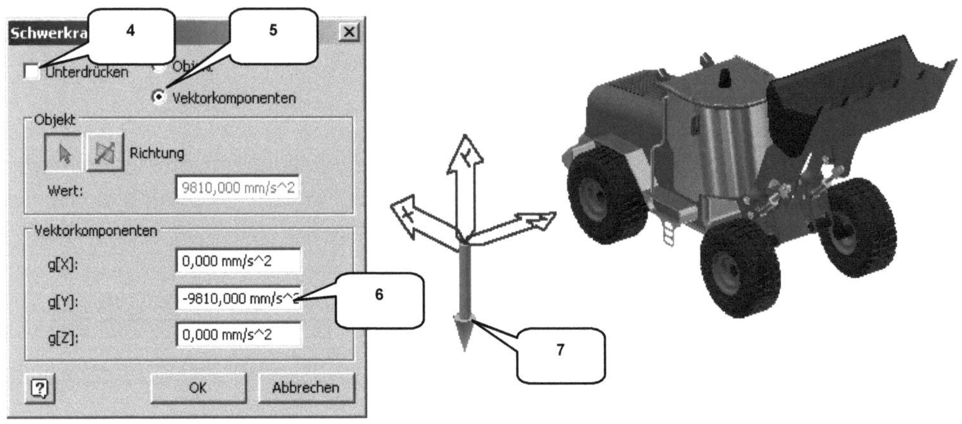

7.10.2 Ausführen und Aufzeichnen der Simulation

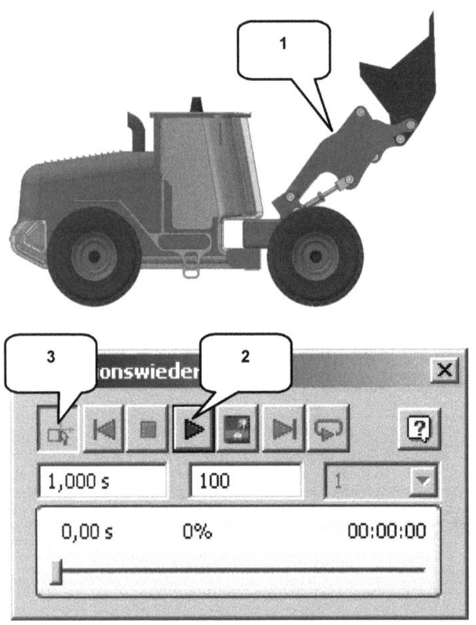

Bewegen Sie den Hubapparat des Radladers vor der nächsten Simulation bei gedrückter linker Maustaste leicht nach oben, um ein möglichst aussagekräftiges Ergebnis zu erreichen.

> Hubapparat nach oben bewegen (1)
> ▶ *Wiedergabe* (2)
> Simulation ablaufen lassen
> *Konstruktionsmodus* (3)

Die Schwerkraft müsste den Hubapparat während der Simulation nach unten bewegt haben, wobei allerdings alle anderen Bauteile durchschlagen wurden (4). Das Programm kann Kollisionen[3] im Bereich der Dynamischen Simulation erst vermeiden, wenn entsprechende Randbedingungen definiert wurden.

---

[3] Das Programm erkennt weder im Bereich der Baugruppenmodellierung noch im Bereich der Dynamischen Simulation automatisch *Kollisionen*, wenn die hierfür benötigten Kontrollmechanismen nicht vorab definiert wurden. Im Bereich der Baugruppenmodellierung können Bewegungen begrenzt oder Kontaktsätze definiert werden: Kollisionen werden dann automatisch erkannt und Bewegungen begrenzt. Solche Möglichkeiten gibt es natürlich auch im Bereich der Dynamischen Simulation.

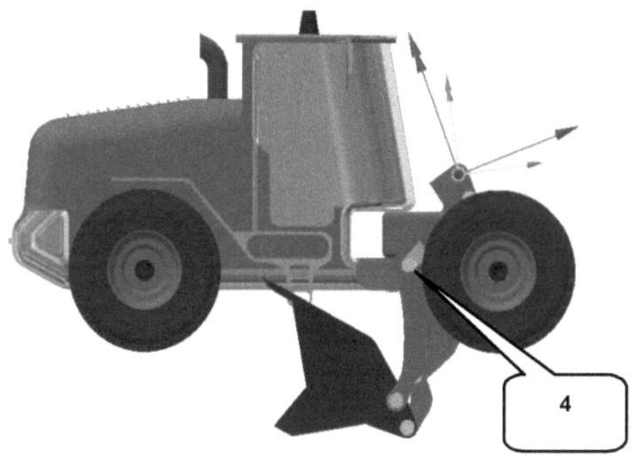

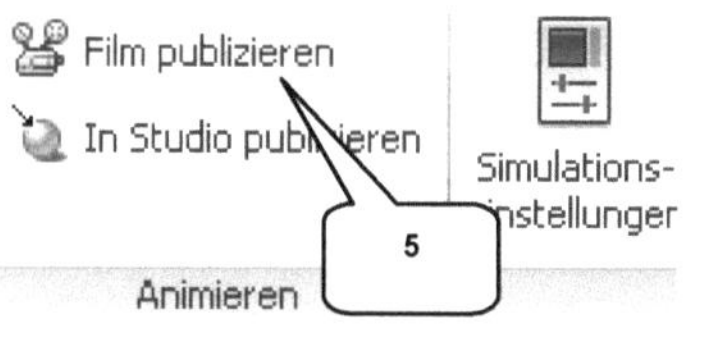

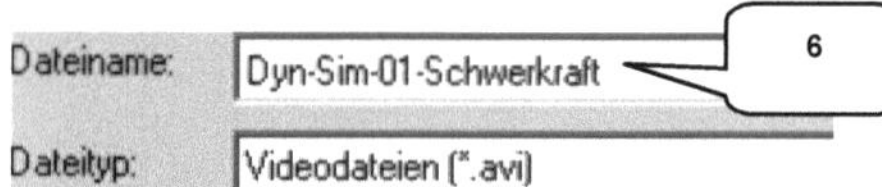

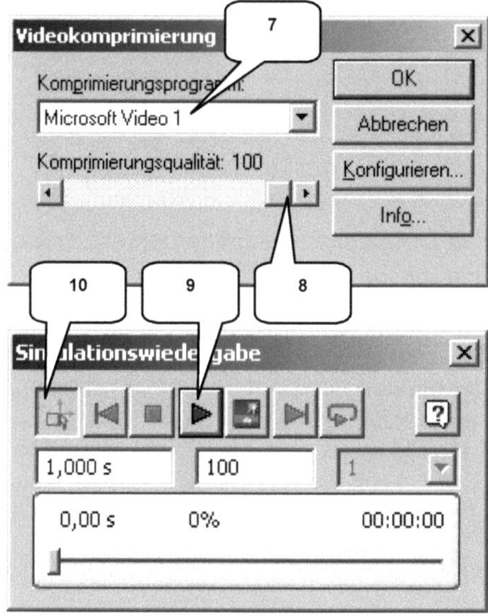

Die letzte Simulation soll noch einmal wiederholt werden um sie zusätzlich als Video zu speichern. Das ist möglich wenn vorher der Befehl *Film publizieren* gestartet wird.

Film publizieren (5)

> Dateiname: Dyn-Sim-01-Schwerkraft (6)
> Dateityp: *.avi
> Speicherort: Projektordner
> Speichern *Speichern*

> Komprimierung: Microsoft Video 1 (7)
> Qualität: 100 % (8)
> OK *OK*

> ► *Wiedergabe* (9)
> Simulation ablaufen lassen
> *Konstruktionsmodus* (10)

Nach der erfolgten Simulation und dem anschließenden Wechsel in den Konstruktionsmodus muss der Befehl *Film publizieren* erneut angeklickt werden, denn damit wird die Videoaufnahme wieder beendet[4].

Film publizieren (5)

In den folgenden Arbeitsschritten soll die Baugruppe sukzessive überarbeitet werden, um die fehlerhaften Kollisionen zu vermeiden. Hierfür ist der Bereich der Dynamischen Simulation vorerst zu verlassen.

---

[4] Das Video *Dyn-Sim-01-Schwerkraft.avi* kann jetzt im Projektordner gestartet werden, wofür ein beliebiger Video-Player verwendet werden kann.

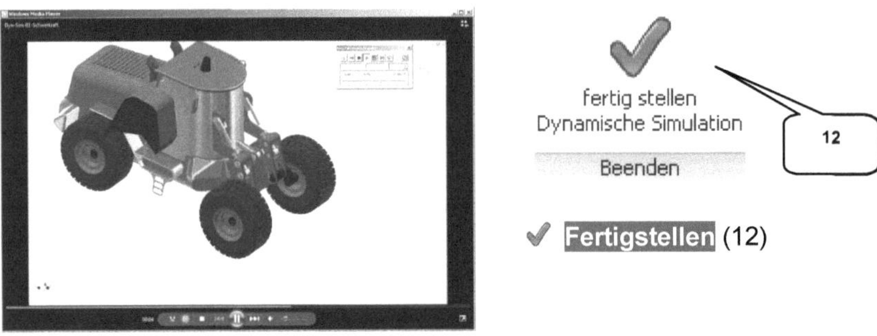

✓ **Fertigstellen** (12)

7.11 Begrenzen der Hubbewegung
7.11.1 Festlegen der Grenzwerte für die Hubbewegung

Arbeitsbereich:
Baugruppe (Zusammenfügen)

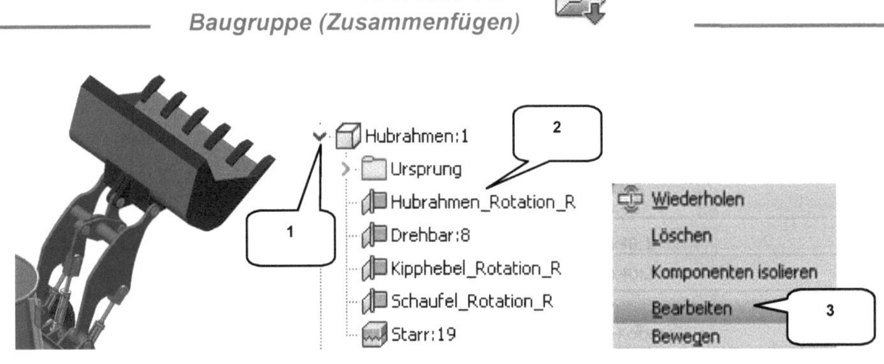

Im ersten Schritt soll der (unkontrollierte) freie Fall des Hubapparates begrenzt werden, wofür eine der vorhandenen Gelenkverbindungen zu bearbeiten ist.

Wird im Browser das Bauteil *Hubrahmen:1* erweitert, findet man darin vier ⬚ Drehgelenke und eine starre ⬚ Verbindung. Beim Klicken mit der rechten Maustaste auf das Drehgelenk *Hubrahmen_Rotation_R* erscheint ein Kontextmenu. Wird darin die Option *Bearbeiten* ausgewählt, öffnet sich das Befehlsfenster *Gelenk bearbeiten*.

> Bauteil *Hubrahmen:1* im Browser erweitern (1)
> *Rechte Maustaste* auf Drehgelenk *Hubrahmen_Rotation_R* (2)
> *Bearbeiten* (3)

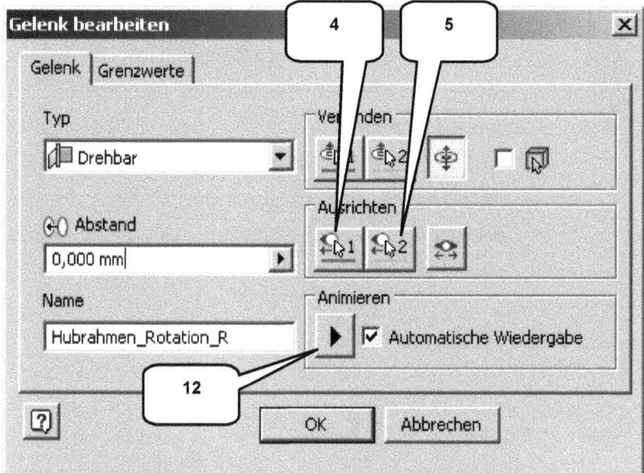

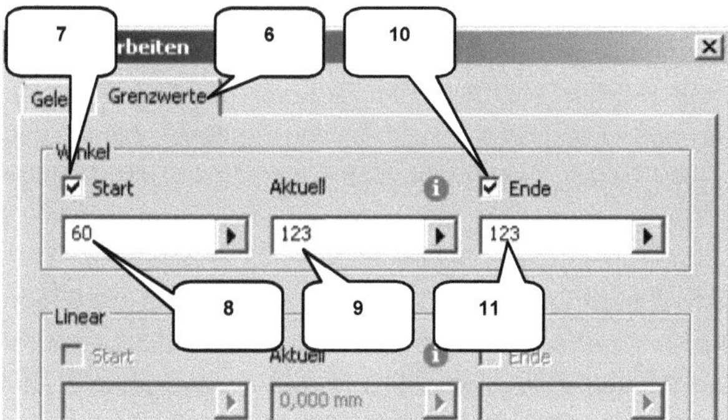

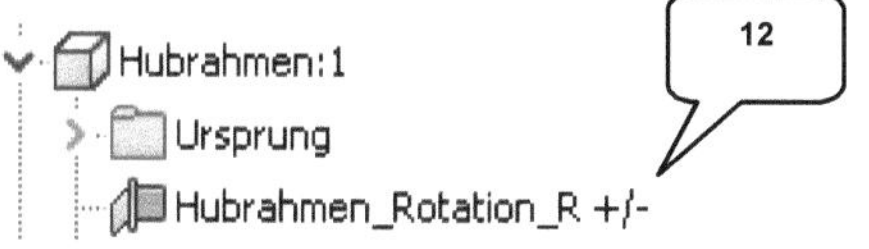

Durch die zusätzliche Definition einer Winkelbegrenzung soll die Drehbewegung des Gelenkes eingeschränkt werden, was sich anschließend auch in den Bereich der Dynamischen Simulation übertragen wird.

➢ Ausrichten 1: Fläche Hubrahmen:1 (4)
➢ Ausrichten 2: Fläche Maschinenrahmen:1 (5)

In der Registerkarte **Grenzwerte** kann jetzt der gewünschte Winkel definiert werden:

➢ Register **Grenzwerte** (6)
➢ Aktivieren: Start (7)
➢ Startwinkel: 60 ° (8)
➢ Aktueller Winkel: 123 ° (9)
➢ Aktivieren: Ende (10)
➢ Endwinkel: 123 ° (11)
➢ ⬜ OK **OK**

Die Begrenzung der Drehbewegung wird im Browser durch ein **+/- Symbol** (12) gekennzeichnet und ist dadurch leicht zu erkennen.

Das Hubsystem kann jetzt bei gedrückter linker Maustaste nach oben gezogen werden, bis die in Abbildung (13) dargestellte Position erreicht wurde. Die Baugruppe ist erneut zu speichern.

⊟ Speichern

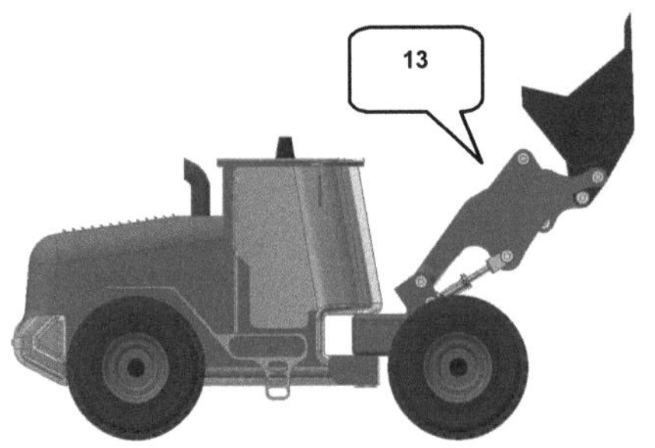

HINWEIS: Sollte das Programm das Setzen der letzten Winkelbegrenzung nicht akzeptieren, so hilft es manchmal, den Befehl zu beenden, die Position des Hubsystems leicht zu verändern und den Befehl zu wiederholen. Leider reagiert das Programm bei derartigen Arbeitsschritten teilweise etwas sensibel.

7.11.2 Ausführen und Aufzeichnen der Simulation

Arbeitsbereich:
Dynamische Simulation

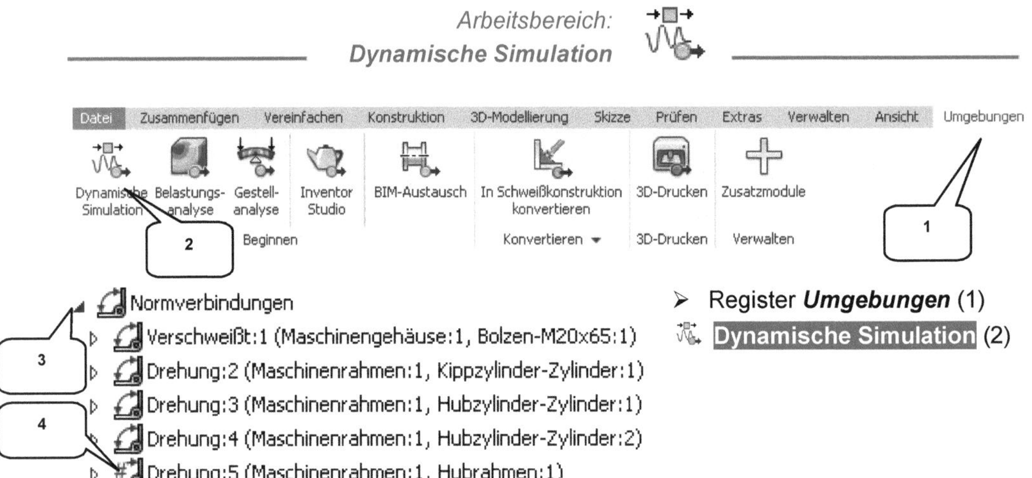

> Register **Umgebungen** (1)
> **Dynamische Simulation** (2)

Jetzt kann überprüft werden, ob die Änderungen am Drehgelenk auch in den Bereich der Dynamischen Simulation übernommen wurden. Hierfür ist im Browser der Ordner **Normverbindungen** zu erweitern um darin das Drehgelenk zwischen den Bauteilen Maschinenrahmen:1 und Hubrahmen:1 (3) zu lokalisieren. Achten Sie dabei einfach auf ein **Drehgelenk** mit einem **#** Raute-Symbol.

Klicken Sie mit der rechten Maustaste darauf und wählen Sie im Kontextmenu die **Eigenschaften**. Wechseln Sie dort ins Register **Freiheitsgrad** und kontrollieren Sie die Grenzwerte in den Anfangsbedingungen: der Winkel sollte von 60° bis 123° voreingestellt sein. Schließen Sie das Befehlsfenster anschließend und überprüfen Sie die Auswirkungen der neuen Einstellungen auf den Mechanismus mit einer weiteren Simulation.

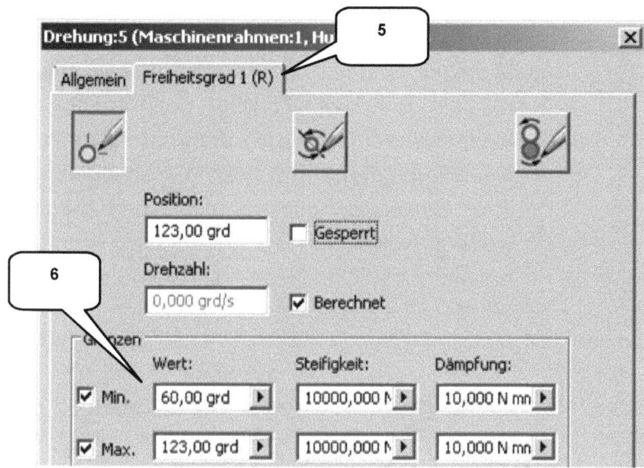

> Ordner **Normverbindungen** erweitern (3)
> **Rechte Maustaste** auf Drehgelenk der Bauteile Maschinenrahmen:1 und Hubrahmen:1 (4)
> Register: Eigenschaften (5)
> Grenzwerte kontrollieren (6)
> OK **OK**

Sollten die Grenzwerte übereinstimmen (Min.: 60°, Max.: 123°), kann simuliert werden.

Film publizieren
> Dateiname: Dyn-Sim-02-Hubbegrenzung (3)
> Dateityp: *.avi
> Speichern **Speichern**

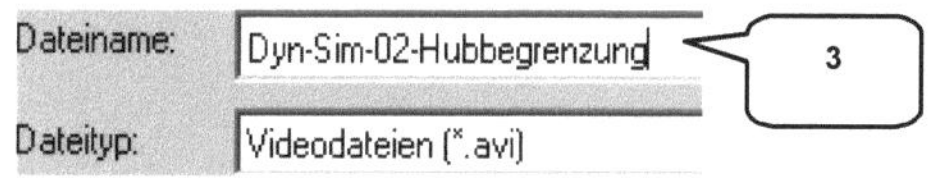

> Komprimierung: Microsoft Video 1 (4)
> Qualität: 100 % (5)
> OK **OK**

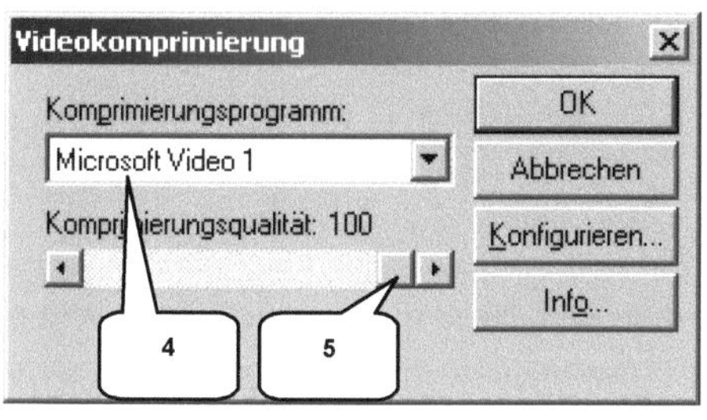

> ▶ **Wiedergabe** (6)
> Simulation ablaufen lassen
> **Konstruktionsmodus** (7)

Film publizieren

Das Hubsystem fällt und schlägt hart auf, sobald der Grenzwert des Drehwinkels erreicht wurde[5].

---

[5] In seltenen Fällen kann es dazu kommen, dass die Baugruppe (oder Teile davon) während der Simulation unkoordiniert und scheinbar unbefestigt durch die Gegend wandern. In diesem Fall sollte die Baugruppe gespeichert, geschlossen, erneut geöffnet und simuliert werden. Der Arbeitsspeicher des Computers ist in diesem Fall überlastet.

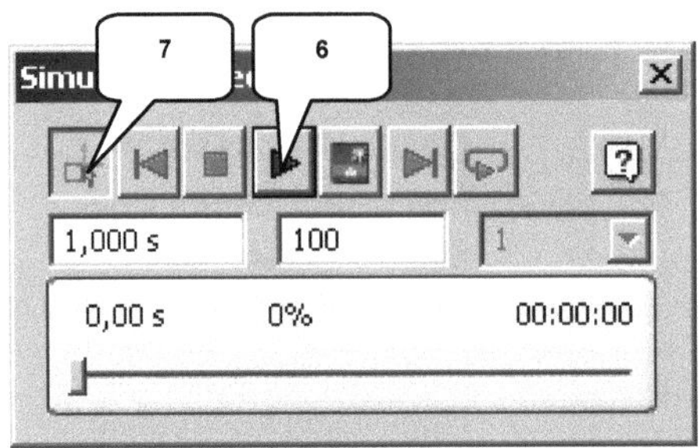

Eine Kollision zwischen Hubrahmen und Maschinenrahmen findet nicht mehr statt, nur die Schaufel schwingt noch frei und schlägt dabei ggf. durch die angrenzenden Bauteile hindurch. Um auch die Schaufel in ihrer Bewegung zu begrenzen und damit weitere Kollisionen zu vermeiden, könnte entweder das Drehgelenk der Schaufel mit

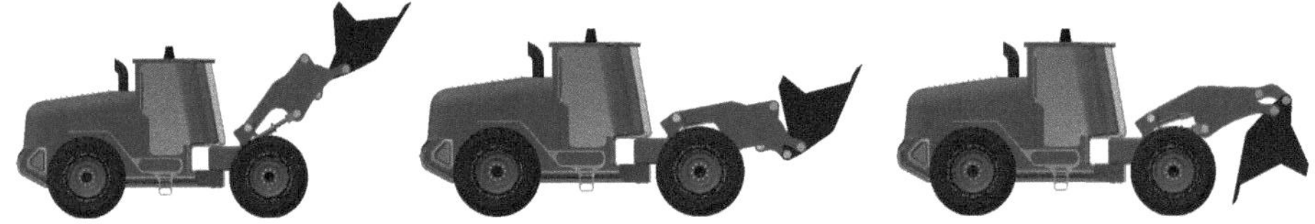

Grenzwerten versehen werden (wie in der letzten Übung), oder es wird ein *3D-Kontakt* platziert. Vorher sollten allerdings einige Grundlagen zum Thema *Gelenkverbindungen* erläutert werden.

7.12 Begrenzen der Kippbewegung
7.12.1 Grundlagen: 3D-Kontakt

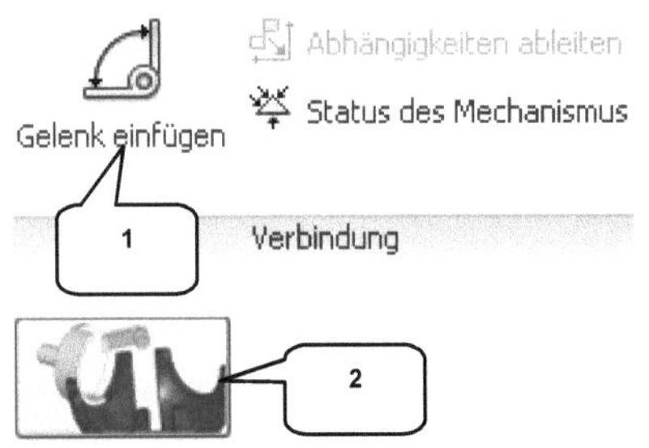

> Befehlsgruppe *Verbindung*

Gelenk einfügen (1)

> Auswahl: 3D-Kontakt (2)

Der *3D-Kontakt* ermöglicht es Kollisionen zwischen zwei Bauteilen zu erkennen und den Bewegungsablauf bei Kontakt zu stoppen. Er gleicht damit dem *Kontaktsatz* im Baugruppenbereich.

7.12.2 Einfügen eines 3D-Kontaktes

Betrachtet man den Bewegungsapparat, so stellt man fest, dass die Schaufel über weitere Bauteile mit dem Kippzylinder verbunden ist. Die unkontrollierte Schwingung der Schaufel hat unter anderem zur Folge, dass der Kolben des Kippzylinders ungebremst in den Zylinder eintaucht.

Würde man also diese beiden Bauteile bei Kontakt stoppen, so überträgt sich das letztendlich auch auf die Bewegung der Schaufel.

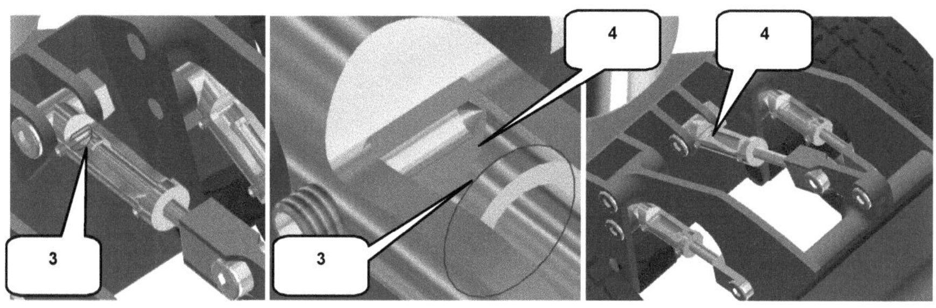

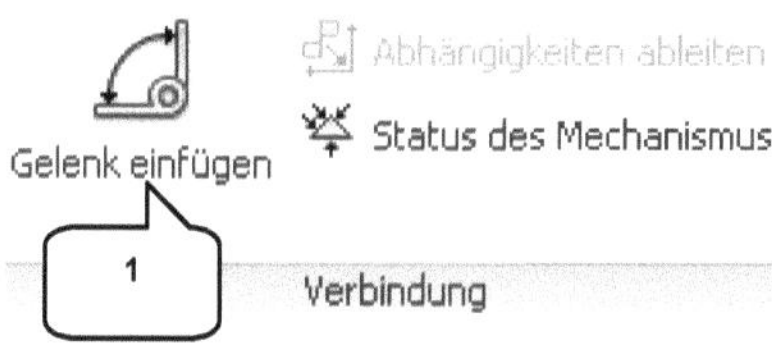

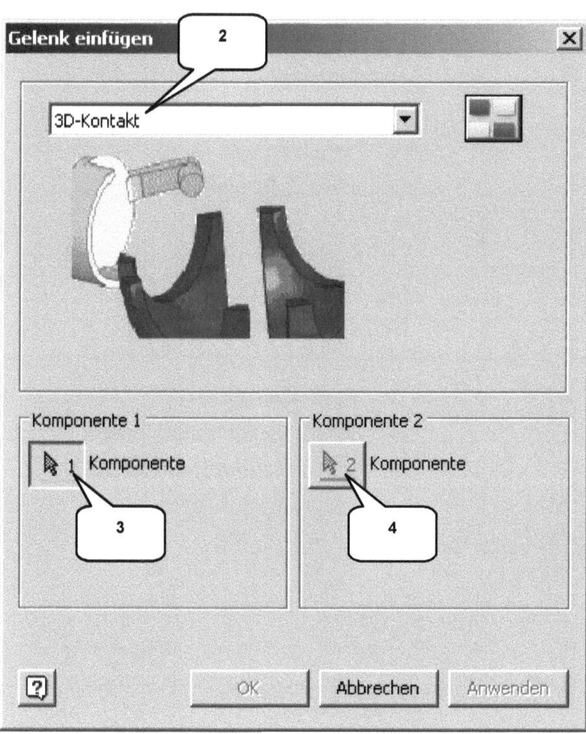

Kolben und Zylinder des Kipp-zylinders sollen jetzt also mit ei-ner zusätzlichen Gelenkverbin-dung - einem *3D-Kontakt* - ver-sehen werden. Der Zylinder wurde zu diesem Zweck an der oberen Seite präpariert, so dass der Blick in dessen Innenbe-reich - und damit auch auf den Kolben darin - frei ist.

Als Referenzen auszuwählen sind die jeweiligen (runden) Kanten von Kolben und Zylin-der.

🖋 **Gelenk einfügen** (1)
➢ Auswahl: 3D-Kontakt (2)
➢ Komponente 1:
  Bohrungskante[6]
  Kippzylinder-Kolben:1 (3)
➢ Komponente 2:
  Zylinderkante
  Kippzylinder-Zylinder:1 (4)
➢ ⬛ *OK*

💾 **Speichern**

---

[6] Es sind die jeweiligen Zylinderkanten auszuwählen, nicht die Flächen von Kolben und Zylinder.

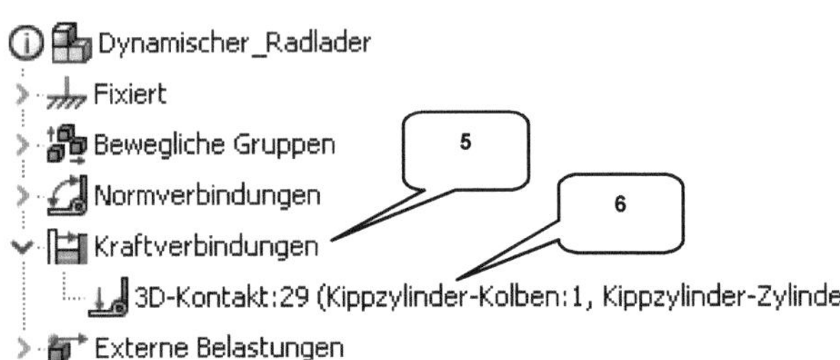

Der Browser erweitert sich jetzt um den neuen Ordner **Kraftverbindungen** (5). Darin enthalten ist der soeben erstellte **3D-Kontakt**[7] (6).

7.12.3 Ausführen und Aufzeichnen der Simulation

Eine neue Simulation soll zeigen, ob der 3D-Kontakt eine Durchdringung der Schaufel in angrenzende Bauteile verhindert.

🎞 **Film publizieren**
- Dateiname:
  Dyn-Sim-03-Kippbegrenzung (1)
- Dateityp: *.avi
- Speichern **Speichern**

- Komprimierung: Microsoft Video 1
- Qualität: 100 %
- OK **OK**

- ▶ **Wiedergabe** (2)
- Simulation ablaufen lassen
- **Konstruktionsmodus** (3)

🎞 **Film publizieren**

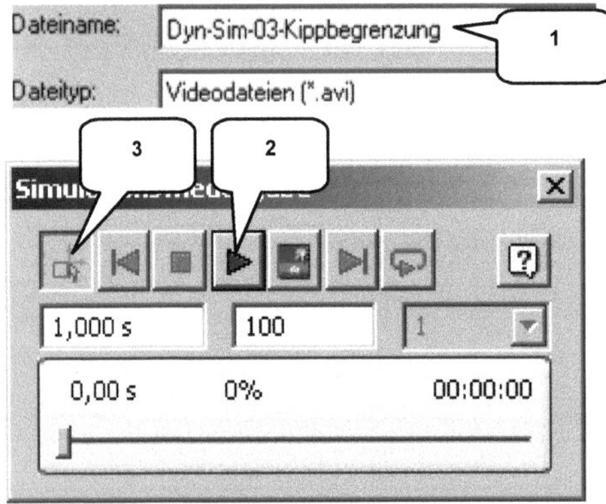

---

[7] Gelenkverbindungen werden automatisch nummeriert (z. B. 3D-Kontakt:*29*). Diese Nummerierung kann von den Abbildungen hier im Buch abweichen, was allerdings keine Rolle spielt. Wichtig ist nur die korrekte Bauteilkonstellation. Die Bauteile werden in Klammern hinter der Gelenkverbindung angegeben (z. B. Kippzylinder-Kolben:1, Kippzylinder-Zylinder:1). Ihre Reihenfolge spielt dabei ebenfalls keine Rolle.

Hubsystem und Schaufel fallen während der Simulation ungebremst nach unten, bis beide Hubrahmen den maximalen Winkel erreicht haben. Auch die Schaufel schwingt jetzt nicht mehr völlig frei, sondern wird in ihrer Bewegung begrenzt.

Zusätzlich soll die Abwärtsbewegung verlangsamt werden, um das harte Aufschlagen des Hubapparates beim Erreichen des maximalen Winkels zu dämpfen. Das Programm bietet entsprechende Möglichkeiten in den *Eigenschaften* vorhandener Gelenkverbindungen.

7.13 Dämpfen der Hub- und Kippbewegungen
7.13.1 Dämpfen der Hubzylinder

Die Dämpfung des Hubapparates soll über die Bearbeitung der zylindrischen Gelenkverbindungen beider Hubzylinder und des Kippzylinders erreicht werden.

Da sich die Suche nach der richtigen Gelenkverbindung als schwierig erweisen könnte (der Ordner Normverbindungen ist bereits gut gefüllt), soll das gesuchte Gelenk über eine *Suchoption* im Kontextmenü der rechten Maustaste lokalisiert werden.

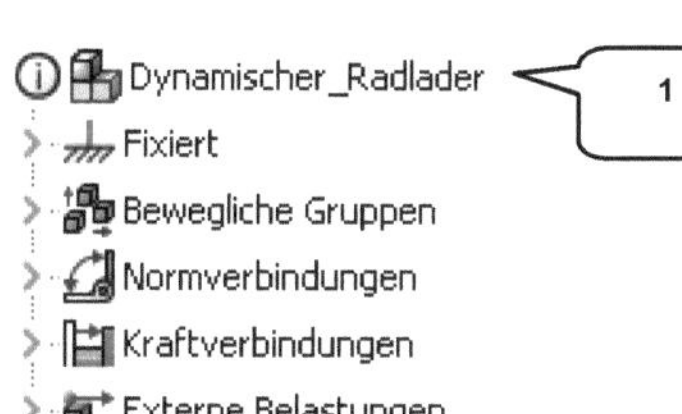

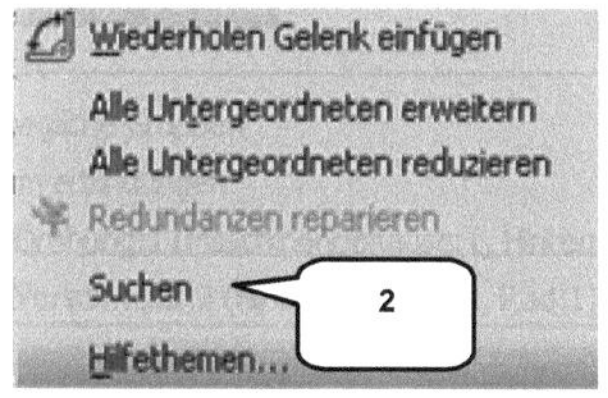

➤ *Rechte Maustaste* auf *Dynamischer_Radlader* (1)
➤ *Suchen* (2)
➤ Objekttyp: Gelenke (3)
➤ Suchbegriff: Hubzylinder-Kolben:1 (4)
➤ Weitersuchen *Weitersuchen*

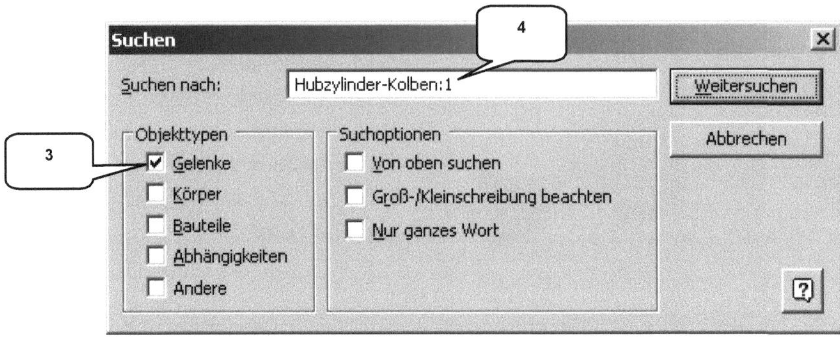

Das Programm wird jetzt im Browser nach und nach alle Gelenkverbindungen markieren, in denen das gesuchte Bauteil enthalten ist. Jetzt muss <u>so oft</u> auf den Button [Weitersuchen] **Weitersuchen** geklickt werden, <u>bis</u> die folgende Gelenkverbindung markiert wird:

> *Zylindrisch (Hubzylinder-Zylinder:1, Hubzylinder-Kolben:1)* (6)

Wurde die Gelenkverbindung lokalisiert, so kann das Befehlsfenster **Suchen** wieder geschlossen werden. Um die gesuchte Gelenkverbindung zu bearbeiten, muss im Browser mit der rechten Maustaste darauf geklickt werden, um im Kontextmenü die Option **Eigenschaften** auswählen zu können. Wechselt man im neu geöffneten Befehlsfenster in das Register **Freiheitsgrad (T)**, so kann im Bereich der **Gelenkkraft** eine Dämpfung (z. B. 1 Ns/mm) festgelegt werden: sie soll den Bewegungsablauf etwas verlangsamen.

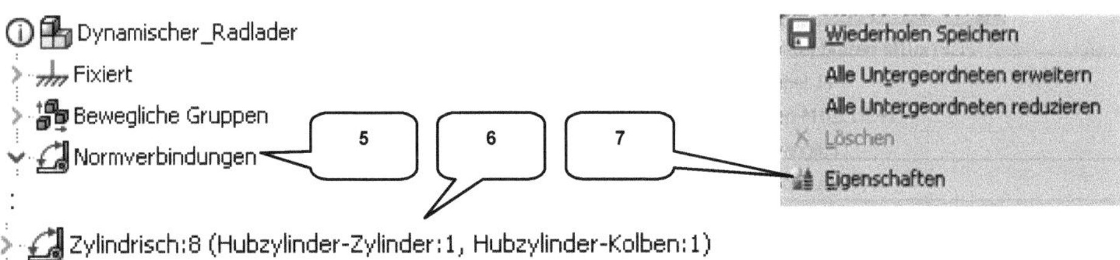

> *Normverbindungen* erweitern (5)
> *Rechte Maustaste* auf zylindrische Gelenkverbindung der Bauteile *Hubzylinder-Kolben:1, Hubzylinder-Zylinder:1* (6)
> *Eigenschaften* (7)

> Register **Freiheitsgrad (T)** (8)
> Gelenkkraft bearbeiten (9)
> Gelenkkraft aktivieren (10)
> Dämpfung: 1 N s/mm (11)
> [OK] *OK*

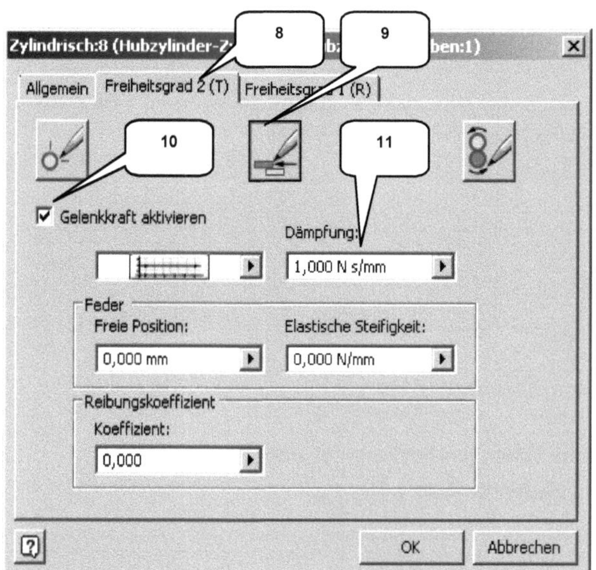

Modifizierte Gelenkverbindungen werden vom Programm durch ein **# *Rautensymbol*** gekennzeichnet, was im Browser in das vorhandene Gelenksymbol integriert wird.

Das zylindrische Gelenk des zweiten Hubzylinders soll ebenfalls bearbeitet werden, wofür im Browser das zylindrische Gelenk zwischen den Bauteilen ***Hubzylinder-Zylinder:2*** und ***Hubzylinder-Kolben:2*** zu lokalisieren ist.

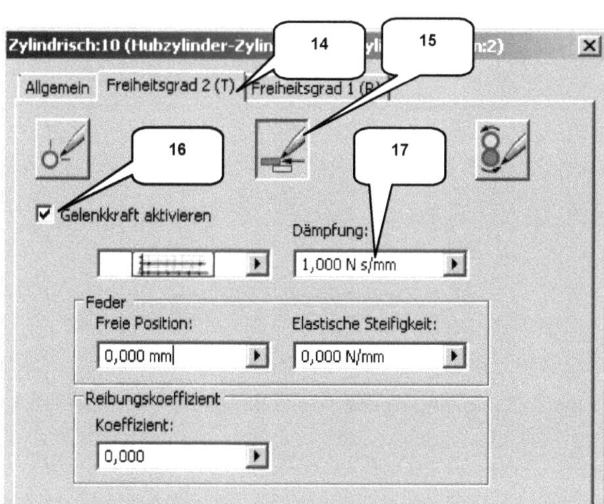

- ➤ ***Rechte Maustaste*** auf die zylindrische Gelenkverbindung der Bauteile ***Hubzylinder-Zylinder:2, Hubzylinder-Kolben:2*** (12)
- ➤ ***Eigenschaften*** (13)
- ➤ Register ***Freiheitsgrad*** (T) (14)
- ➤ Gelenkkraft bearbeiten (15)
- ➤ Gelenkkraft aktivieren (16)
- ➤ Dämpfung: 1 N s/mm (17)
- ➤ OK ***OK***

7.13.2 Dämpfen des Kippzylinders

Nach den Hubzylindern muss jetzt auch der Kippzylinder gedämpft werden, wofür die Eigenschaften dieser zylindrischen Gelenkverbindung zu öffnen sind.

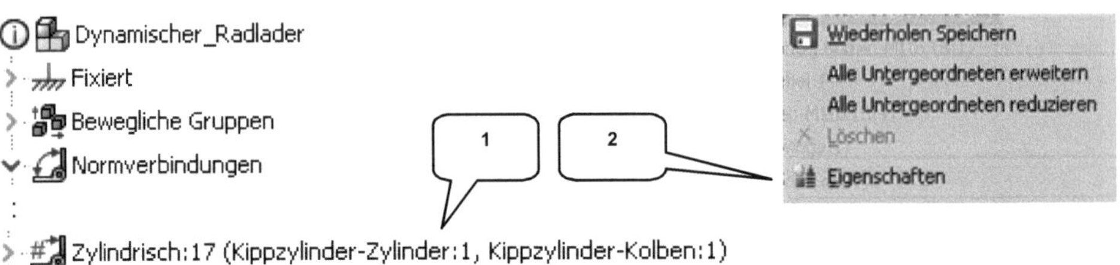

> **Rechte Maustaste** auf zylindrische Gelenkverbindung der Bauteile
> **Kippzylinder-Zylinder:1, Kippzylinder-Kolben:1** (1)
> **Eigenschaften** (2)

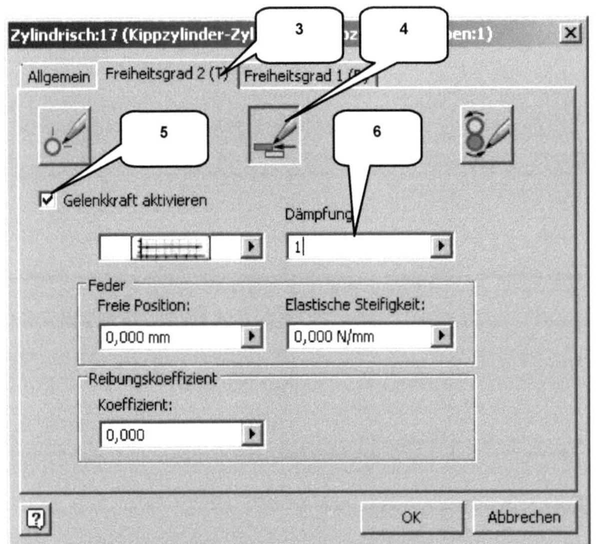

> Register **Freiheitsgrad** (T) (3)
> Gelenkkraft bearbeiten (4)
> Gelenkkraft aktivieren (5)
> Dämpfung: 1 N s/mm (6)
> OK **OK**

Speichern

7.13.3 Ausführen und Aufzeichnen der Simulation

Eine neue Simulation soll zeigen, ob die Optimierungen der drei Gelenkverbindungen erfolgreich waren.

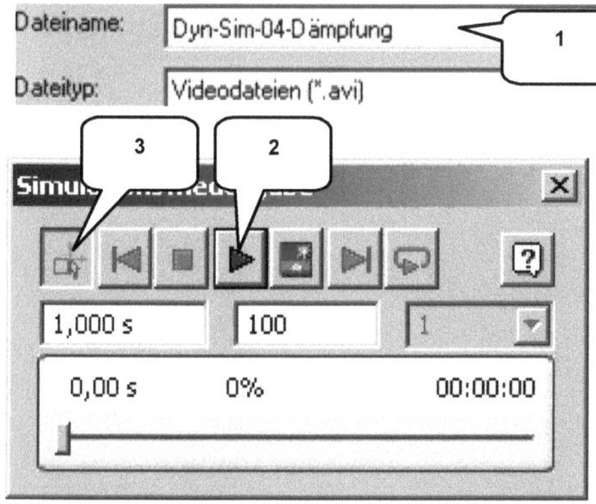

> **Film publizieren**
> ➢ Dateiname:
>   Dyn-Sim-04-Dämpfung (1)
> ➢ Dateityp: *.avi
> ➢ 	Speichern **Speichern**
>
> ➢ Komprimierung: Microsoft Video 1
> ➢ Qualität: 100 %
> ➢ 	OK **OK**
>
> ➢ ▶ **Wiedergabe** (2)
> ➢ Simulation ablaufen lassen
> ➢ **Konstruktionsmodus** (3)
> **Film publizieren**

Der gesamte Hubapparat bewegt sich jetzt wesentlich langsamer nach unten und auch die Schaufel selbst bewegt sich nur noch langsam nach unten. Die Änderung im Bereich der Dämpfung zeigt demnach die gewünschte Wirkung.

7.14 Definition der Reibungskoeffizienten
7.14.1 Drehgelenke mit Reibungskoeffizient und Reibradius versehen

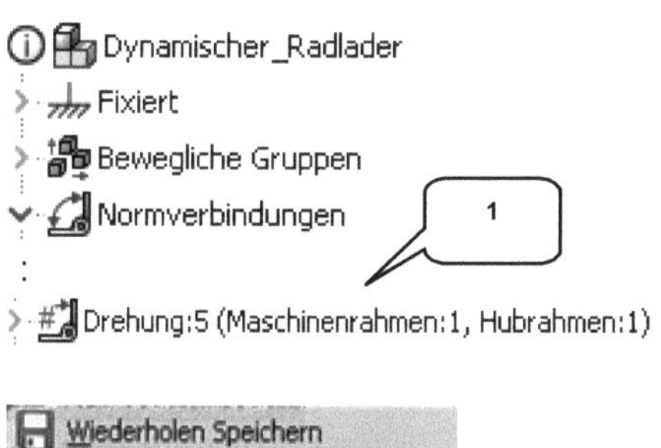

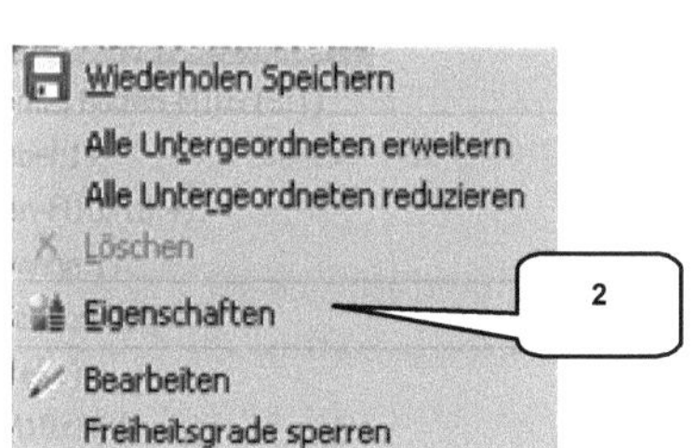

Wenn **Reibungsverluste** in Simulationen berücksichtigt werden sollen, so können auch sie in den **Eigenschaften** eines Gelenkes hinterlegt werden.

Die Drehgelenke zwischen dem Maschinenrahmen und den beiden Hubrahmen sind in der folgenden Übung mit einem Reibungskoeffizienten zu versehen, wodurch die Abwärtsbewegung des Hubapparates weiter verlangsamt werden soll. Neben dem Reibungskoeffizienten muss zusätzlich der Reibradius definiert werden, denn aus beiden Werten berechnet das Programm die Reibungsverluste.

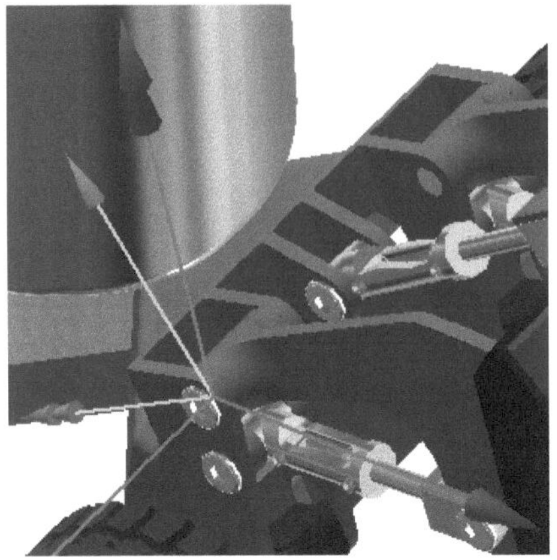

> ➢ **Rechte Maustaste** auf das Drehgelenk der Bauteile **Maschinenrahmen:1, Hubrahmen:1** (1)
> ➢ **Eigenschaften** (2)

Als Reibungskoeffizienten ist der Wert 0,1 einzutragen und als Reibradius der Wert 5 mm (er resultiert aus dem Durchmesser des Gewindebolzens D = 10 mm). Das Drehgelenk zwischen den Bauteilen Maschinenrahmen:1 und Hubrahmen:2 ist danach ebenfalls zu bearbeiten.

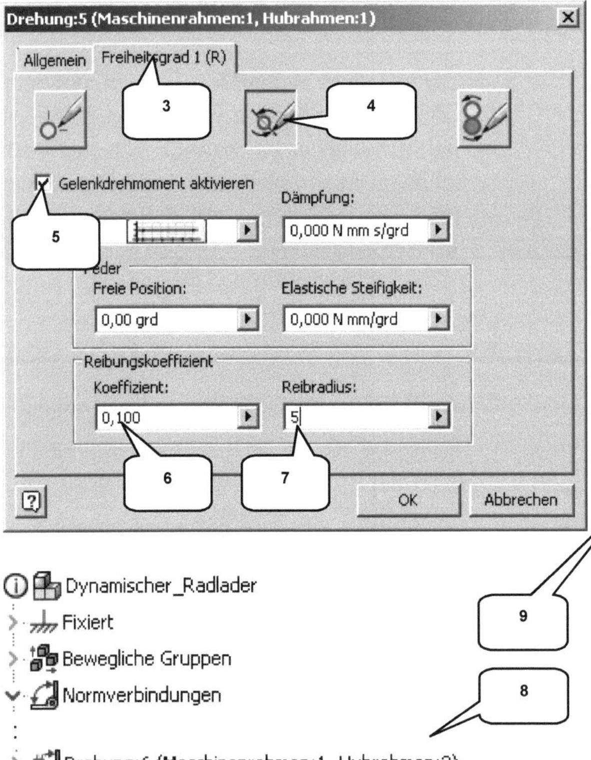

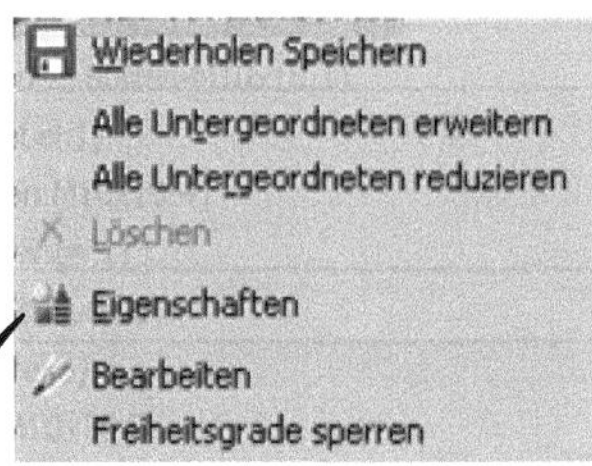

> ➢ Register **Freiheitsgrad** (R) (3)
> ➢ Gelenkdrehmoment bearbeiten (4)
> ➢ Gelenkdrehmoment aktivieren (5)
> ➢ Reibungskoeffizient: 0,1 (6)
> ➢ Reibradius: 5 mm (7)
> ➢ OK **OK**

> ➢ **Rechte Maustaste** auf die zylindrische Gelenkverbindung der Bauteile **Maschinenrahmen:1, Hubrahmen:2** (8)
> ➢ **Eigenschaften** (9)

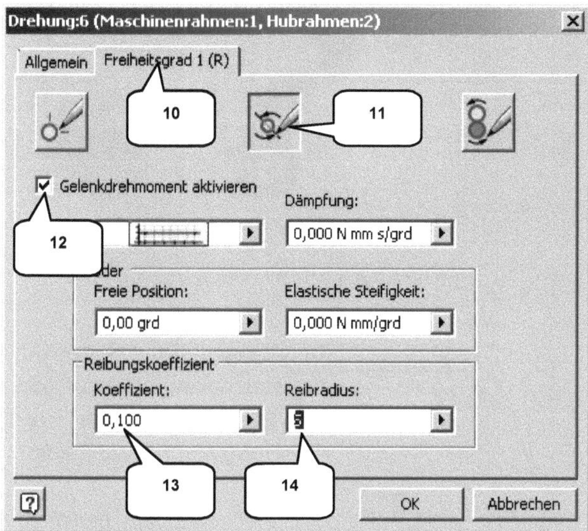

> Register *Freiheitsgrad* (R) (10)
> Gelenkdrehmoment bearbeiten (11)
> Gelenkdrehmoment aktivieren (12)
> Reibungskoeffizient: 0,1 (13)
> Reibradius: 5 mm (14)
>  *OK*

 Speichern

7.15 Die Bodenplatte
7.15.1 Platzieren und Ausrichten der Bodenplatte

Arbeitsbereich:
Baugruppe (Zusammenfügen)

Der Bereich der Dynamischen Simulation sollte kurzfristig verlassen werden[8], um ein neues Bauteil (*Bodenplatte*) in die Baugruppe importieren zu können. Die Bodenplatte soll unterhalb des Radladers abgelegt werden, um sie anschließend mit tangentialen Abhängigkeiten an den Rädern des Radladers befestigen zu können (3).

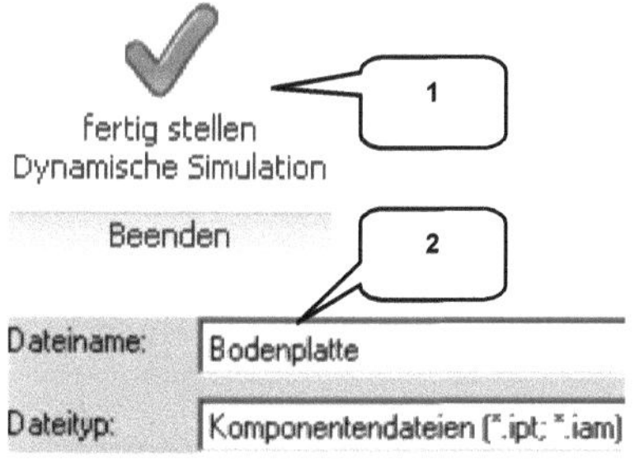

✔ Fertigstellen (1)

Komponente platzieren
> Dateiname: Bodenplatte (2)
> Dateityp: *.ipt
>  *Öffnen*
> Bauteil 1x frei ablegen
> Taste: ESC

---

[8] Das Verlassen des Bereiches der Dynamischen Simulation ist nicht zwingend erforderlich, um z. B. weitere Bauteile in eine Baugruppe einzufügen. Bei grundlegenden Arbeiten an einer Baugruppe ist es jedoch empfehlenswert, um den Arbeitsspeicher nicht zu stark zu belasten und dem Programm beim Eintritt in den Bereich der Dynamischen Simulation eine Neuberechnung der Variablen zu ermöglichen.

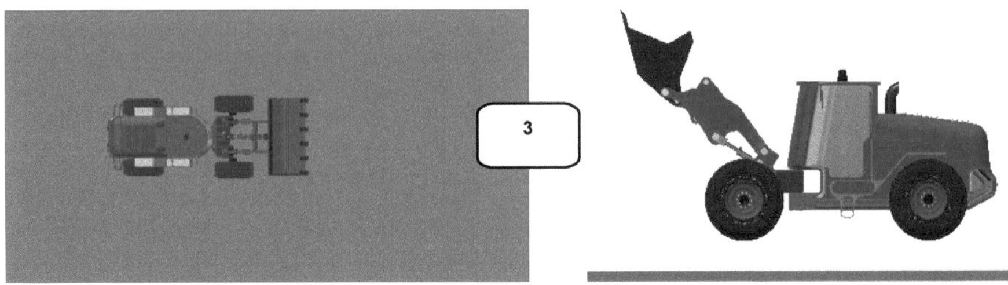

7.15.2 Ausrichten der Bodenplatte am Radlader

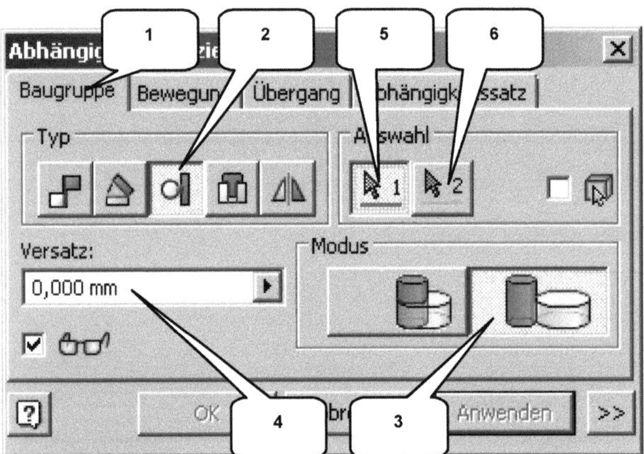

Zur tangentialen Ausrichtung der Bodenplatte an den Rädern des Radladers, ist der Befehl **Abhängig machen** zu starten.

Beginnen Sie mit einem der Vorderräder.

Abhängig machen
> Register **Baugruppe** (1)
> Typ: Tangential (2)
> Modus: Außerhalb (3)
> Versatz: 0 mm (4)
> Auswahl 1: Oberfläche Bodenplatte (5)
> Auswahl 2: Lauffläche Rad[9] (6)
> Anwenden **Anwenden**

Platzieren Sie anschließend eine weitere tangentiale Abhängigkeit zwischen der Bodenplatte und einem der Hinterräder.

---

[9] An den Rädern befindet sich in der Mitte der Lauffläche jeweils eine durchgängige zylindrische Fläche (6), welche als Referenz für die tangentiale Abhängigkeit zu verwenden ist.

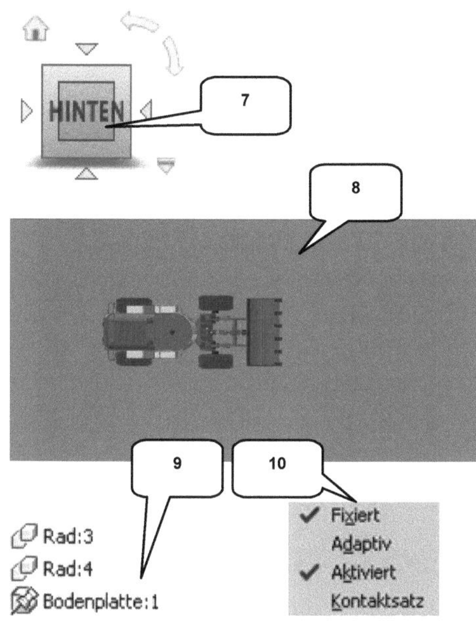

Bevor die Bodenplatte fixiert werden kann, sollte sie am Radlader ausgerichtet werden.

Hierfür ist am **ViewCube** die Ansicht **HINTEN** zu aktivieren, um die Bodenplatte danach bei gedrückter linker Maustaste zu positionieren, wie nebenstehend dargestellt.

- ➢ **ViewCube-Ansicht: HINTEN** (7)
- ➢ Bodenplatte ausrichten (8)

- ➢ **Rechte Maustaste** auf **Bodenplatte** (9)
- ➢ **Fixiert** (10)

- 🖬 Speichern (Ja für alle)

- ➢ OK **OK** (geändertes Datenformat)

7.15.3 Ausführen und Aufzeichnen der Simulation

Um die geänderten Gelenkeinstellungen zu überprüfen und um das Verhalten des Hubapparates im Zusammenspiel mit der neu eingefügten Bodenplatte analysieren zu können, muss in den Bereich der Dynamischen Simulation gewechselt werden und dort am **ViewCube** die Ansicht **UNTEN** aktiviert werden.

Arbeitsbereich:
Dynamische Simulation

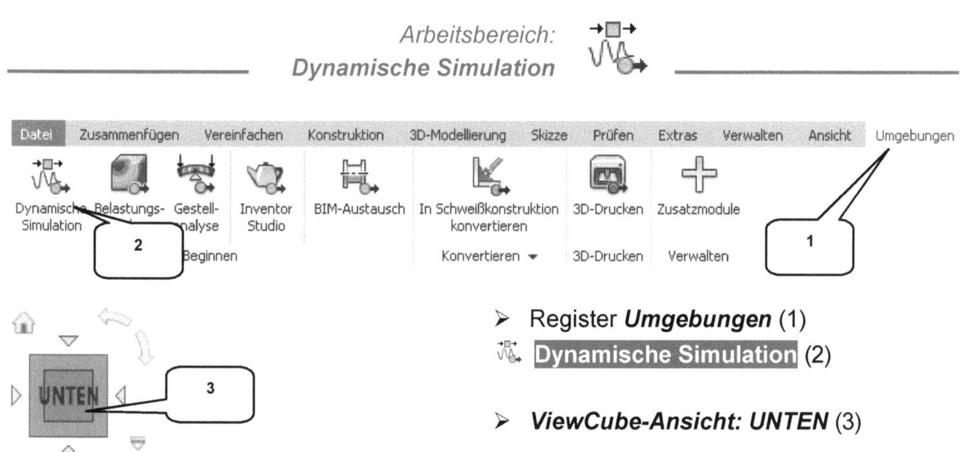

- ➢ Register **Umgebungen** (1)
- 🔧 Dynamische Simulation (2)

- ➢ **ViewCube-Ansicht: UNTEN** (3)

Film publizieren

➢ Dateiname:

Dyn-Sim-05-Bodenplatte (4)

➢ Dateityp: *.avi

➢ [Speichern] *Speichern*

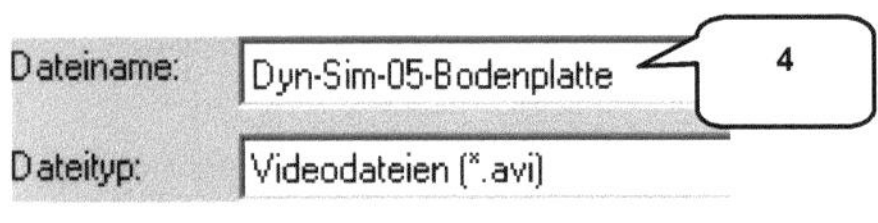

➢ Komprimierung: Microsoft Video 1

➢ Qualität: 100 %

➢ [OK] *OK*

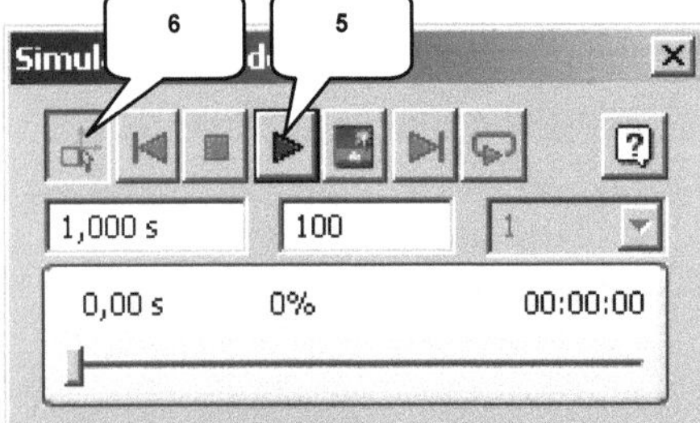

➢ ▶ *Wiedergabe* (5)

➢ Simulation ablaufen lassen

➢ *Konstruktionsmodus* (6)

Film publizieren

Die Abwärtsbewegung des Hubapparates erfolgt jetzt noch langsamer als vorher und entspricht dem gewünschten Resultat. Allerdings gibt es ein neues Problem: die Schaufel des Radladers kollidiert mit der Bodenplatte.

Um dieses Problem zu beheben, könnte z. B. eine Bewegungsbegrenzung definiert oder ein 3D-Kontakt platziert werden, oder aber man verwendet als Gelenk einen *2D-Kontakt*.

7.16 2D-Kontakt zwischen Schaufel und Bodenplatte erzeugen
7.16.1 Grundlagen: 2D-Kontakt

Auch *2D-Kontakte* (1) können Bauteilbewegungen stoppen, wenn das Programm Kollisionen zwischen den betroffenen Bauteilen erkennt.

Allerdings müssen hier die exakten Seitenflächen zweier Bauteile als Referenzen definiert werden und sie müssen planparallel zueinander angeordnet sein.

7.16.2 Platzieren des 2D-Kontaktes

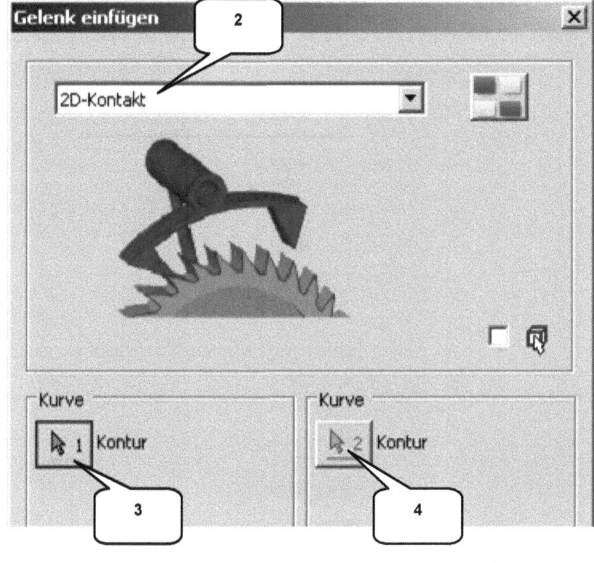

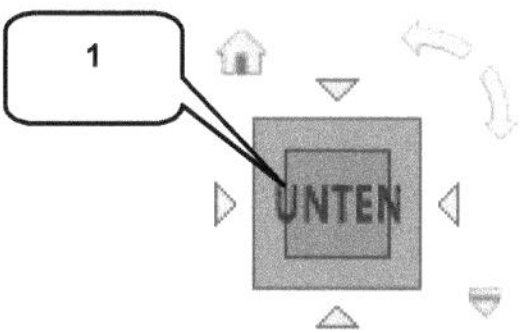

Der folgende Arbeitsschritt wird nur funktionieren, wenn die Seitenflächen von Bodenplatte und Schaufel parallel zueinander liegen (es sollte bereits so eingestellt sein). Ansonsten müsste die Ausrichtung korrigiert werden[10].

➤ **ViewCube-Ansicht: UNTEN** (1)

📂 Gelenk einfügen

➤ Auswahl: 2D-Kontakt (2)
➤ Komponente 1: Seitenfläche der Schaufel (3)
➤ Komponente 2: Seitenfläche[11] der Bodenplatte (4)
➤   OK   **OK**

💾 Speichern

Im Browser wird der neue Ordner **Kontaktgelenke** (5) erstellt, worin der **2D-Kontakt** zu finden ist.

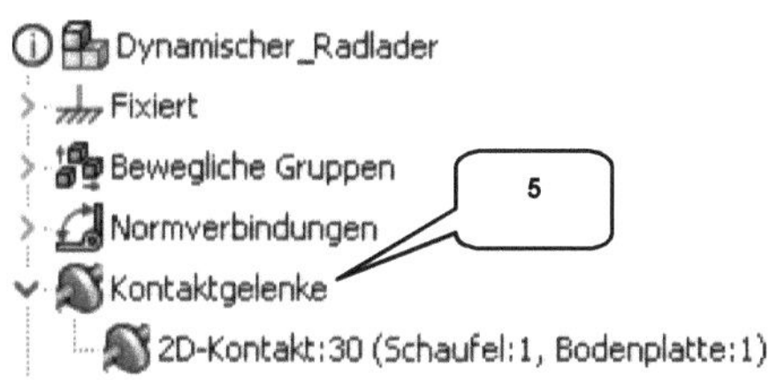

---

[10] Wenn die Bodenplatte noch einmal in ihrer Ausrichtung korrigiert werden muss, dann ist vorher ihre Fixierung temporär zu lösen (**Rechte Maustaste** auf Bodenplatte > **Fixiert** deaktivieren), Platte ausrichten und wieder fixieren

[11] Es ist die schmale Seitenfläche der Bodenplatte zu wählen! Nicht ihre Ober- oder Unterseite.

7.16.3 Ausführen und Aufzeichnen der Simulation

Ob die Bewegung der Schaufel bei einer Kollision zwischen Schaufel und Bodenplatte jetzt vermieden wird, soll in einer Simulation überprüft werden.

Film publizieren

> Dateiname: Dyn-Sim-06-2D-Kontakt (1)
> Dateityp: *.avi
> Speichern *Speichern*

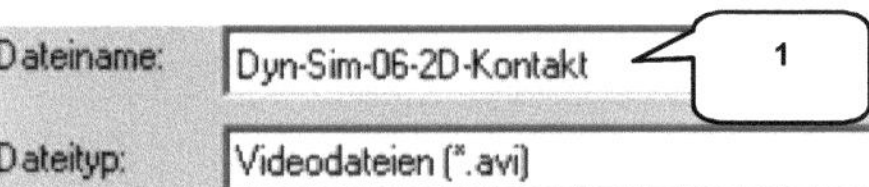

> Komprimierung: Microsoft Video 1
> Qualität: 100 %
> OK *OK*

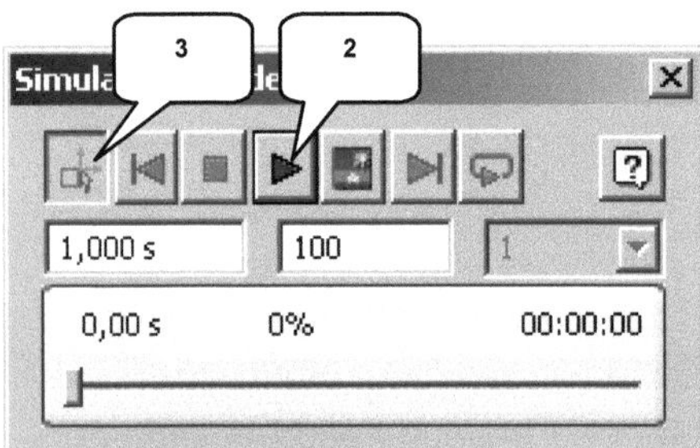

> ▶ *Wiedergabe* (2)
> Simulation ablaufen lassen
> *Konstruktionsmodus* (3)

Film publizieren

Verläuft alles nach Plan, so müsste sich der gesamte Hubapparat langsam nach unten bewegen, bis die Schaufel die Bodenplatte berührt (4). Bereits kurz davor verlangsamt sich die Bewegung, denn das Programm jetzt einen erhöhten Rechenaufwand leisten. Die Spitze der Schaufel trifft auf die Bodenplatte und das Gewicht des gesamten Hubapparates drückt den restlichen Teil der Schaufel weiter nach unten. Ein Durchdringen der Schaufel durch die Bodenplatte findet allerdings nicht mehr statt.

7.17 Einfügen eines Feder-Dämpfer-Systems
7.17.1 Grundlagen: Feder/ Dämpfung/ Buchse

Der Radlader soll weiterhin mit zwei Feder-Dämpfer-Systemen versehen werden, welche die beiden Radbolzen im vorderen Bereich des Fahrzeugs mit dem Maschinenrahmen verbinden.

Hierfür wird die Gelenkverbindung *Feder/ Dämpfung/ Buchse* (1) verwendet. Sie beinhaltet verschiedene Gelenktypen, die in der folgenden tabellarischen Übersicht dargestellt werden:

Typ	Parameter	
Spiralfeder	Steifigkeit, freie Länge, Dämpfung, Abmessungen	
Feder	Steifigkeit, freie Länge, Dämpfung, Abmessungen	
Federdämpfung	Steifigkeit, freie Länge, Dämpfung, Abmessungen	
Dämpfung	Dämpfung, Abmessungen	
Buchse	Kraft, Abmessungen	

Zur Platzierung des Gelenkes sind zuerst die Referenzen zweier Bauteile auszuwählen, wobei nur runde Flächen oder Kanten genutzt werden können. Denn neben den Basisflächen muss das Programm auch zwei Mittelpunkte bestimmen können, die zur Ausrichtung des Gelenkes benötigt werden.

Übernehmen Sie die folgende Vorgehensweise und platzieren Sie jetzt zwei Federsysteme an der Vorderachse des Radladers.

7.17.2 Platzieren des Federsystems an der Vorderachse

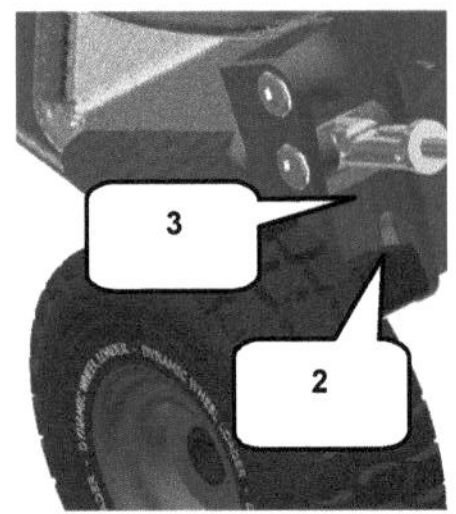

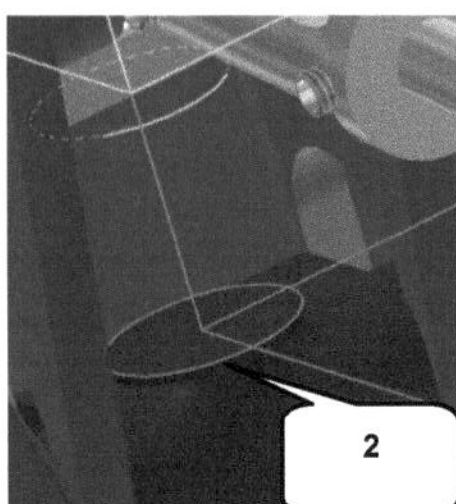

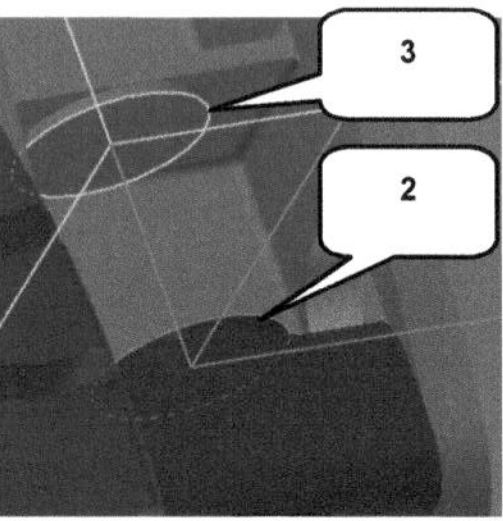

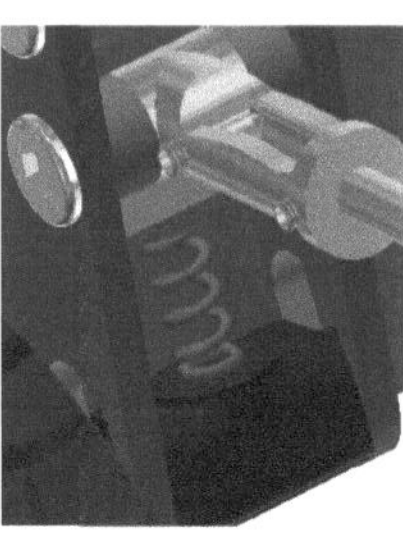

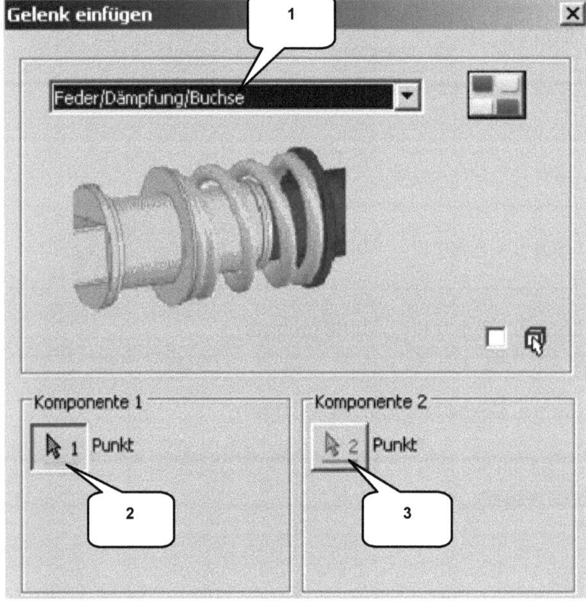

Der erste Federdämpfer soll zwischen den Bauteilen **Rad-Bolzen-VR:1** und **Maschinen-rahmen:1** platziert werden, wobei die jeweiligen Zylinder-kanten als Referenzen auszu-wählen sind.

Gelenk einfügen

> Auswahl: Feder/ Dämp-fung/ Buchse (1)
> Komponente 1: Zylinder-kante Rad-Bolzen-VR:1 (2)
> Komponente 2: Zylinder-kante Maschinenrahmen:1 (3)
> Anwenden **Anwenden**

Im Ordner **Kraftverbindun-gen** (4) sollte das neue **Fe-dergelenk** (5) jetzt bereits an-gezeigt werden.

Speichern Sie die Baugruppe noch einmal.

Speichern

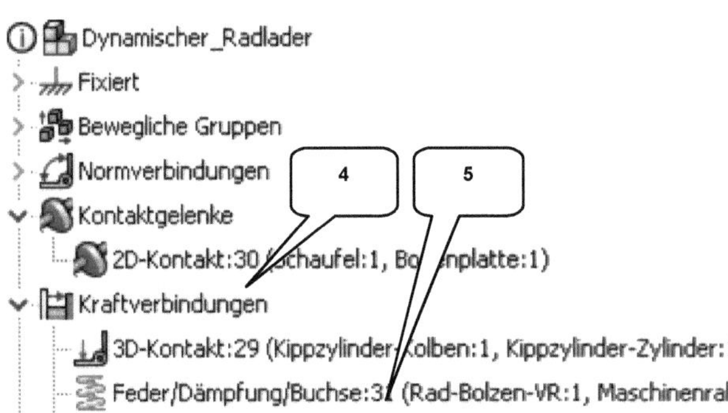

7.17.3 Bearbeiten des Federsystems

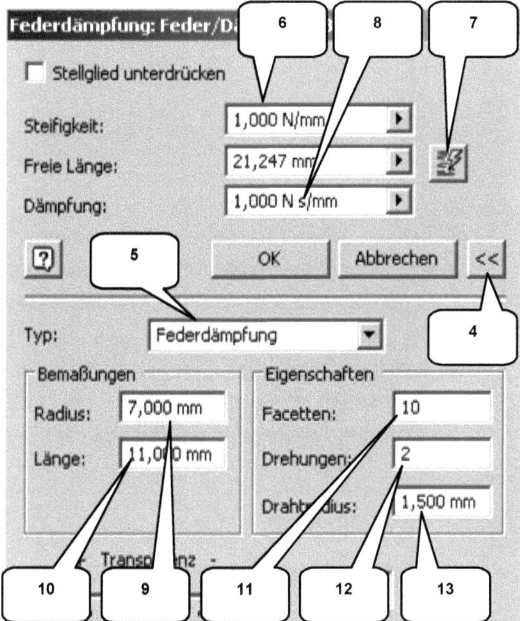

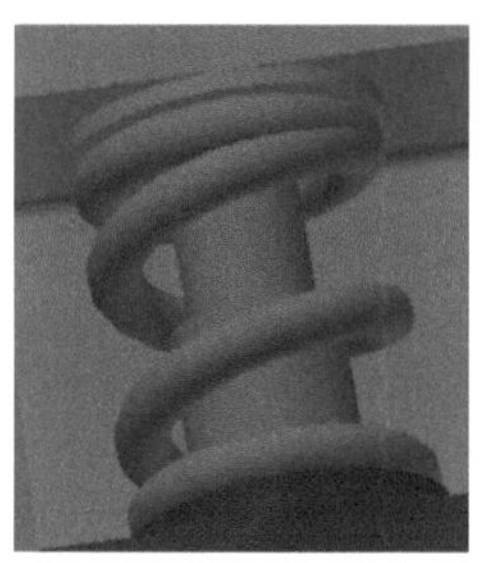

Betrachtet man das Symbol der ⚙ **Feder** im Browser etwas genauer, so ist zu erkennen, dass es noch grau hinterlegt ist. Das Programm weist damit darauf hin, dass die eigentlichen **Eigenschaften** noch nicht definiert wurden.

- **Kraftverbindungen** erweitern (1)
- **Rechte Maustaste** auf **Feder/ Dämpfung/ Buchse** (2)
- **Eigenschaften** (3)

- Befehlsfenster **>>** erweitern (4)
- Typ: Federdämpfung (5)
- Steifigkeit: 1 N/mm (6)
- Freie Länge: Aktualisieren (7)
- Dämpfung: 1 N s/mm (8)
- Radius: 7 mm (9)
- Länge: 11 mm (10)
- Facetten: 10 (11)
- Drehungen: 2 (12)
- Drahtradius: 1,5 mm (13)
- `OK` **OK**

- 🖫 **Speichern**

Dasselbe Federsystem soll jetzt auch auf der linken Seite des Radladers (zwischen den Bauteilen **Maschinenrahmen:1** und **Rad-Bolzen-VL:1**) platziert werden, wobei dieselben Eigenschaften zu verwenden sind. Speichern und schließen Sie die Baugruppe im Anschluss daran.

HINWEIS: Werden **Feder-Dämpfer-Systeme** dynamisch beansprucht, dann werden ihre physikalischen Eigenschaften (Steifigkeit, Dämpfung, freie Länge) in die Simulation mit einbezogen. Die Eingabewerte in den Bereichen Bemaßungen und Eigenschaften haben hingegen keinen Einfluss auf die Berechnungsergebnisse: sie dienen nur der Darstellung.

🖫 **Speichern**
✖ **Baugruppe schließen**

7.18   Schraubverbindungen
7.18.1   Öffnen einer neuen Baugruppe

Arbeitsbereich: 
————————— *Baugruppe (Zusammenfügen)* —————————

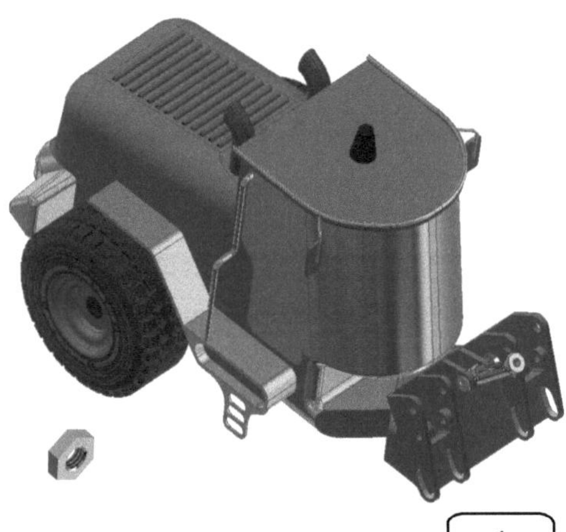

Sollen in einer Baugruppe Schraubverbindungen mit einer kombinierten Axial- und Rotationsbewegung simuliert werden, dann bietet das Programm dafür das Gelenk **Schraubverbindung**. Zur Darstellung der Möglichkeiten dieses Gelenkes soll eine vereinfachte Baugruppe geöffnet werden.

📂 **Öffnen**
➢ Dateiname: BG_Schraubverbindung (1)
➢ Dateityp: *.iam
➢ [Öffnen ▾] **Öffnen**

Der darin enthaltene (vereinfacht dargestellte) Radlader enthält eine noch unbefestigte Sechskantmutter. Sie soll jetzt in Vorbereitung auf die Übungen im Bereich der Dynamischen Simulation mit zwei Abhängigkeiten versehen werden: einer axialen Abhängigkeit und einer Flächenabhängigkeit.

7.18.2 Positionieren der Sechskantmutter

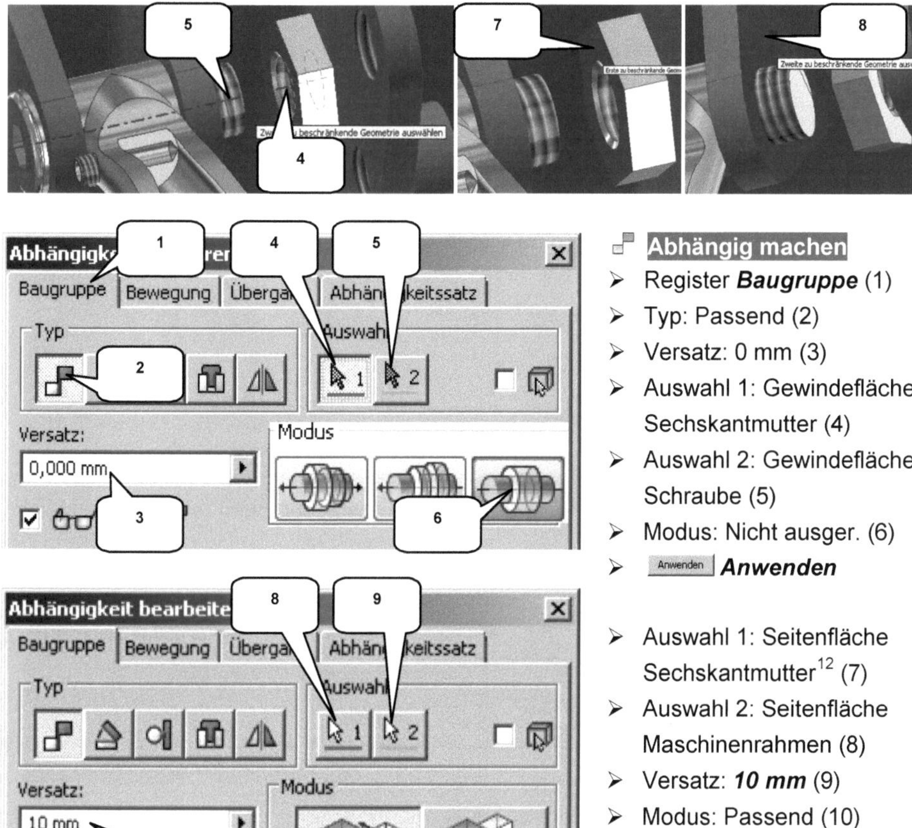

Abhängig machen

> Register **Baugruppe** (1)
> Typ: Passend (2)
> Versatz: 0 mm (3)
> Auswahl 1: Gewindefläche Sechskantmutter (4)
> Auswahl 2: Gewindefläche Schraube (5)
> Modus: Nicht ausger. (6)
> Anwenden | **Anwenden**

> Auswahl 1: Seitenfläche Sechskantmutter[12] (7)
> Auswahl 2: Seitenfläche Maschinenrahmen (8)
> Versatz: **10 mm** (9)
> Modus: Passend (10)
> OK | **OK**

Die zuletzt erzeugte Flächenabhängigkeit muss direkt nach dem Setzen wieder deaktiviert werden (sie diente lediglich zur Positionierung der Sechskantmutter und darf für die folgenden Arbeitsschritte nicht weiter aktiviert bleiben). Anschließend ist darauf zu achten, dass die Sechskantmutter nicht mehr bewegt werden darf!

---

[12] Sollte sich das Setzen der zweiten (Flächen-) Abhängigkeit als schwierig erweisen, weil die Sechskantmutter nach dem Setzen der ersten (axialen) Abhängigkeit möglicherweise zu dicht am Maschinenrahmen angeordnet wurde, so müsste die Sechskantmutter vorher manuell etwas davon entfernt werden (der Befehl muss in diesem Fall unterbrochen werden, um die Sechskantmutter etwas zu verschieben).

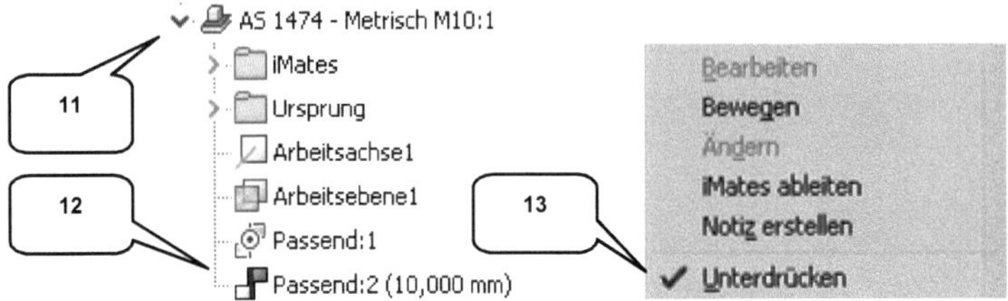

> **Sechskantmutter AS 1474 - Metrisch M10:1** erweitern (11)

> **Rechte Maustaste** auf Abhängigkeit **Passend:2** (12)

> Option: **Unterdrücken** (13)

Speichern

7.18.3 Grundlagen: Schraubgelenk

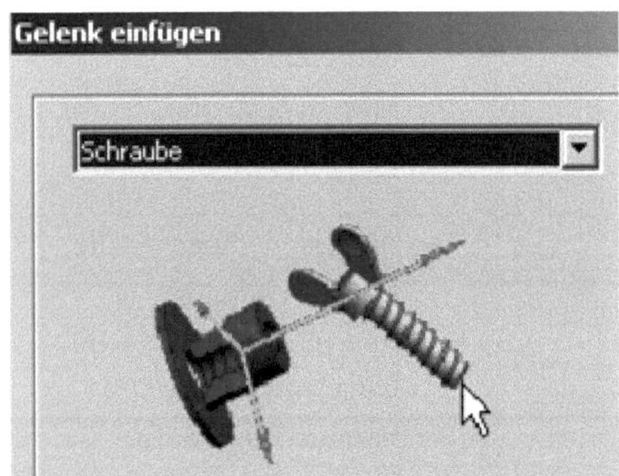

Der Bewegungsablauf einer Schraube die in eine Gewindebohrung eingeschraubt wird, bzw. einer Sechskantmutter die auf ein Gewinde aufgeschraubt wird, bestehend aus einer translatorischen und einer rotatorischen Bewegung und muss daher speziell zugeordnet werden.

Im Bereich der Dynamischen Simulation gibt es dafür das besondere Gelenk **Schraube**.

7.18.4 Einfügen einer Schraubverbindung

Nachdem die Sechskantmutter in Position gebracht wurde, sind jetzt im Bereich der **Dynamischen Simulation** ein **Schraubgelenk** zu definieren und die Referenzen (Bohrungs- und Zylinderkanten) sowie die Steigung festzulegen.

Arbeitsbereich:
Dynamische Simulation

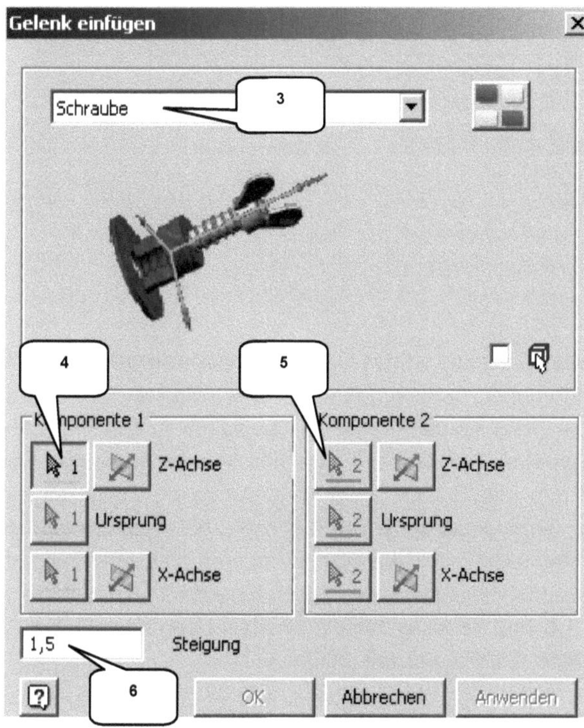

> Register *Umgebungen* (1)

Dynamische Sim. (2)

Gelenk einfügen

> Auswahl: Schraube (3)

> Z-Achse 1: Bohrungskante Sechskantmutter (4)

> Z-Achse 2: Zylinderkante Gewindebolzen (5)

> Steigung: 1,5 mm (6)

> OK *OK*

Im Browser erstellt sich der neue Ordner *Rollverbindungen* (7): er beinhaltet das Gelenk *Schraubverbindung* (8). Bearbeitet werden muss es nicht, aber die zylindrische Gelenkverbindung zwischen dem Gewindebolzen und der Sechskantmutter muss zusätzlich mit einer Geschwindigkeit versehen werden. Hierfür ist im Ordner *Normverbindungen* die zylindrische Gelenkverbindung zwischen dem Bolzen und der Sechskantmutter zu lokalisieren und auch zu bearbeiten.

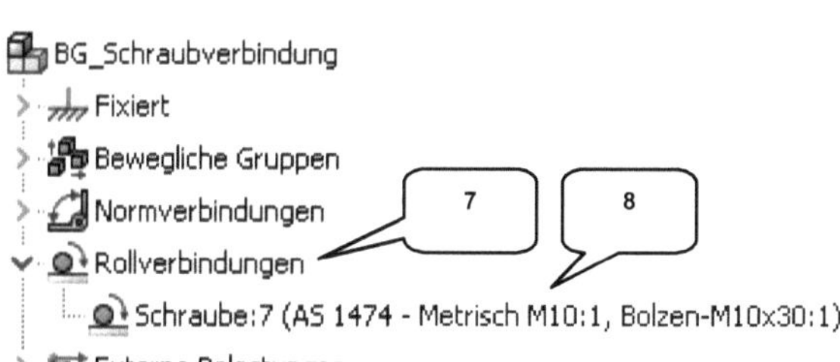

> *Normverbindungen* erweitern (9)

> *Rechte Maustaste* auf zylindrisches Gelenk der Bauteile *AS 1474 - Metrisch M10:1, Bolzen-M10x30:1* (10)

> *Eigenschaften* (11)

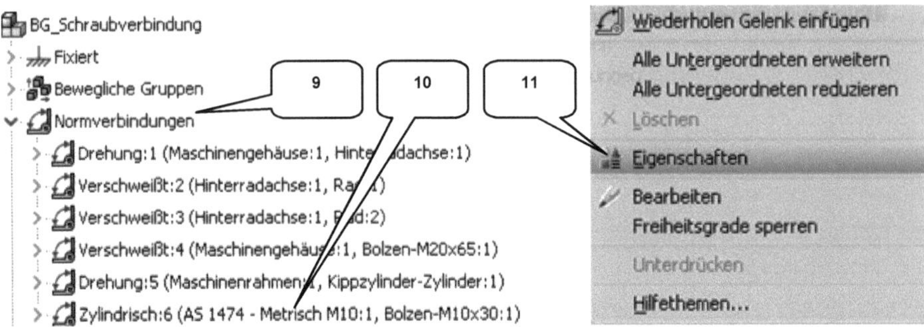

In den Eigenschaften des zylindrischen Gelenkes ist das Register *Freiheitsgrad* (R) zu öffnen. Um die Bewegung der Sechskantmutter - analog des Abstandes zwischen Sechskantmutter und Maschinenrahmen und der Steigung des Gewindes - gestalten zu können, sollte die folgende Überlegung angestellt werden: Der Abstand zwischen Maschinenrahmen und Sechskantmutter beträgt genau 10 mm und Bolzen sowie Sechskantmutter besitzen ein metrisches Gewinde M10 mit einer Gewindesteigung von 1,5 mm. Die Sechskantmutter muss sich also insgesamt 10 / 1,5 Mal drehen, um die 10 mm bis zum Maschinenrahmen zurücklegen zu können. Die resultierende Winkelgeschwindigkeit berechnet sich demzufolge aus dem Produkt (360 ° x 10) / 1,5 was bei einer Simulationsdauer von einer Sekunde einer *Winkelgeschwindigkeit* von *2400 Grad/ Sekunde* entspricht.

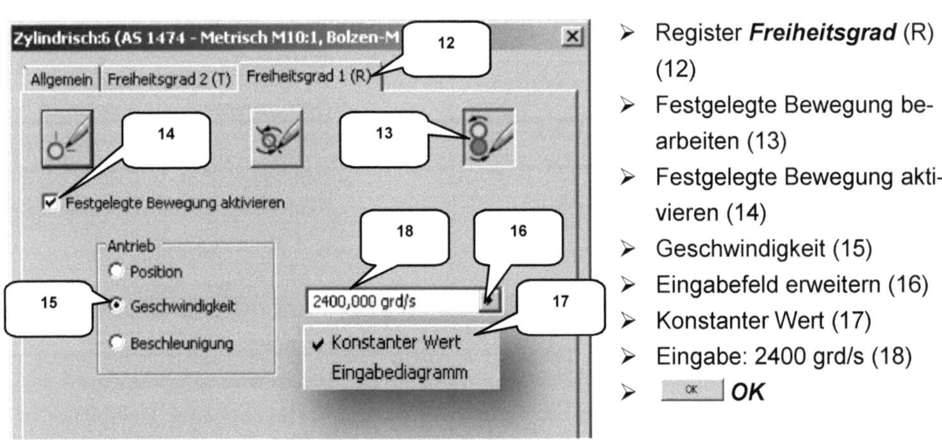

> Register *Freiheitsgrad* (R) (12)
> Festgelegte Bewegung bearbeiten (13)
> Festgelegte Bewegung aktivieren (14)
> Geschwindigkeit (15)
> Eingabefeld erweitern (16)
> Konstanter Wert (17)
> Eingabe: 2400 grd/s (18)
> OK *OK*

7.18.5 Ausführen und Aufzeichnen der Simulation

In einer weiteren Simulation soll überprüft werden, ob die Einstellungen der Gelenke zu einem sinnvollen Ergebnis führen und die Sechskantmutter passend auf den Bolzen geschraubt wird.

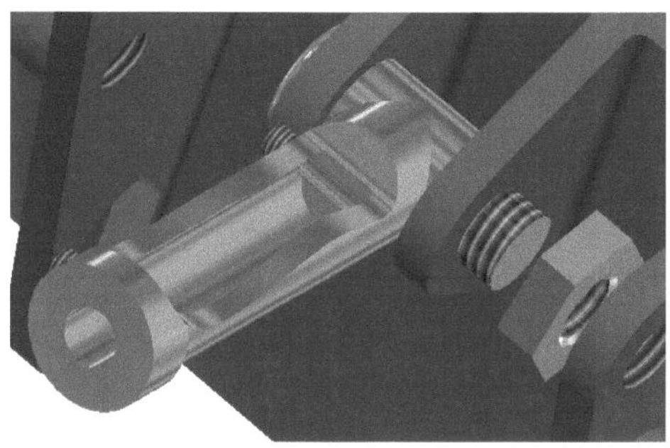

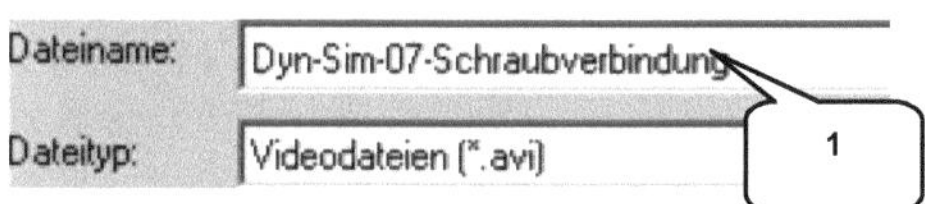

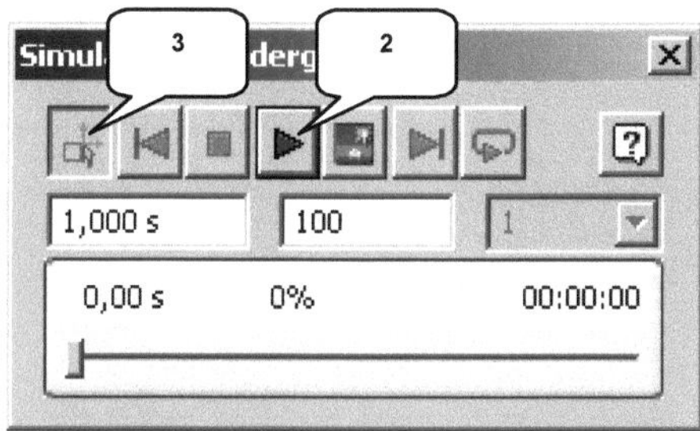

    Film publizieren
- Dateiname: Dyn-Sim-07-Schraubverbindung (1)
- Dateityp: *.avi
- Speichern **_Speichern_**

- Komprimierung: Microsoft Video 1
- Qualität: 100 %
- OK **_OK_**

- ▶ **_Wiedergabe_** (2)
- Simulation ablaufen lassen
- **_Konstruktionsmodus_** (3)

    Film publizieren

Verlief alles nach Plan, so sollte sich die Sechskantmutter rotierend in Richtung des Maschinenrahmens bewegen und diesen am Ende der Simulation erreicht haben. Sollte sich die Sechskantmutter in die entgegengesetzte Richtung bewegen, so müssten die Eigenschaften der zylindrischen Gelenkverbindung erneut bearbeitet werden, um den Wert der Winkelgeschwindigkeit zu negieren (-2400 grd/s).

Die Baugruppe kann jetzt gespeichert und anschließend bereits wieder geschlossen werden.

    Speichern
✓ **Fertigstellen**

    Baugruppe schließen

7.19 Rollbewegung eines Rades
7.19.1 Öffnen der Baugruppe

Arbeitsbereich: 
Baugruppe (Zusammenfügen)

Für die nächste Übung wird eine andere, bereits vorhandene Baugruppe benötigt, welche jetzt zu öffnen ist.

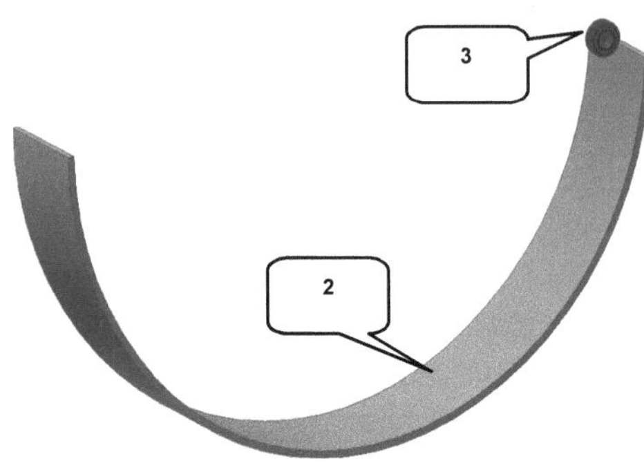

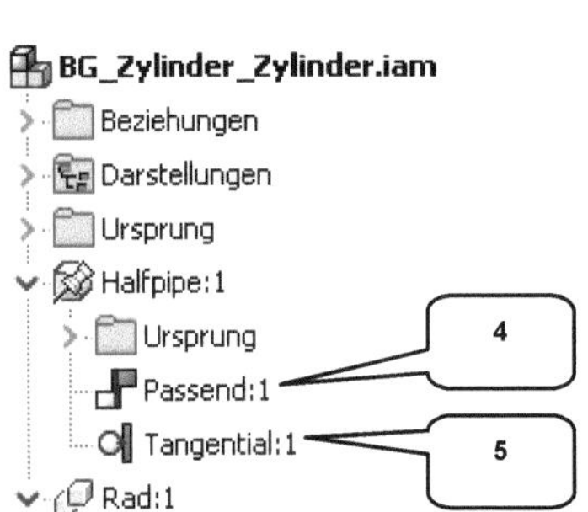

Öffnen

> Dateiname: BG_Zylinder_Zylinder (1)
> Dateityp: *.iam
> **Öffnen** *Öffnen*

Darin befinden sich lediglich 2 Komponenten: eine Halfpipe (2) und ein Rad (3). Die Halfpipe wurde am Koordinatenursprung platziert und fixiert. Das Rad wurde an der XY-Ebene der Baugruppe angeordnet (4) und verfügt weiterhin über eine tangentiale Abhängigkeit zur Halfpipe (5). Wird das Rad jetzt im Baugruppenbereich bei gedrückter linker Maustaste nach unten bewegt, so folgt es dem Verlauf der Halfpipe.

Wechseln Sie jetzt in den Bereich der Dynamischen Simulation.

7.19.2 Ausführen und Aufzeichnen der Simulation

Arbeitsbereich:
Dynamische Simulation

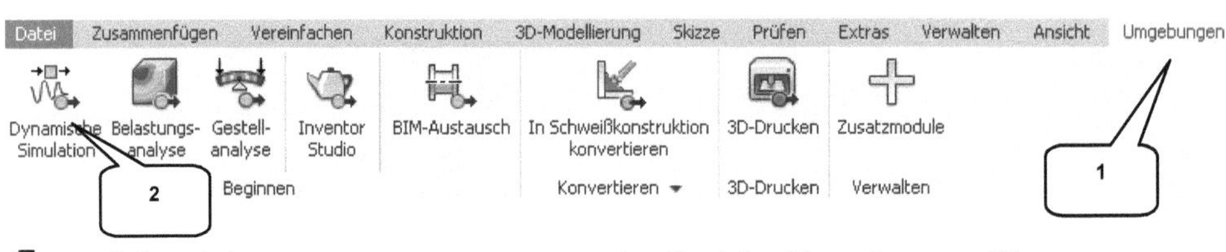

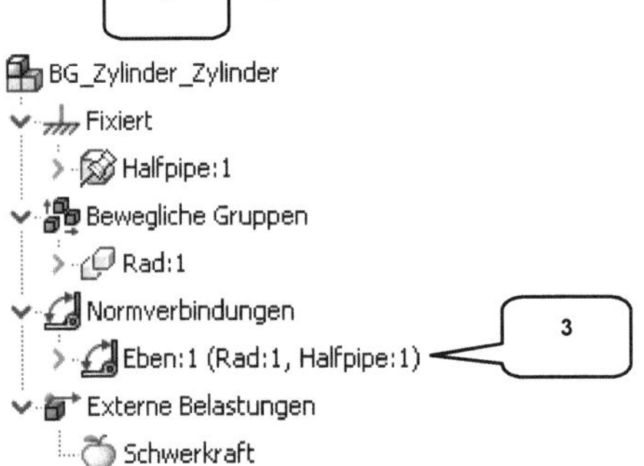

> Register **Umgebungen** (1)
> **Dynamische Simulation** (2)

Erweitert man im Browser den Ordner **Normverbindungen**, so ist zu erkennen, dass die Flächenabhängigkeit zwischen dem Rad und der XY-Ebene in die Gelenkverbindung **Eben** (3) konvertiert wurde. Die tangentiale Abhängigkeit zwischen Rad und Halfpipe hingegen existiert nicht mehr.

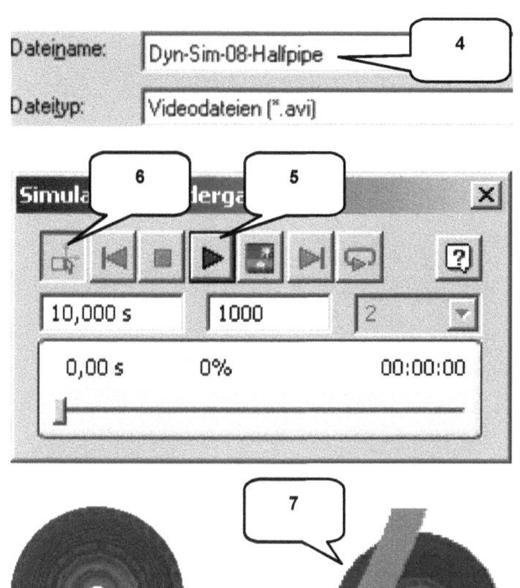

Um die Auswirkungen der aktuellen Situation zu verdeutlichen soll eine erste Simulation gestartet werden.

Film publizieren

> Dateiname: Dyn-Sim-08-Halfpipe (4)
> Dateityp: *.avi
> Speichern **_Speichern_**

> Komprimierung: Microsoft Video 1
> Qualität: 100 %
> OK **_OK_**

> ▶ **_Wiedergabe_** (5)
> Simulation ablaufen lassen
> **_Konstruktionsmodus_** (6)

Film publizieren

Das Rad fällt gerade nach unten und durchdringt dabei die Halfpipe (die Schwerkraft wurde in dieser Baugruppe bereits definiert). Das Programm erkennt weder eine Kollision beider Komponenten, noch einen tangentialen Zusammenhang zwischen Rad und Halfpipe[13]. Es muss also im Bereich der Dynamischen Simulation nach einer alternativen Lösung gesucht werden.

7.19.3 Grundlagen: Rollgelenk Zylinder in Zylinder

Um das Rad entlang der Halfpipe abrollen lassen zu können, wird ein Rollgelenk **_Zylinder in Zylinder_** benötigt. Sobald es platziert wurde kann es bearbeitet werden um zusätzliche Eigenschaften wie Winkel, Schrägen oder einen Wirkungsgrad zu definieren. Fügen Sie das Rollgelenk zuerst einmal ein.

---

[13] Tangentiale Abhängigkeiten werden nicht automatisch in den Bereich der Dynamischen Simulation übertragen. Der Grund ist folgender: In den Gelenkverbindungen gäbe es zwei Möglichkeiten dieser tangentialen Verbindung. Ein Schiebegelenk und ein Rollgelenk. Weil das Programm nicht wissen kann was der Anwender benötigt, so erstellt es gar kein Gelenk.

7.19.4 Einfügen eines Rollgelenkes

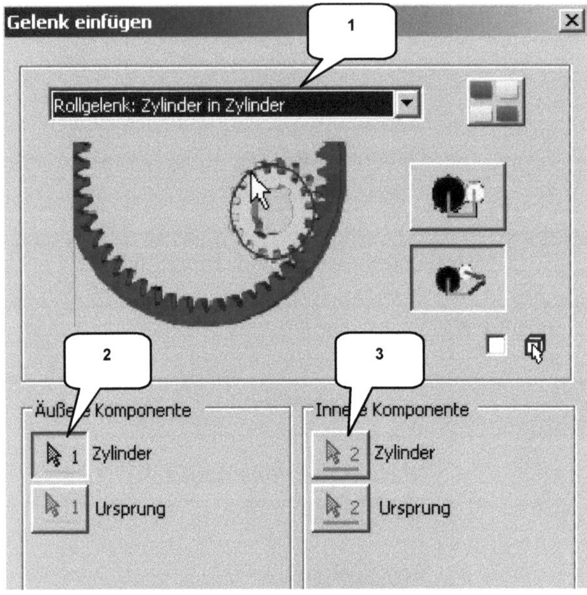

Gelenk einfügen
- ➤ Auswahl: Rollgelenk: Zylinder in Zylinder (1)
- ➤ Zylinder 1: Innenfläche Halfpipe (2)
- ➤ Zylinder 2: Lauffläche Rad (3)
- ➤ OK *OK*

HINWEIS: Am Rad ist die mittig liegende Lauffläche zu wählen. Weiterhin ist auf die richtige Reihenfolge zu achten (äußere Komponente = zylindrische Fläche der Halfpipe, innere Komponente = Lauffläche des Rades).

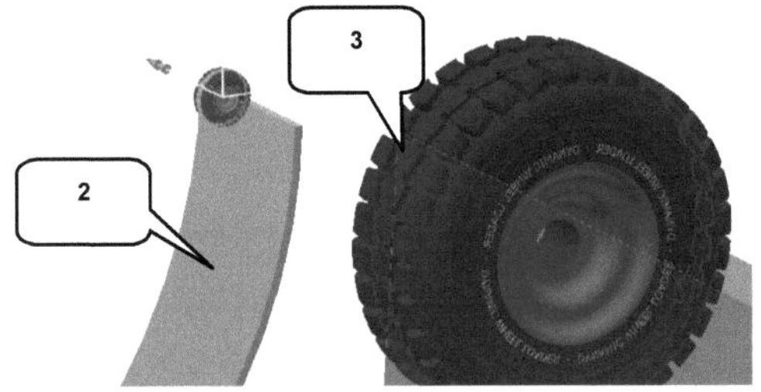

7.19.5 Ausführen und Aufzeichnen der Simulation

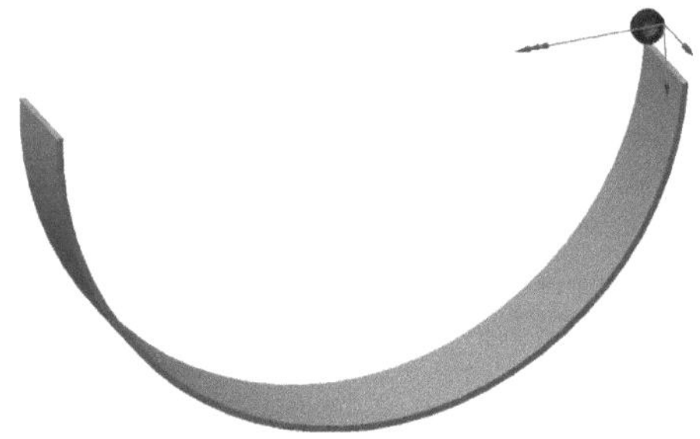

In einer neuen Simulation soll kontrolliert werden, ob das Rollgelenk das gewünschte Ergebnis liefert.

Film publizieren
- ➤ Dateiname: Dyn-Sim-09-Rollgelenk (1)
- ➤ Dateityp: *.avi
- ➤ Speichern *Speichern*

> ➢ Komprimierung: Microsoft Video 1
> ➢ Qualität: 100 %
> ➢ **OK**

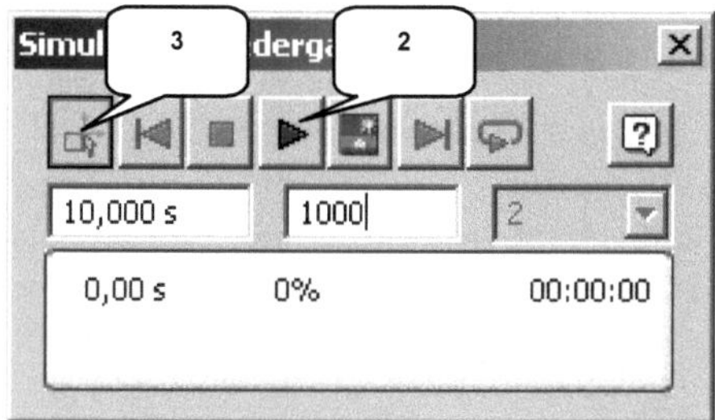

> ➢ ► **Wiedergabe** (2)
> ➢ Simulation ablaufen lassen
> ➢ **Konstruktionsmodus** (3)
> **Film publizieren**

Das Rad müsste sich jetzt innerhalb der Halfpipe bewegen und nicht mehr durch sie hindurch fallen. Allerdings wird die Pendelbewegung nicht verringert, so wie es (bedingt durch z. B. Reibungsverluste) eigentlich sein müsste. Die Pendelbewegung ist derzeit noch ungebremst und könnte als harmonische Schwingung beschrieben werden. In der nächsten Übung soll geprüft werden, wie derartige Verluste durch die Bearbeitung der Gelenkeigenschaften simuliert werden können.

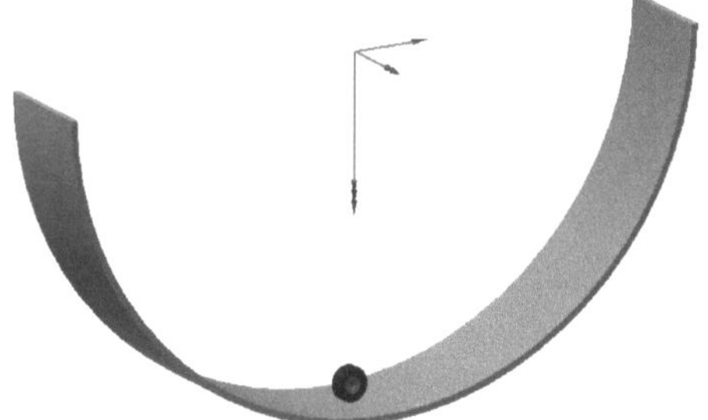

7.19.6 Bearbeiten des Rollgelenk-Wirkungsgrades

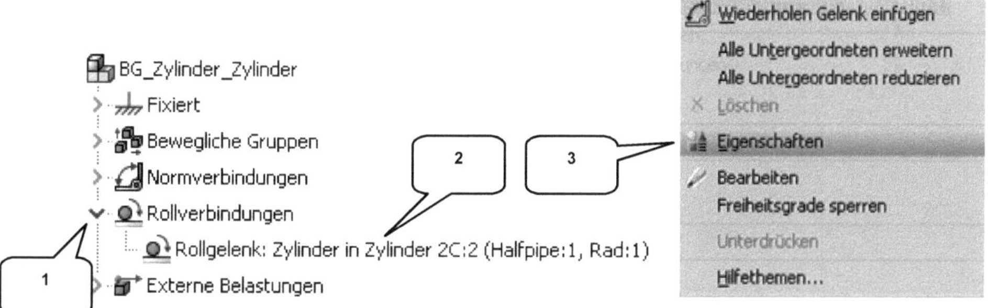

Das zuletzt erzeugte und zu bearbeitende Gelenk findet man im Ordner **Rollverbindungen**. Klickt man darin mit der rechten Maustaste auf das **Rollgelenk** und wählt man dann im Kontextmenü die **Eigenschaften** aus, so kann das Gelenk bearbeitet werden.

Im Register **Parameter** kann jetzt der Wirkungsgrad geändert werden, um die Pendelbewegung des Rades zu minimieren und somit Reibungsverluste zu simulieren.

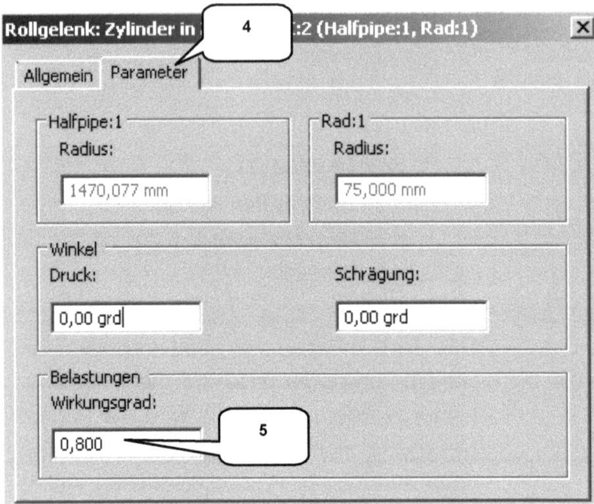

> **Rollverbindungen**
  erweitern (1)
> **Rechte Maustaste** auf
  Rollgelenk der Bauteile
  Halfpipe:1 und **Rad:1** (2)
> **Eigenschaften** (3)

> Register **Parameter** (4)
> Wirkungsgrad: 0,8 (5)
>   OK   **OK**

HINWEIS: Ein Wirkungsgrad
kann im Bereich von 0,001 bis
1,0 definiert werden.

7.19.7 Ausführen und Aufzeichnen der Simulation

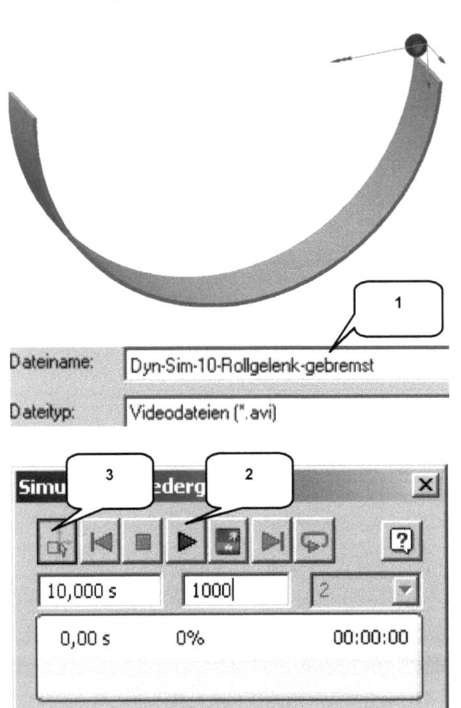

Ob die Änderung des Wirkungsgrades auch
eine Minimierung der Pendelbewegung des
Rades in der Halfpipe zur Folge hat, soll in
einer neuen Simulation überprüft werden.

Film publizieren
> Dateiname: Dyn-Sim-10-Rollgelenk-
  gebremst (1)
> Dateityp: *.avi
> Speichern **Speichern**

> Komprimierung: Microsoft Video 1
> Qualität: 100 %
>   OK   **OK**

> ▶ **Wiedergabe** (2)
> Simulation ablaufen lassen
> **Konstruktionsmodus** (3)
Film publizieren

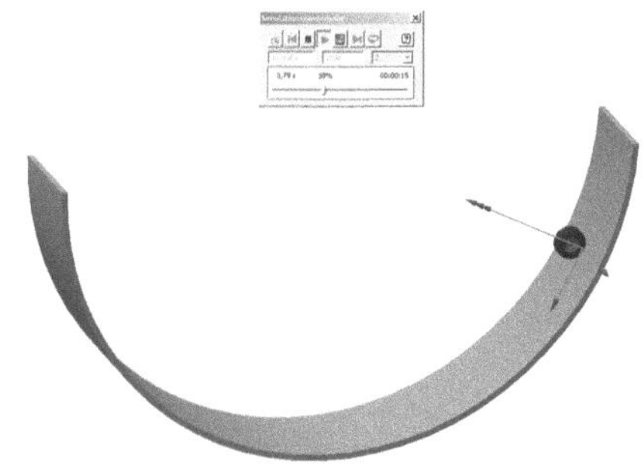

Die Pendelbewegung des Rades sollte jetzt mit zunehmender Simulationsdauer kleiner werden, sodass man von einer gedämpften, harmonischen Schwingung sprechen kann: das Rad wird (leicht) gebremst. Die Baugruppe kann bereits wieder gespeichert und geschlossen werden.

- **Speichern** (Ja für alle)
- ➢ ` OK ` **OK** (Datenformat)
- ✔ **Fertigstellen**
- ✗ **Baugruppe schließen**

7.20 Parameter in der Dynamischen Simulation
7.20.1 Öffnen der Baugruppe

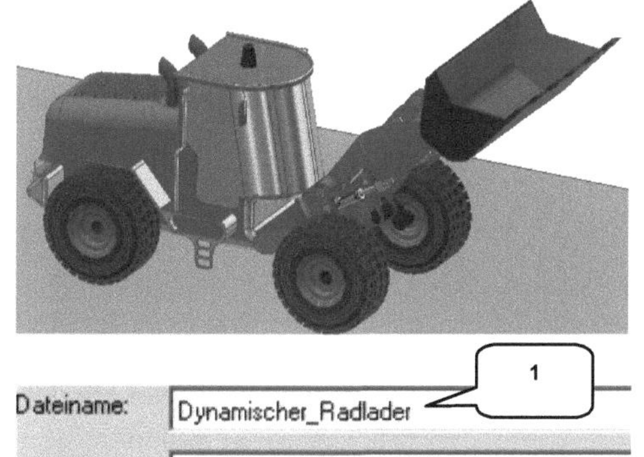

Die nächsten Übungen sind wieder an der Baugruppe **Dynamischer_Radlader.iam** durchzuführen. Öffnen Sie die Baugruppe und wechseln Sie anschließend in den Bereich der Dynamischen Simulation.

- **Öffnen**
- ➢ Dateiname: Dynamischer_Radlader (1)
- ➢ Dateityp: *.iam
- ➢ ` Öffnen ` **Öffnen**

7.20.2 Definition des Parameters: Dämpfung (Kippzylinder)

Arbeitsbereich:
Dynamische Simulation

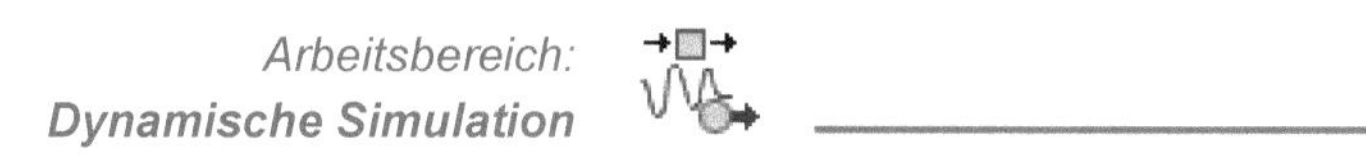

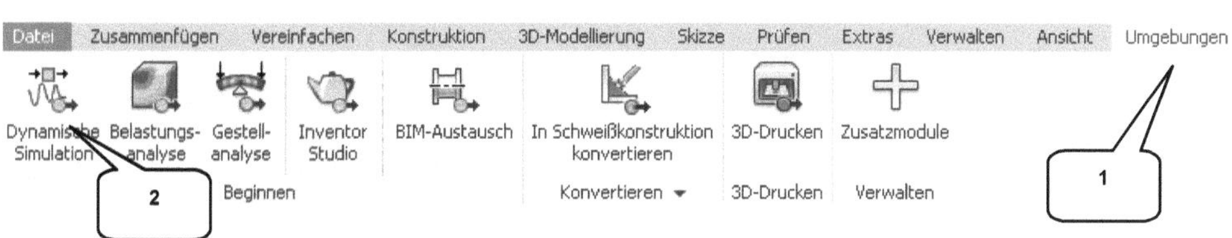

- ➢ Register **Umgebungen** (1)
- **Dynamische Simulation** (2)

Auch im Bereich der Dynamischen Simulation gibt es *Parameter*. In der folgenden Übung sollen die Dämpfungswerte der drei Zylinder parametrisch miteinander verknüpft werden. Die betroffenen Parameter sollten allerdings vorab gekennzeichnet werden.

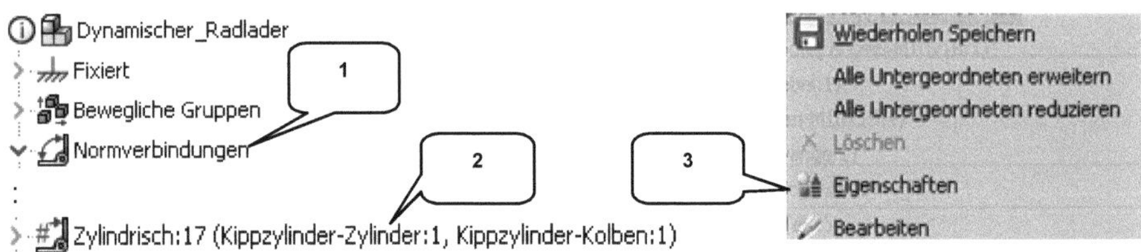

> *Normverbindungen* erweitern (1)
> *Rechte Maustaste* auf zylindrische Gelenkverbindung der Bauteile
> *Kippzylinder-Zylinder:1, Kippzylinder-Kolben:1* (2)
> *Eigenschaften* (3)

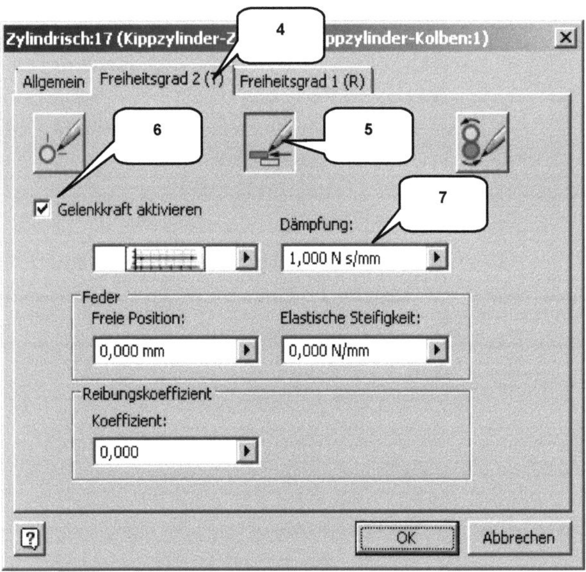

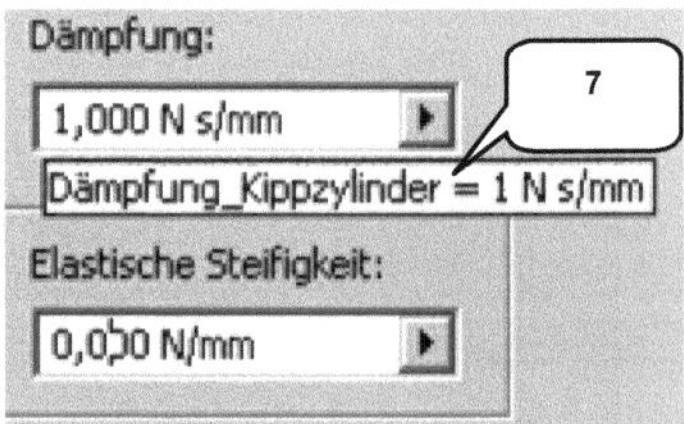

Um den Parameter der Kippzylinder-Dämpfung später im Parameter-Manager schneller lokalisieren zu können, sollte in den Eigenschaften der Gelenkverbindung neben dem eigentlichen Wert auch bereits die Parameter-Bezeichnung als Gleichungssystem hinterlegt werden[14].

> Register *Freiheitsgrad* (T) (4)
> Gelenkkraft bearbeiten (5)
> Gelenkkraft aktivieren (6)
> Dämpfung: Dämpfung_Kippzylinder=1 (7)

> Taste: *ENTER*
> OK
> Speichern

---

[14] Die Eingabe muss zwingend durch *ENTER* bestätigt werden!

7.20.3 Definition des Parameters: Dämpfung (Hubzylinder)

In gleicher Weise sind nacheinander die beiden Hubzylinder zu bearbeiten.

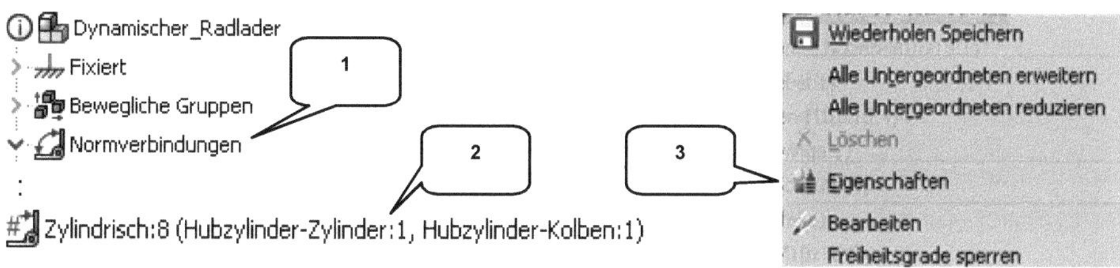

> **Normverbindungen** erweitern (1)
> **Rechte Maustaste** auf die zylindrische Gelenkverbindung der Bauteile
> **Hubzylinder-Zylinder:1, Hubzylinder-Kolben:1** (2)
> **Eigenschaften** (3)

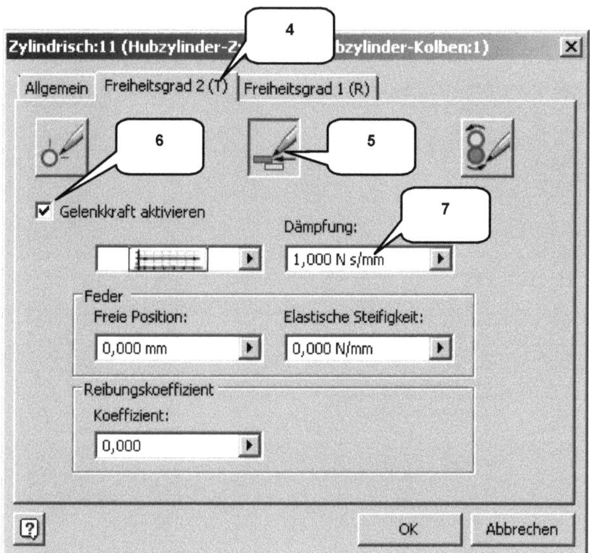

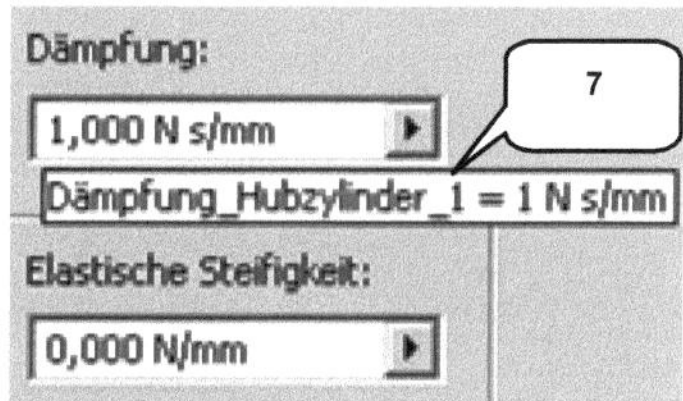

> Reg. **Freiheitsgrad** (T) (4)
> Gelenkkraft bearbeiten (5)
> Gelenkkraft aktivieren (6)

> Dämpfung: Dämpfung_Hubzylinder_1=1 (7)
> Taste: ENTER
> OK **OK**

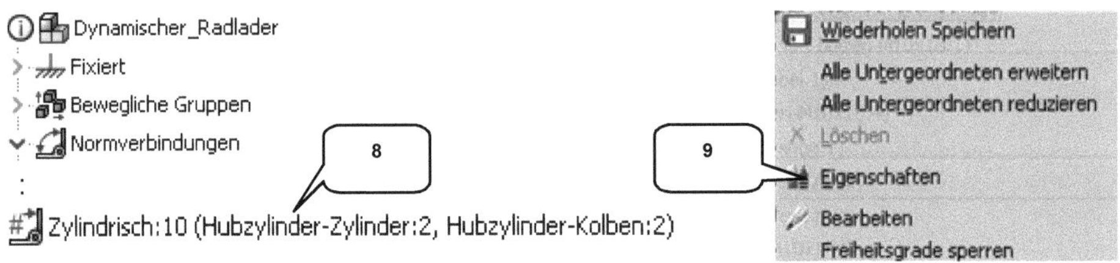

> **Rechte Maustaste** auf zylindrische Gelenkverbindung der Bauteile
> **Hubzylinder-Zylinder:2, Hubzylinder-Kolben:2** (8)
> **Eigenschaften** (9)

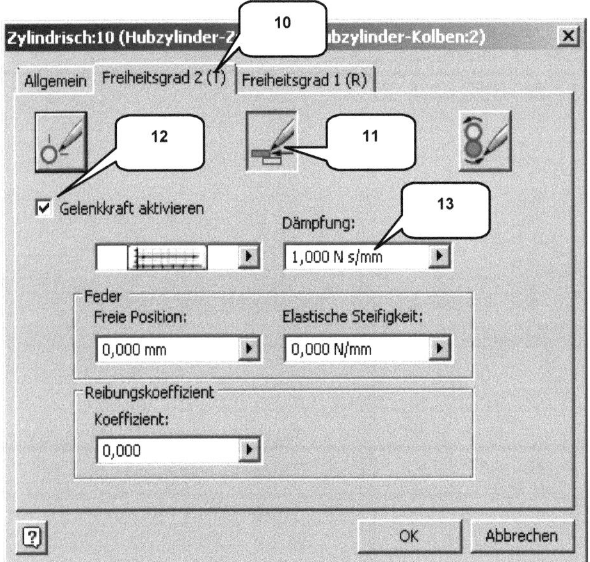

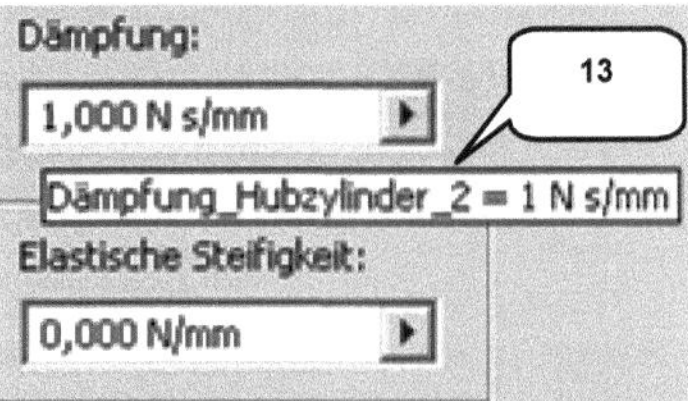

> Register **Freiheitsgrad** (T) (10)
> Gelenkkraft bearbeiten (11)
> Gelenkkraft aktivieren (12)
> Dämpfung: Dämpfung_Hubzylinder_2=1 (13)
> Taste: *ENTER*
> OK *OK*

Die Baugruppe sollte zwischenzeitlich gespeichert werden.

Speichern

7.20.4 Dämpfungsparameter der Hubzylinder miteinander verknüpfen

Die Verknüpfung der zuletzt bearbeiteten drei Werte ist im *Parameter-Manager* zu erledigen. Er kann entweder in der oberen Schnellstartleiste des Programms, oder aber in der Befehlsgruppe *Verwalten* geöffnet werden.

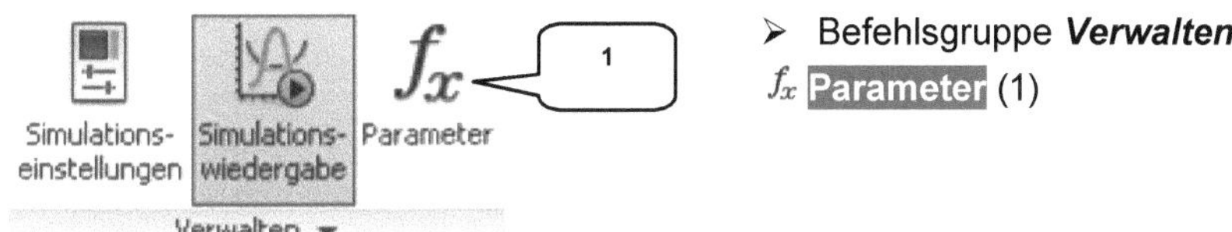

> ➤ Befehlsgruppe *Verwalten*
> f_x Parameter (1)

Zur besseren Lokalisierung der benötigten Parameter sollte zuerst der Filter *Umbenannt* aktiviert werden. Erweitert man anschließend den Bereich der *Parameter der Dynamischen Simulation*, so findet man die gesuchten Parameter, welche jetzt miteinander verknüpft werden können.

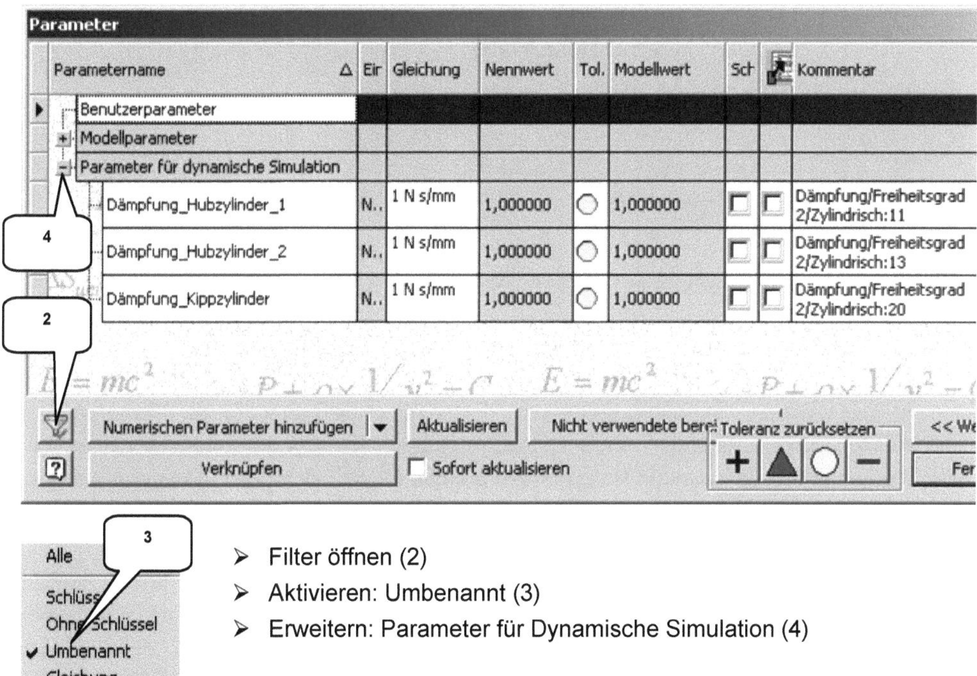

> ➤ Filter öffnen (2)
> ➤ Aktivieren: Umbenannt (3)
> ➤ Erweitern: Parameter für Dynamische Simulation (4)

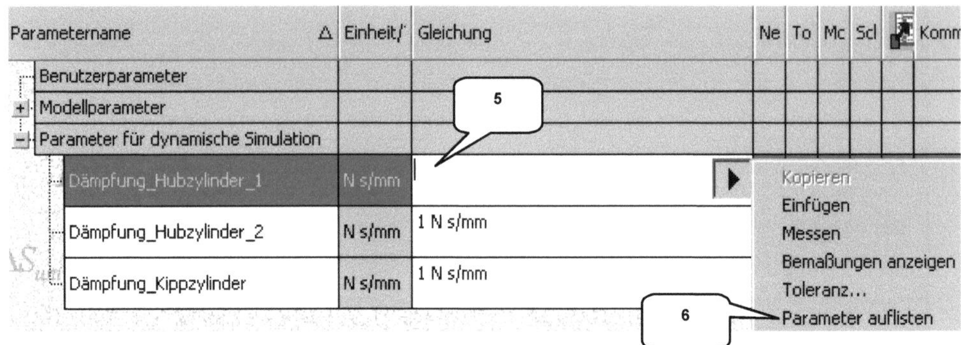

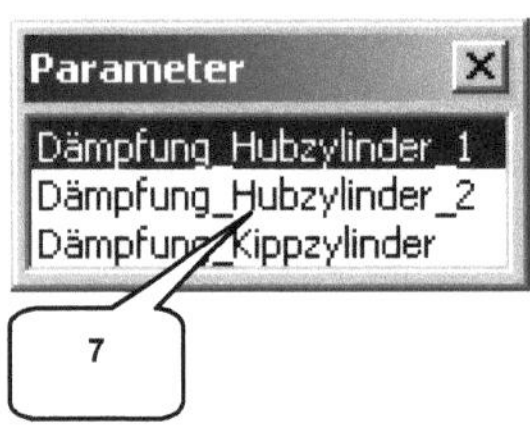

> Feld *Gleichung* des Parameters *Dämpfung_Hubzylinder_1* anklicken (5)
> Enthaltenen Wert löschen (Taste: ENTF)
> *Rechte Maustaste* ins leere Feld (5)
> Auswahl: Parameter auflisten (6)
> Auswahl: *Dämpfung_Hubzylinder_2* (7)
> Taste: ENTER

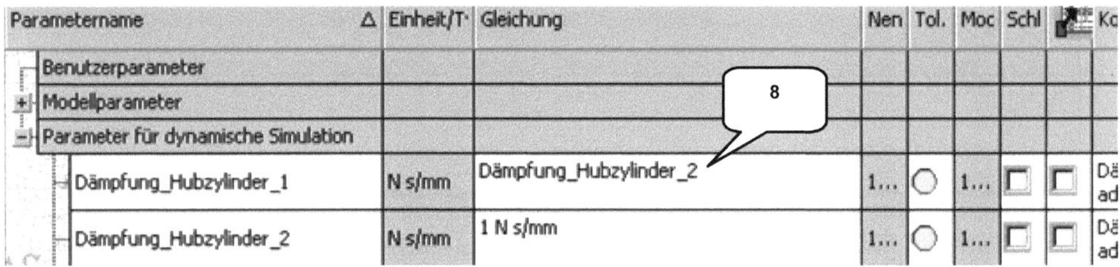

Im bearbeiteten Feld sollte jetzt der Parameter *Dämpfung_Hubzylinder_2* angezeigt werden (8). Der Wert der Dämpfung des ersten Hubzylinders wird jetzt von der Dämpfung des zweiten Hubzylinders bezogen. Wird später im Bereich der Dynamischen Simulation der Wert der Dämpfung des zweiten Hubzylinders geändert, sollte sich diese Änderung auch auf den ersten Hubzylinder übertragen.

7.20.5 Dämpfungsparameter des Kippzylinders mit Werten versehen

Die Dämpfung des Kippzylinders hingegen soll nicht von den Hubzylindern abhängig gemacht werden. Stattdessen soll ein Auswahlmenü zur Verfügung stehen, welches es ermöglicht, den Wert der Dämpfung aus drei verschiedenen Vorlagen auszuwählen.

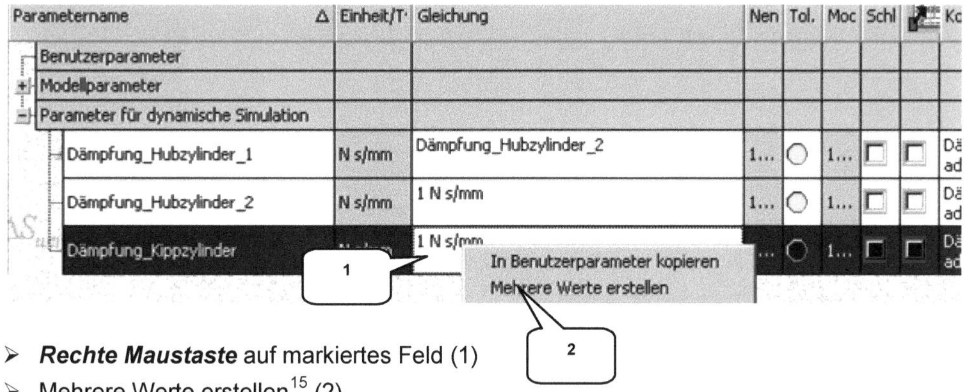

> **Rechte Maustaste** auf markiertes Feld (1)
> Mehrere Werte erstellen[15] (2)

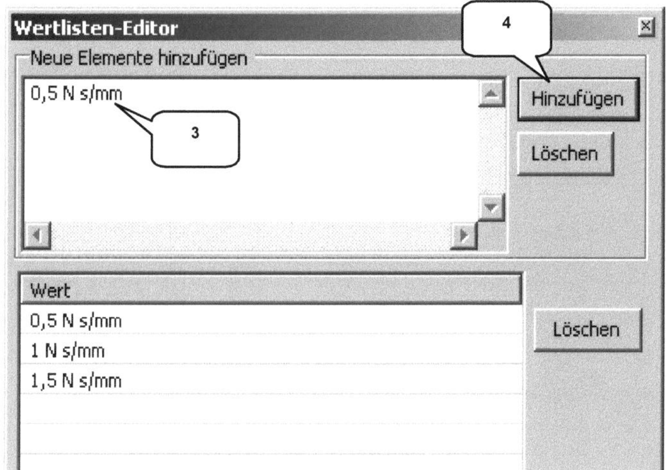

Im **Wertlisten-Editor** sind dem vorhandenen Wert der Dämpfung des Kippzylinders (1,0 N s/mm) zwei weitere Werte hinzuzufügen.

> Wert eintragen:
  0,5 N s/mm (3)
> Hinzufügen (4)
> Wert eintragen:
  1,5 N s/mm (3)
> Hinzufügen (4)
> OK **OK**

7.20.6 Dämpfungswerte des Kippzylinders ändern

Im **Parameter-Manager** kann der Wert der Dämpfung des Kippzylinders jetzt aus einem Menü ausgewählt werden. Klicken Sie auf die entsprechende Zeile und aktivieren Sie den Wert **0,5 N s/mm**.

---

[15] Das Kontextmenu mit der Option **Mehrere Werte erstellen** (2) steht nur dann zur Verfügung, wenn die betreffende Zelle (1) nicht gerade bearbeitet wird, d. h., der Cursor darin darf nicht blinken. Sollte dies der Fall sein, muss gegebenenfalls vorab mit der linken Maustaste eine andere Zeile aktiviert werden, um anschließend mit der rechten Maustaste auf die (derzeit noch inaktive) Zelle (1) zu klicken.

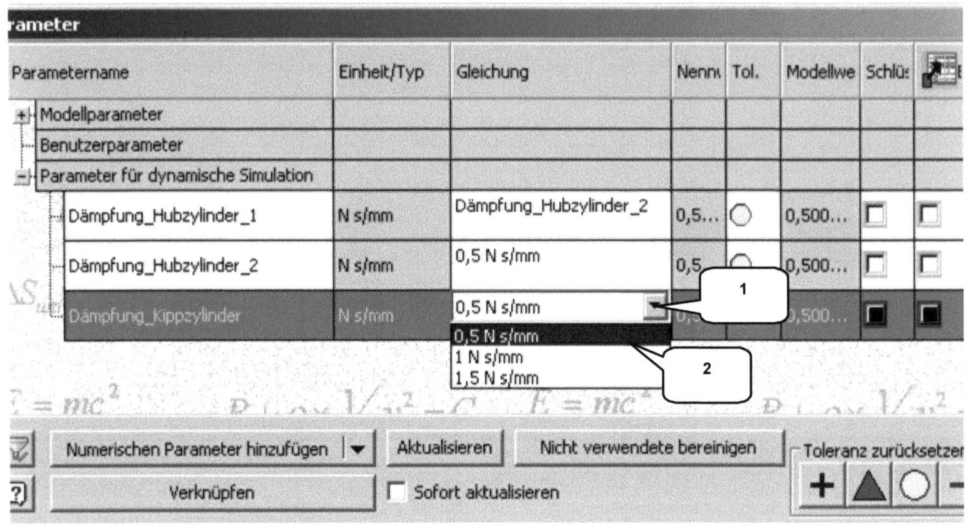

> Auswahlmenü[16] des Kippzylinders erweitern (1)
> Auswahl: 0,5 N s/mm (2)
> Fertig *Fertig*

7.20.7 Ausführen und Aufzeichnen der Simulation

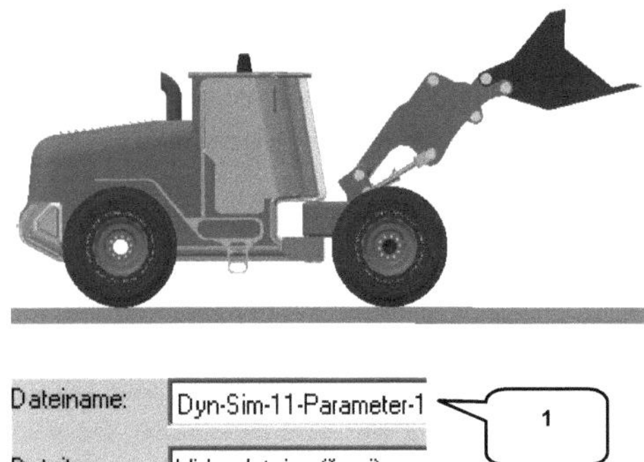

Die zuletzt bearbeiteten Eigenschaften der Dämpfung der drei Zylinder sollen in einer Simulation noch einmal überprüft und als Video aufgezeichnet werden.

Film publizieren

> Dateiname: Dyn-Sim-11-Parameter-1 (1)
> Dateityp: *.avi
> Speichern *Speichern*
> Komprimierung: Microsoft Video 1
> Qualität: 100 %
> OK *OK*

---

[16] Das im Parameter-Manager hinterlegte Auswahlmenü für den Kippzylinder kann auch nur dort genutzt werden. Eine derartige Auswahloption gibt es leider nicht in den Gelenkeigenschaften.

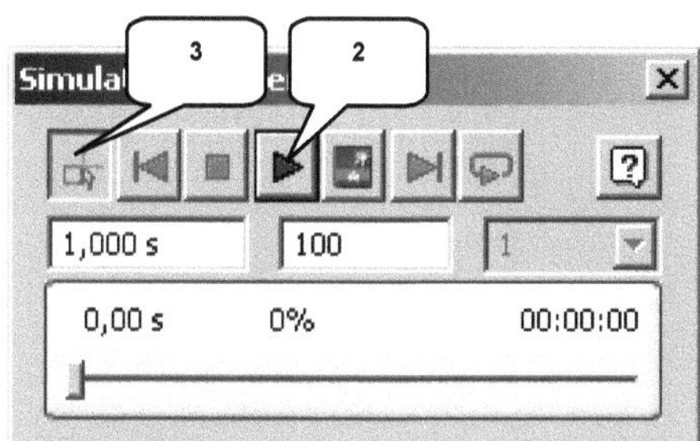

> ▶ *Wiedergabe* (2)
> Simulation ablaufen lassen
> ⊞ *Konstruktionsmodus* (3)

🎦 Film publizieren

7.20.8 Dämpfungsparameter der Hubzylinder ändern

Die Dämpfung des ersten Hubzylinders kann jetzt über die Eigenschaften des zweiten Hubzylinders gesteuert werden. Um das zu testen, soll die Dämpfung des zweiten Hubzylinders
bearbeitet werden. Lokalisieren Sie im Browser die zylindrische Gelenkverbindung der Bauteile *Hubzylinder-Kolben:2* und *Hubzylinder-Zylinder:2* und öffnen Sie die Eigenschaften.

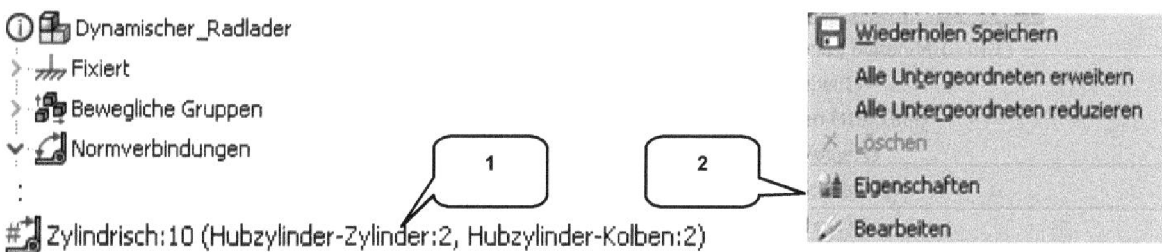

> *Rechte Maustaste* auf zylindrische Gelenkverbindung der Bauteile
> *Hubzylinder-Zylinder:2, Hubzylinder-Kolben:2* (1)
> *Eigenschaften* (2)

Ändern Sie im Register *Freiheitsgrad (T)* den Wert der Dämpfung des zweiten Hubzylinders auf *0,5 N s/mm* und prüfen Sie anschließend, ob die Änderung auch auf die Eigenschaften des ersten Hubzylinders übertragen wurde.

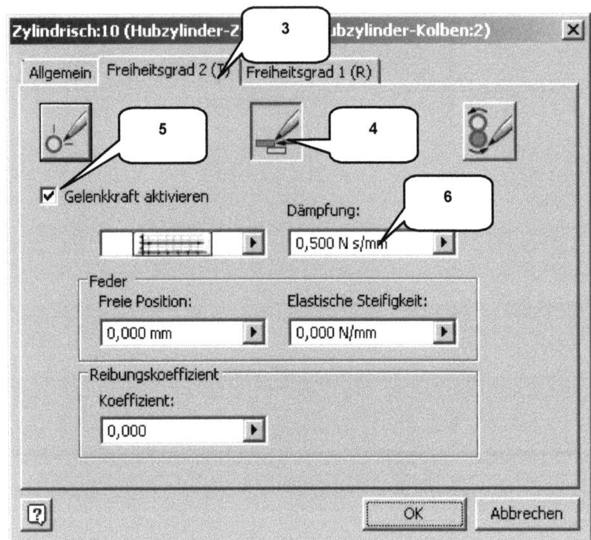

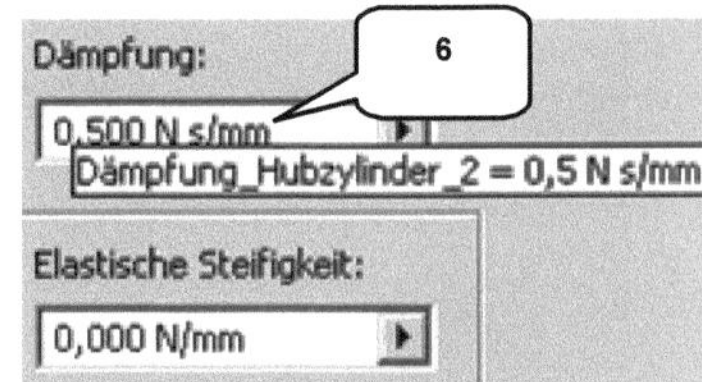

> Register **Freiheitsgrad** (T) (3)
> Gelenkkraft bearbeiten (4)
> Gelenkkraft aktivieren (5)
> Dämpfung: 0,5 N s/mm (6)
> `OK` **OK**

7.20.9 Ausführen und Aufzeichnen der Simulation

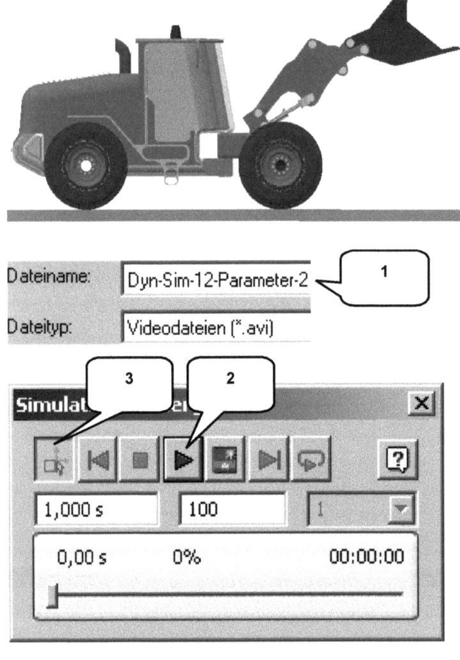

Führen Sie eine weitere Simulation durch um sicherzustellen, dass der Mechanismus auch mit den geänderten Werten funktioniert.

Film publizieren
> Dateiname: Dyn-Sim-12-Parameter-2 (1)
> Dateityp: *.avi
> `Speichern` **Speichern**

> Komprimierung: Microsoft Video 1
> Qualität: 100 %
> `OK` **OK**

> ▶ **Wiedergabe** (2)
> Simulation ablaufen lassen
> **Konstruktionsmodus** (3)
Film publizieren

Speichern

7.21 Mechanismus und Redundanzen
7.21.1 Speichern einer Kopie der Baugruppe

Weil die folgende Übung eine umfassende Bearbeitung der Baugruppe erfordert, sollte die Datei jetzt unter einer anderen Bezeichnung gespeichert werden, mit der im Anschluss daran weitergearbeitet werden kann.

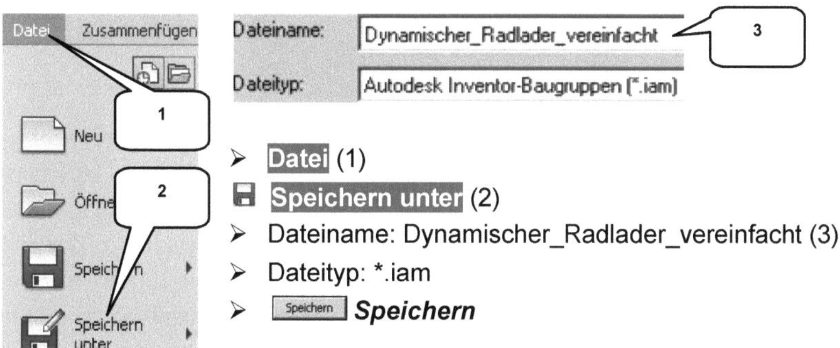

> Datei (1)
> Speichern unter (2)
> Dateiname: Dynamischer_Radlader_vereinfacht (3)
> Dateityp: *.iam
> Speichern **Speichern**

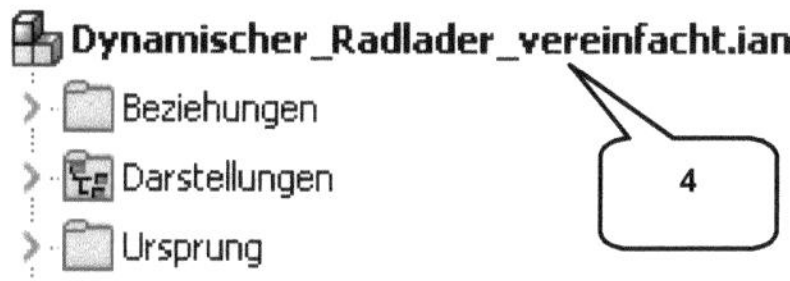

Im Browser sollte noch einmal kontrolliert werden, ob jetzt auch wirklich die Kopie der Baugruppe (4) verwendet wird und nicht das Original. Anschließend kann in den Bereich der Dynamischen Simulation zurückgekehrt werden.

7.21.2 Grundlagen: Status des Mechanismus

Arbeitsbereich:
Dynamische Simulation

> Register **Umgebungen** (1)
> **Dynamische Simulation** (2)
> **Status des Mechanismus** (3)

Der Befehl *Status des Mechanismus* stellt Informationen zum Modellstatus (wie z. B. Redundanzen[17], Beweglichkeit, Körper) bereit und hilft dabei, Redundanzen zu lokalisieren.

7.21.3 Abrufen der aktuellen Modellinformationen

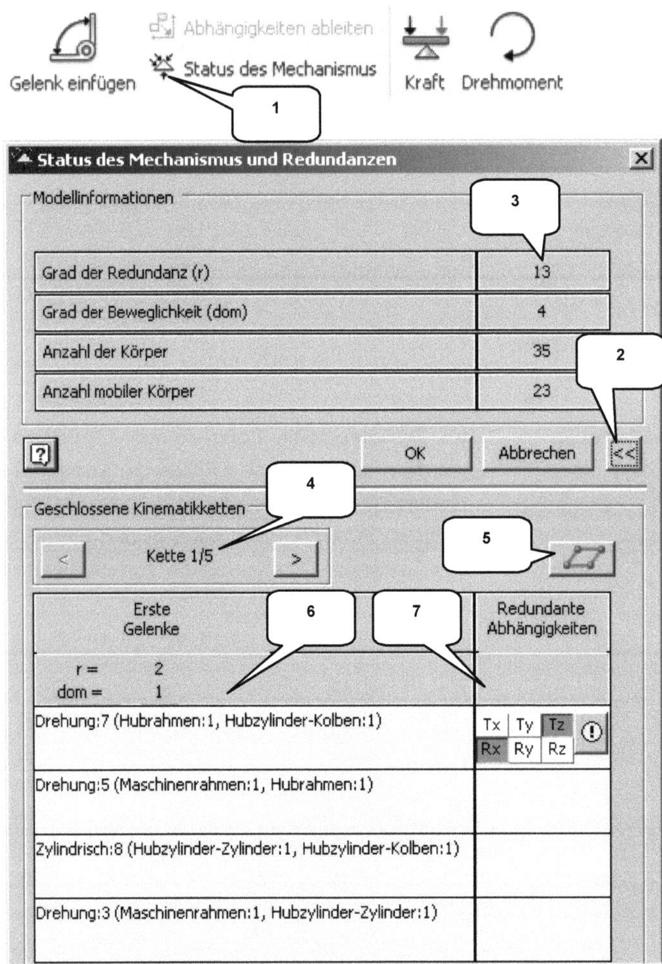

⚒ Status des Mechanismus (1)
Befehlsfenster >>
erweitern (2)

Modellinformationen geben einen Überblick über den grundlegenden kinematischen Zustand der Baugruppe. Im Befehlsfenster ist zu erkennen, dass derzeit 13 *Redundanzen* (3) vorhanden sind und das System über insgesamt fünf geschlossene *Kinematikketten* verfügt (4). Sie können mit dem zugehörigen ▱ Button (5) zusätzlich hervorgehoben werden. Alle Gelenkverbindungen einer kinematischen Kette werden in der Spalte *erste Gelenke* (6) aufgelistet, Redundanzen in der Spalte *redundante Abhängigkeiten* (7)[18].

---

[17] Redundanzen entstehen wenn sich Abhängigkeiten oder Gelenke innerhalb geschlossener Gelenkketten überlagern. Im Bereich der Dynamischen Simulation kann das unter Umständen den PC verlangsamen oder sogar die Berechnungsergebnisse verfälschen. Redundanzen werden im Browser durch das ⓘ Symbol gekennzeichnet.

[18] Redundanzen sind allerdings nicht auf einzelne Gelenke zurückzuführen, weshalb stets die gesamte kinematische Kette (teilweise auch die gesamte Baugruppe) überprüft werden muss.

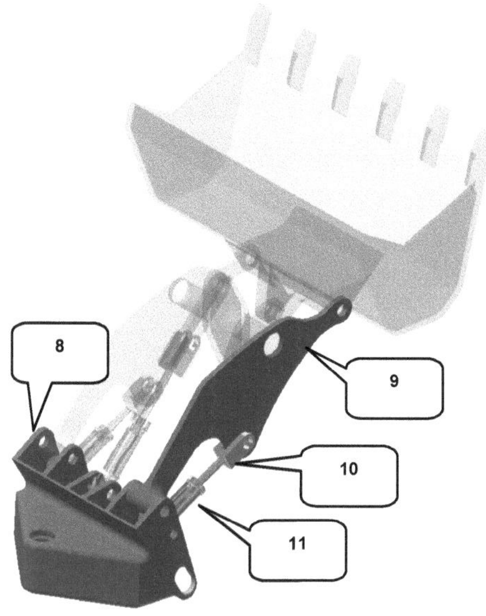

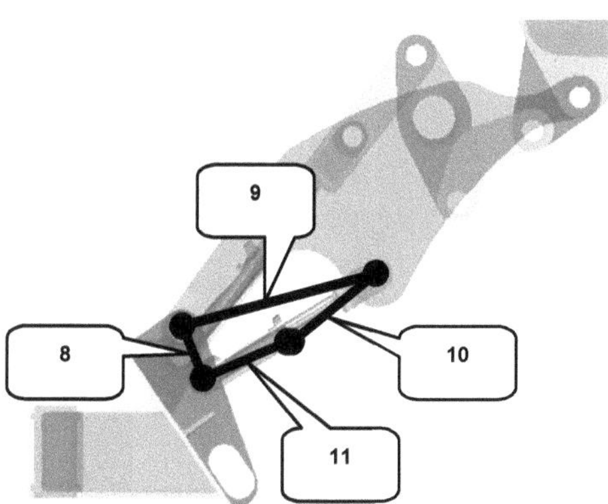

Die folgenden kinematischen Ketten hat das Programm in der Baugruppe gefunden:

Kinematikkette 1/5

<u>Bauteile:</u>

> Maschinenrahmen:1 (8)
> Hubrahmen:1 (9)
> Hubzylinder-Kolben:1 (10)
> Hubzylinder-Zylinder:1 (11)

<u>Redundanzen:</u>

> Hubrahmen:1 <> Hubzylinder-Kolben:1
> **T_Z, R_X**

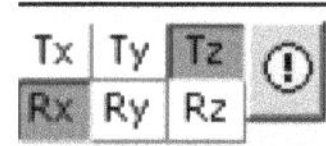

Die erste kinematische Kette setzt sich aus den Bauteilen: Maschinenrahmen:1, Hubrahmen:1, Hubzylinder-Kolben:1 und Hubzylinder-Zylinder:1 zusammen.

Das Programm erkennt **Redundanzen** in Richtung der Z-Achse (**T_Z**) und um die X-Achse (**R_X**) und lokalisiert sie zwischen den Bauteilen Hubrahmen:1 und Hubzylinder-Kolben:1. Diese Lokalisierung der Problemursache sollte, wie bereits beschrieben, eher als Vorschlag verstanden werden, da Redundanzen nicht in einem einzigen Gelenk entstehen, sondern das Ergebnis zu vieler Abhängigkeiten oder Gelenkverbindungen aller Bauteile einer kinematischen Kette sind.

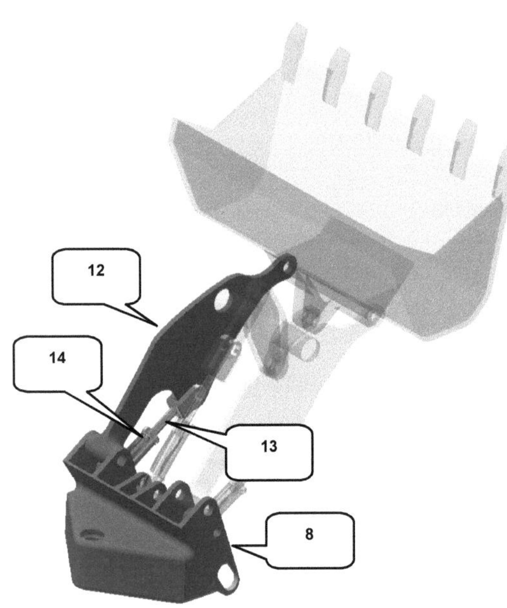

Kinematikkette 2/5:

<u>Bauteile:</u>

- ➤ Maschinenrahmen:1 (8)
- ➤ Hubrahmen:2 (12)
- ➤ Hubzylinder-Kolben:2 (13)
- ➤ Hubzylinder-Zylinder:2 (14)

<u>Redundanzen:</u>

- ➤ Hubrahmen:2 <> Hubzylinder-Kolben:2
- ➤ T_Z, R_X

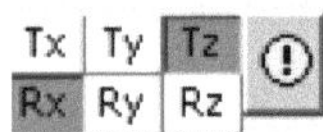

Kinematikkette 3/5:

<u>Bauteile:</u>

- ➤ Maschinenrahmen:1 (8)
- ➤ Hubrahmen:1 (9)
- ➤ Kipphebel:1 (15)
- ➤ Hubrahmen:2 (12)

<u>Redundanzen:</u>

- ➤ Hubrahmen:2 <> Kipphebel:1
- ➤ T_Y, T_Z, R_X, R_Y

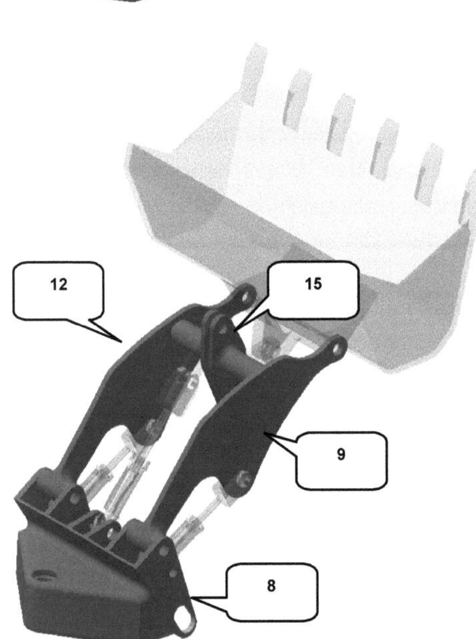

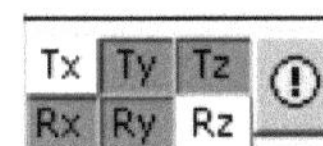

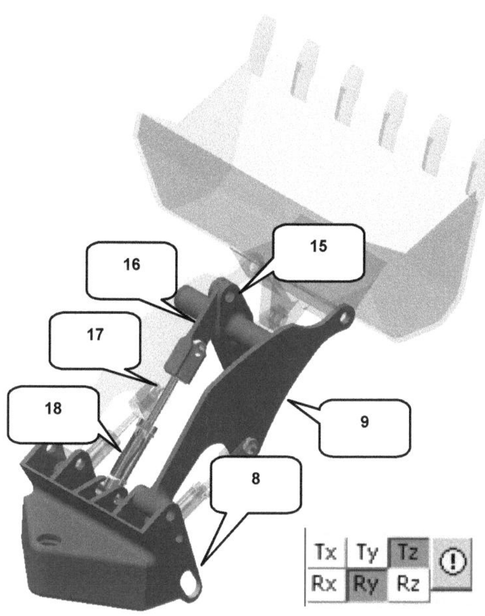

Kinematikkette 4/5:

Bauteile:

> Maschinenrahmen:1 (8)
> Hubrahmen:1 (9)
> Kipphebel:1 (15)
> Kippzylinder-Fixierung:1 (16)
> Kippzylinder-Kolben:1 (17)
> Kippzylinder-Zylinder:1 (18)

Redundanzen:

> Kipphebel:1 <> Kippzylinder-Fixierung:1
> T_Z, R_Y

Kinematikkette 5/5:

Bauteile:

> Maschinenrahmen:1 (8)
> Hubrahmen:1 (9)
> Schaufel:1 (19)
> Kippschwinge:1 (20)
> Kipphebel:1 (15)

Redundanzen:

> Kippschwinge:1 <> Schaufel:1
> T_Z, R_X, R_Y

Das Befehlsfenster **Status des Mechanis-mus** kann geschlossen, die Baugruppe ge-speichert und der Bereich der Dynamischen Simulation vorerst **verlassen** werden.

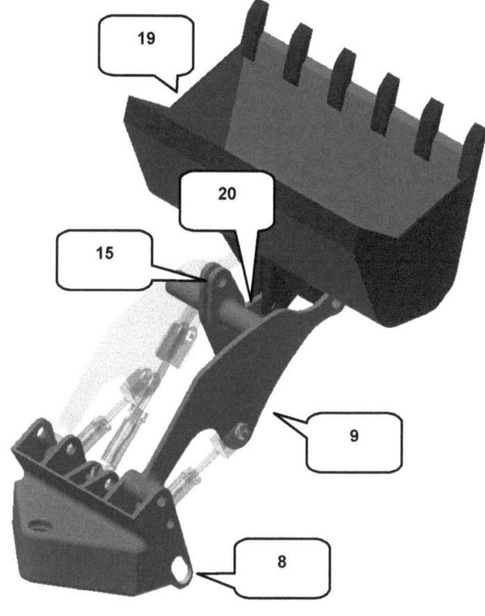

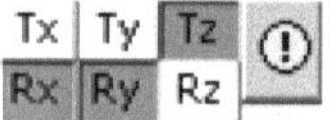

> *OK*
> Speichern
> Fertigstellen

7.22 Redundanzen minimieren
7.22.1 Korrekturmöglichkeiten redundanter Systeme

Redundanzen spielen im Bereich der Baugruppenmodellierung keine Rolle, da sie die Funktionalität der Baugruppe nicht beeinflussen.

Im Bereich der Dynamischen Simulation ist das anders: Hier werden Redundanzen als problematisch betrachtet, weil sie die Rechenergebnisse beeinflussen oder verfälschen und die Rechengeschwindigkeit des PCs beeinflussen können. Daher sollte nach Möglichkeiten gesucht werden, vorhandene Redundanzen zu minimieren oder zu vermeiden. Die folgenden Lösungsansätze können dabei gewählt werden:

Löschen/ Deaktivieren überflüssiger Komponenten

Im Bereich der Dynamischen Simulation sollten möglichst die Komponenten einer Baugruppe vor der Simulation entfernt/ deaktiviert werden, die in den Simulationsprozess nicht integriert sind, also solche, die in keiner geschlossenen kinematischen Kette enthalten sind. Weil das oftmals einen großen Eingriff in die Konstruktion bedeutet, sollte speziell für die Simulation vorab eine Kopie der (zu vereinfachenden) Baugruppe erzeugt werden. Die eigentliche Baugruppe wird dann nicht beschädigt.

Komponenten zusammenfassen und vereinfachen

Bauteile die innerhalb einer geschlossenen kinematischen Kette fest miteinander verbunden sind (d. h. sie besitzen zueinander keine Freiheitsgrade) können vereinfacht werden. Das bedeutet, dass sie zusammengefasst und durch ein einzelnes Bauteil ersetzt werden.

Gelenkverbindungen im Baugruppenbereich durch andere Gelenke ersetzen

Werden vorhandene Gelenkverbindungen im Baugruppenbereich durch andere Gelenkverbindungen mit weniger Freiheitsgraden ersetzt, so können dadurch Redundanzen vermieden werden. Hierbei ist zu beachten, dass der Bewegungsablauf der geschlossenen kinematischen Kette dabei nicht eingeschränkt werden darf.

Gelenkverbindungen im Baugruppenbereich durch Abhängigkeiten ersetzen

Gelenkverbindungen können im Baugruppenbereich auch durch einfache Abhängigkeiten ersetzt werden. Die uneingeschränkte Funktionalität der kinematischen Kette ist auch hier zu beachten.

7.22.2 Löschen überflüssiger Bauteile

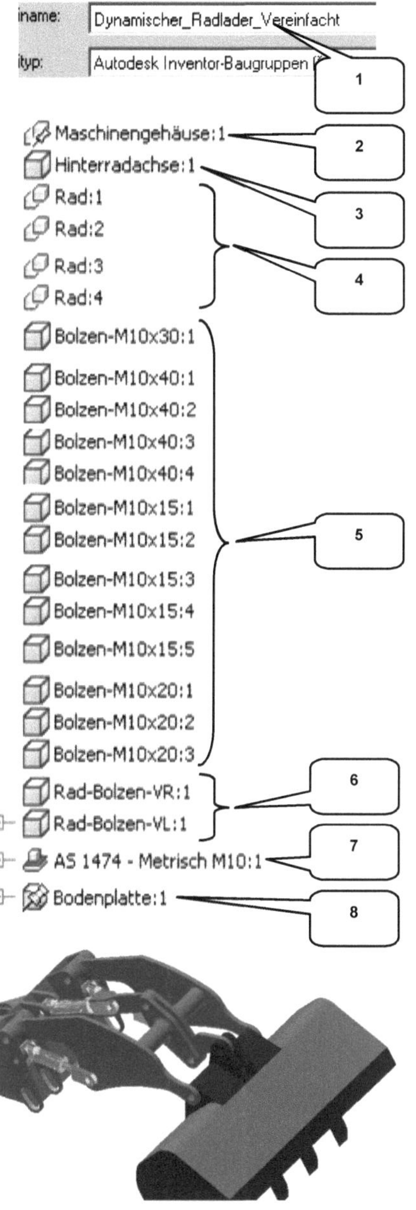

Betrachtet man die Baugruppe und insbesondere die Funktionen der einzelnen Komponenten, wird schnell klar, dass außer den (Haupt-) Bauteilen des Hubsystems, eigentlich keine weiteren Komponenten zur Simulation in der Baugruppe verbleiben müssten. Aufgrund der Vorgehensweise bei der Platzierung der Verbindungen und Abhängigkeiten können auch alle Bolzen des Hubsystems gelöscht werden (sie sind ebenfalls nicht in den Gelenkketten enthalten).

Die Baugruppe sollte vorher allerdings zur Sicherheit kopiert werden:

Speichern unter

➢ Dateiname:
Dynamischer_Radlader_vereinfacht (1)

Beginnen Sie mit der Bereinigung der Baugruppe und löschen Sie die folgenden Komponenten aus der Baugruppe[19] heraus:

➢ Maschinengehäuse (2)
➢ Hinterradachse (3)
➢ Räder (4), Bolzen (5), Radbolzen (6)
➢ Sechskantmutter (7), Bodenplatte (8)
➢ Taste: ENTF

Die nebenstehende Abbildung zeigt die Baugruppe nach dem Löschen der für die Simulation überflüssigen Komponenten und Abbildung (9) stellt den Browser nach der Bereinigung des Systems dar.

---

[19] Die Reihenfolge der Komponenten im Browser wurde zur besseren Übersicht angepasst.

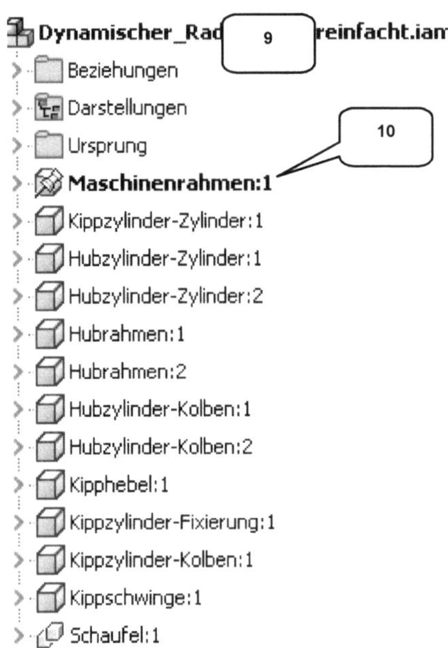

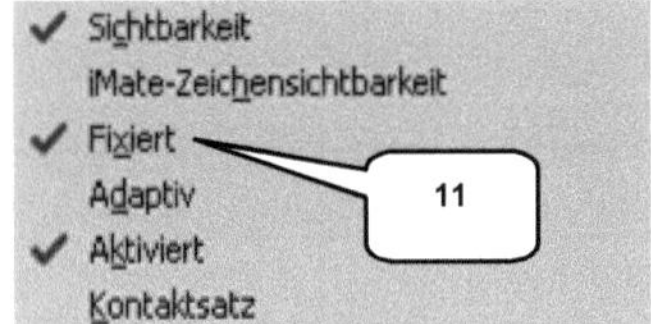

Bis dato war das Maschinengehäuse die feste Komponente der gesamten Baugruppe, weil es am Koordinatenursprung platziert und dort fixiert wurde. Alle anderen Bauteile wurden daran befestigt. Weil es aus der Baugruppe entfernt wurde muss eine andere Komponente als Basiselement definiert werden: sehr gut geeignet wäre z. B. der Maschinenrahmen.

Eine vorangehende Ausrichtung des Maschinenrahmens am Koordinatenursprung ist nicht erforderlich, sofern er nicht zwischenzeitlich verschoben wurde.

> *Rechte Maustaste* auf *Maschinenrahmen* (10)
> *Fixiert* (11)

Richten Sie den Hubapparat und die Schaufel im Anschluss daran aus: Der Hubapparat soll, wie in der unteren Abbildung (12) dargestellt, bei gedrückter linker Maustaste nach unten gezogen werden, bis der untere Anschlag des Hubsystems erreicht ist.

Speichern Sie die Baugruppe danach und kehren Sie in den Bereich der Dynamischen Simulation zurück.

Speichern

7.22.3 Überprüfung von Mechanismus und Redundanzen

Arbeitsbereich:
Dynamische Simulation

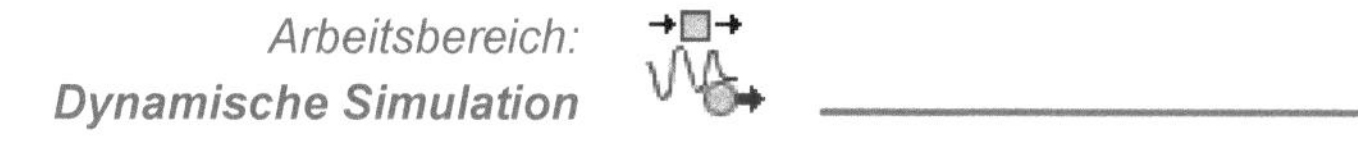

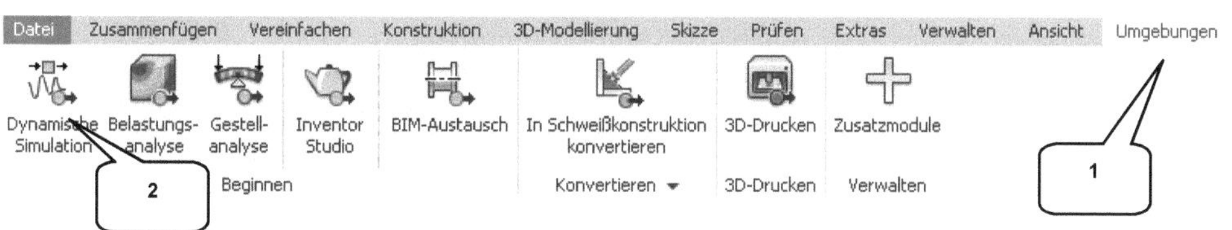

Vor der Optimierung der vereinfachten Baugruppe soll der **Status des Mechanismus** über-prüft werden.

Grad der Redundanz (r)	13
Grad der Beweglichkeit (dom)	2
Anzahl der Körper	13
Anzahl mobiler Körper	12

> Register **Umgebungen** (1)
> **Dynamische Simulation** (2)

Status des Mechanismus

	Vorher	Nachher
Grad der Redundanz	13	13
Grad der Beweglichkeit	4	2
Anzahl der Körper	35	13
Anzahl mobiler Körper	23	12

Der Grad der Redundanzen wurde leider nicht minimiert, weil diese ausschließlich im noch vorhandenen Hubapparat vorhanden sind. Aber: Der Grad der Beweglichkeit wurde von 4 auf 2 verringert, die Anzahl der Körper von 35 auf 13 und die Anzahl mobiler Körper von 23 auf 12, was zumindest eine verbesserte Rechenleistung während der Simulation zur Folge haben sollte.

Der Befehl kann jetzt beendet und der Bereich der Dynamischen Simulation vorerst wieder verlassen werden, denn mit der Minimierung der Redundanzen soll im Bereich der Bau-gruppenmodellierung begonnen werden.

> `OK` **OK** (Status des Mechanismus beenden)

✔ **Fertigstellen**

7.22.4 Grundlagen: Konturvereinfachung

Baugruppen können weiter vereinfacht werden, indem fest miteinander verbundene und zueinander unbewegliche Komponenten zusammengefasst werden. Sie werden aus der Baugruppe entfernt und als ein einziges kombiniertes Bauteil in die Baugruppe reimportiert. Eine Möglichkeit wäre hier z. B. der Befehl **Konturvereinfachung**.

> Befehlsgruppe **Vereinfachung**

Konturvereinfachung (1)

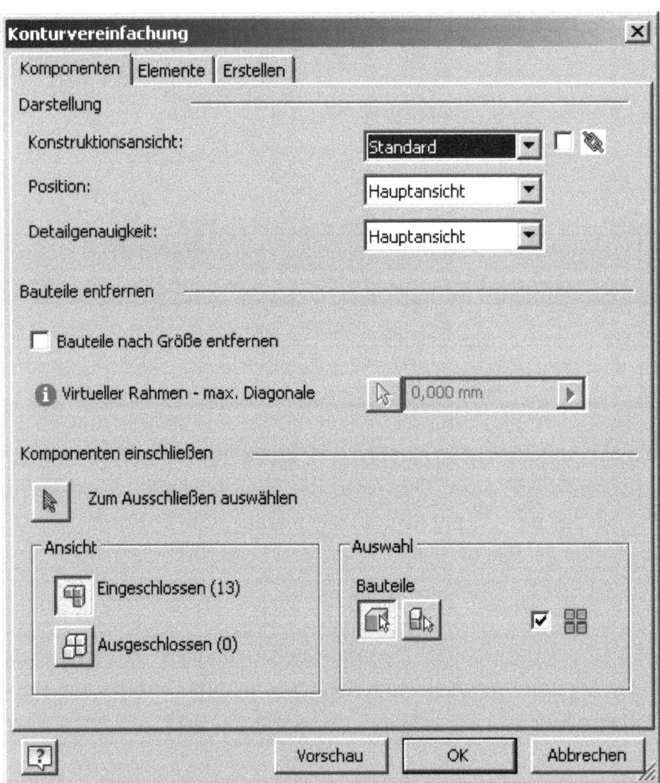

Mit dem Befehl **Konturvereinfachung** kann eine Baugruppe als ein einziges Bauteil abgespeichert werden, wobei entweder alle oder nur bestimmte Bauteile der Baugruppe mit einbezogen werden können. Außerdem kann festgelegt werden, ob bestimmte Konstruktionselemente (z. B. Bohrungen, Rundungen, Fasen) zu übernehmen bzw. zu entfernen sind. Das vereinfachte Objekt wird dann als Bauteil gespeichert und kann - wie z. B. im aktuellen Fall - als vereinfachtes Objekt in eine andere Baugruppe eingefügt werden.

7.22.5 Vereinfachen von Kipphebel, Kippschwinge und Schaufel

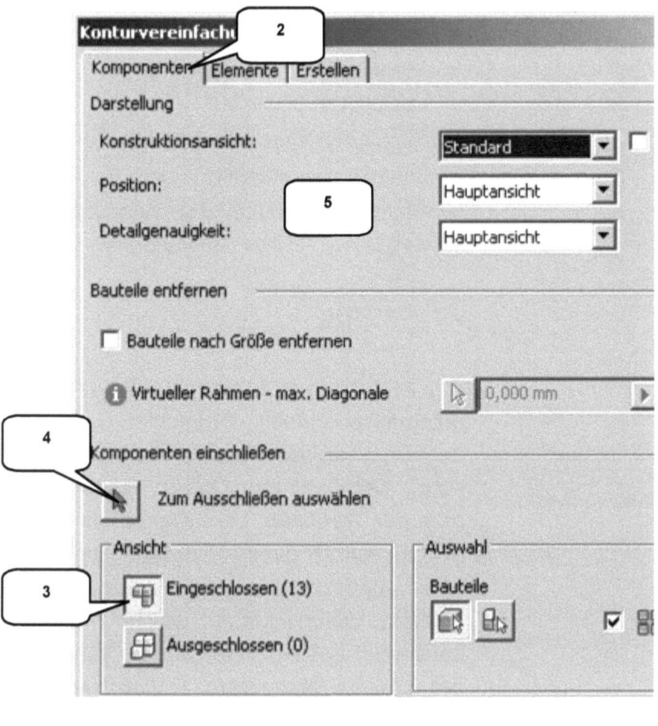

In der folgenden Übung sollen Kipphebel, Kippschwinge und Schaufel zusammengefasst und als ein einziges Bauteil gespeichert werden, um den Radlader zu vereinfachen.

- **Konturvereinfachung** (1)
- ➢ Register **Komponenten** (2)
- ➢ Option: Eingeschlossen (3)
- ➢ Ausschließen: im Browser die markierten Bauteile anklicken (4)
- ➢ Restliche Optionen des Befehlsfensters übernehmen (5)

Im Zeichenbereich dargestellt werden sollten jetzt nur noch die Bauteile:

- ➢ Kipphebel
- ➢ Kippschwinge und
- ➢ Schaufel (6).

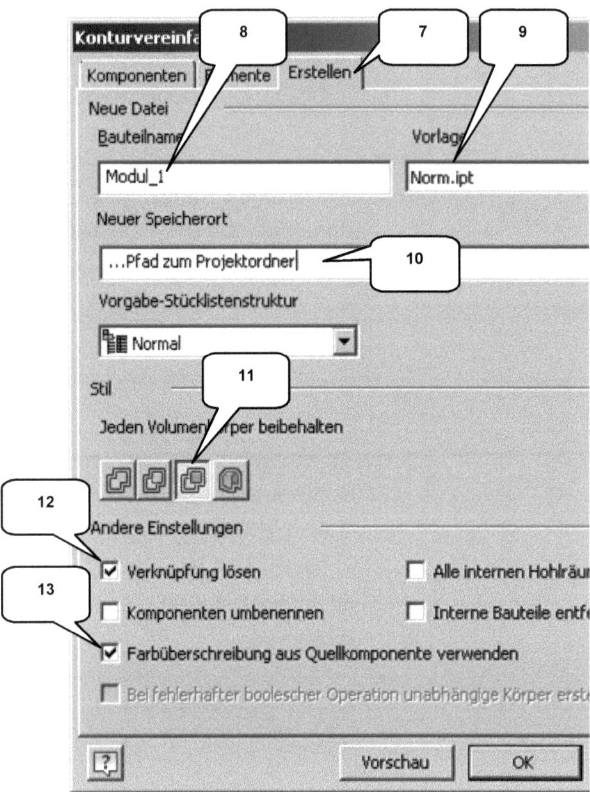

> Register **_Erstellen_** (7)
> Bauteilname: Modul_1 (8)
> Vorlage: Norm.ipt (9)
> Speicherort: Pfad zum Projekt-speicherort einstellen (10)
> Stil: Jeden Volumenkörper als Volumenkörper erhalten (11)
> Aktivieren: Verknüpfung lösen (12)
> Aktivieren: Farbüberschreibung (13)
> ◻ OK **_OK_**

Das Programm sollte das neue Bauteil automatisch öffnen. Betrachtet man den Browser des Bauteils, so findet man darin einen Ordner **_Dynamischer_Radlader_vereinfacht.iam_** (14). Er enthält die drei Bauteile Kipphebel, Kippschwinge und Schaufel als einzelne Volumenkörper, welche hier bei Bedarf ausgeblendet werden können (**_rechte Maustaste > Sichtbarkeit_**).

Das neue Bauteil sollte jetzt gespeichert und danach geschlossen werden.

🖫 Speichern
> Bauteil **_schließen_**

Bevor das vereinfachte Objekt **_Modul_1_** in die Baugruppe eingefügt werden kann, sollten die nicht benötigten Bauteile daraus entfernt werden.

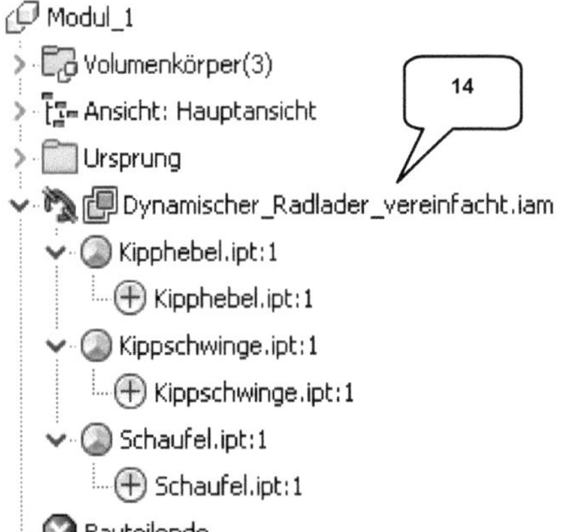

7.22.6 Vereinfache Komponente platzieren

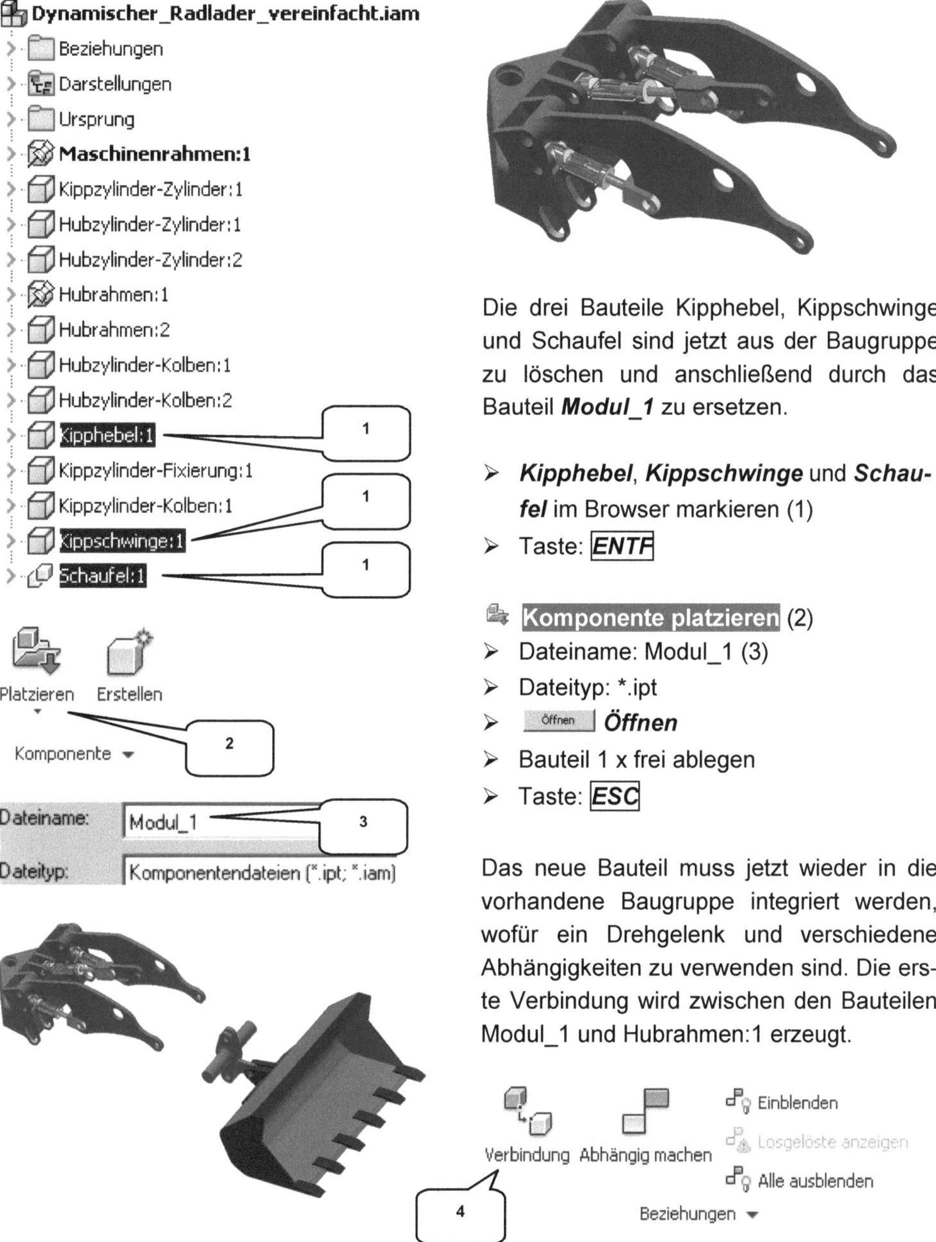

Die drei Bauteile Kipphebel, Kippschwinge und Schaufel sind jetzt aus der Baugruppe zu löschen und anschließend durch das Bauteil **Modul_1** zu ersetzen.

> *Kipphebel*, *Kippschwinge* und *Schaufel* im Browser markieren (1)
> Taste: ENTF

> **Komponente platzieren** (2)
> Dateiname: Modul_1 (3)
> Dateityp: *.ipt
> Öffnen | *Öffnen*
> Bauteil 1 x frei ablegen
> Taste: ESC

Das neue Bauteil muss jetzt wieder in die vorhandene Baugruppe integriert werden, wofür ein Drehgelenk und verschiedene Abhängigkeiten zu verwenden sind. Die erste Verbindung wird zwischen den Bauteilen Modul_1 und Hubrahmen:1 erzeugt.

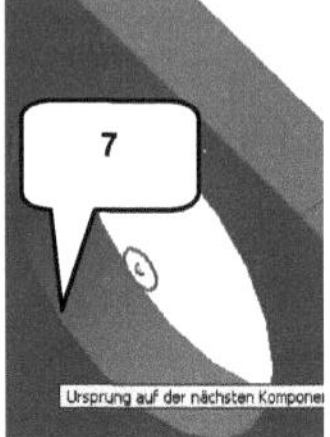

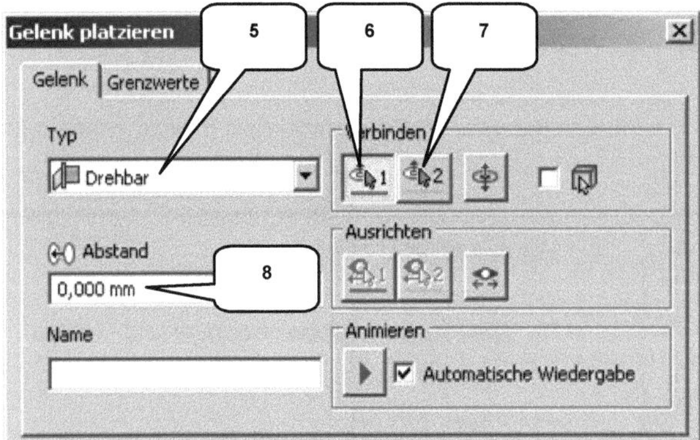

Verbindung (4)

- Typ: Drehbar (5)
- Verbinden 1: Zylinderkante Modul_1 (6)
- Verbinden 2: Bohrungskante Hubrahmen:1 (7)
- Abstand: 0 mm (8)
- OK **OK**

Modul_1 und Hubrahmen:2 sind durch eine axiale Abhängigkeit miteinander zu verbinden.

Abhängig machen

- Register **Baugruppe** (9)
- Typ: Passend (10)
- Versatz: 0 mm (11)
- Auswahl 1: Zylinderfläche Modul_1 (12)
- Auswahl 2: Bohrung Hubrahmen:2 (13)
- Modus: Nicht ausger. (14)
- Anwenden **Anwenden**

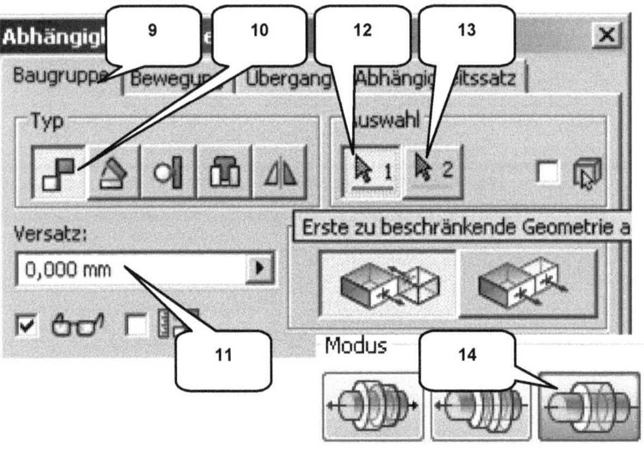

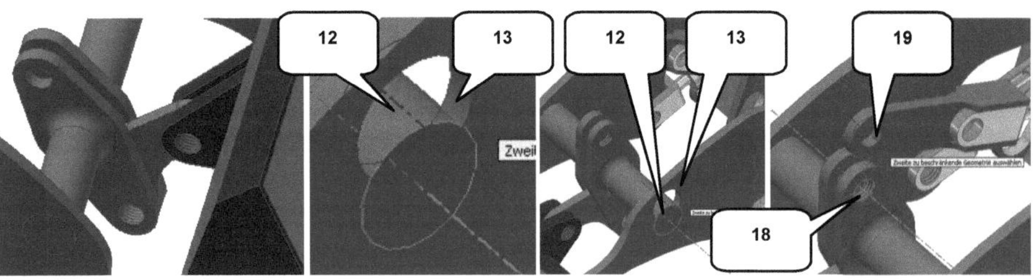

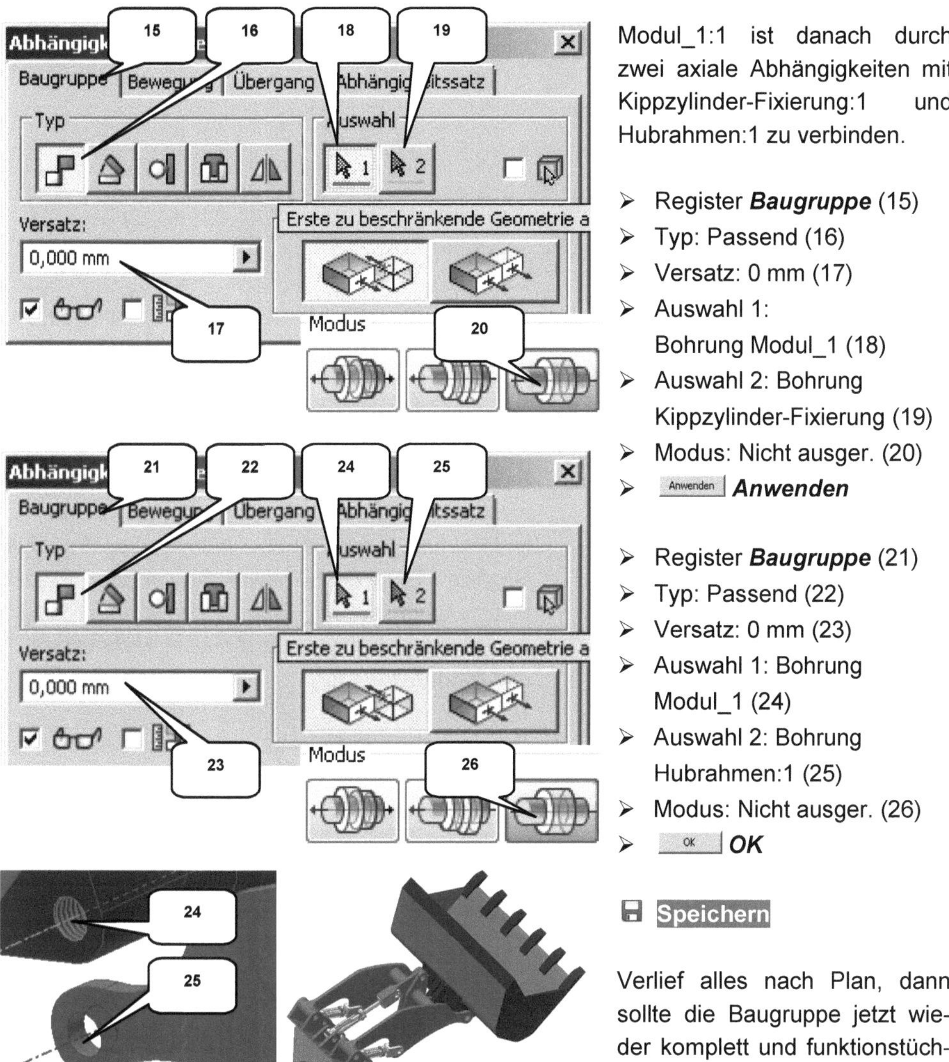

Modul_1:1 ist danach durch zwei axiale Abhängigkeiten mit Kippzylinder-Fixierung:1 und Hubrahmen:1 zu verbinden.

> Register **Baugruppe** (15)
> Typ: Passend (16)
> Versatz: 0 mm (17)
> Auswahl 1: Bohrung Modul_1 (18)
> Auswahl 2: Bohrung Kippzylinder-Fixierung (19)
> Modus: Nicht ausger. (20)
> Anwenden **Anwenden**

> Register **Baugruppe** (21)
> Typ: Passend (22)
> Versatz: 0 mm (23)
> Auswahl 1: Bohrung Modul_1 (24)
> Auswahl 2: Bohrung Hubrahmen:1 (25)
> Modus: Nicht ausger. (26)
> OK **OK**

 Speichern

Verlief alles nach Plan, dann sollte die Baugruppe jetzt wieder komplett und funktionstüchtig sein[20].

---

[20] Sollte beim Setzen der letzten Abhängigkeit eine Fehlermeldung erscheinen, hat das Programm möglicherweise einen internen Berechnungsfehler. In diesem Fall ist das Setzen der Abhängigkeit zu unterbrechen um die Bohrungen von Schaufel und Hubrahmen vorab aneinander auszurichten. Hierfür ist es empfehlenswert, den Hubrahmen:1 vorübergehend zu fixieren und ihn anschließend wieder zu lösen.

7.22.7 Geschweißte Gruppen

Arbeitsbereich:
Dynamische Simulation

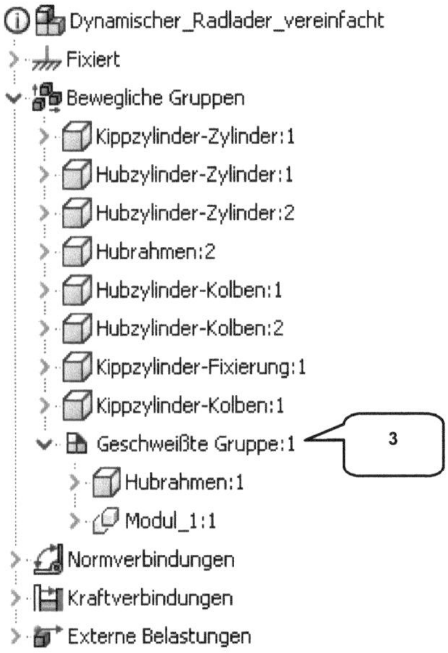

> Register **Umgebungen** (1)
> **Dynamische Simulation** (2)

Betrachtet man im Bereich der Dynamischen Simulation den Browser der aktuellen Baugruppe, so findet man darin einen Ordner **Geschweißte Gruppe** (3). In der aktuellen Baugruppe befindet er sich innerhalb des Ordners **Bewegliche Gruppen** und er beinhaltet die Bauteile **Hubrahmen:1** und **Modul_1**.

Gibt es in Baugruppen Bauteile (nicht vereinfachte Bauteile, sondern einzelne Bauteile), die miteinander verbunden sind und während der Simulation gemeinsame Bewegung ausführen, so werden sie vom Programm automatisch gruppiert und als sogenannte **Geschweißte Gruppen** hinterlegt.

7.22.8 Überprüfung von Mechanismus und Redundanzen

Ob durch das Platzieren der vereinfachten Komponente **Modul_1** die Anzahl der Redundanzen verringert wurde, soll über den **Status des Mechanismus** geprüft werden.

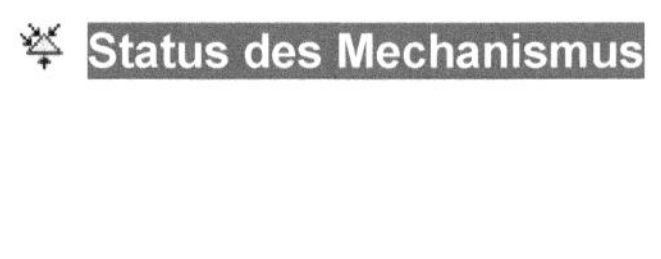

Grad der Redundanz (r)	6
Grad der Beweglichkeit (dom)	1
Anzahl der Körper	10
Anzahl mobiler Körper	9

	Vorher	**Nachher**
Grad der Redundanz	13	6
Grad der Beweglichkeit	2	1
Anzahl der Körper	13	10
Anzahl mobiler Körper	12	9

Die Anzahl der Redundanzen wurde von 13 auf 6 reduziert, was ein sehr gutes Ergebnis ist. Der Grad der Beweglichkeit wurde von 2 auf 1 reduziert, die Anzahl der Körper von 13 auf 10 und die Anzahl der mobilen Körper von 12 auf 9. Die vorangegangene Optimierung war also durchaus erfolgreich und das Befehlsfenster kann somit geschlossen und der Bereich der Dynamischen Simulation vorerst wieder verlassen werden.

> ☐ **OK** (Status des Mechanismus beenden)

✓ **Fertigstellen**

7.22.9 Gelenkverbindungen ersetzen

Weitere Redundanzen sollen eliminiert werden, indem das Drehgelenk zwischen den Bauteilen Hubzylinder-Kolben:1 und Hubrahmen:1 durch ein zylindrisches Gelenk ersetzt wird. Es enthält genau einen Freiheitsgrad weniger als das Drehgelenk und könnte genau deswegen eine weitere Redundanz vermeiden.

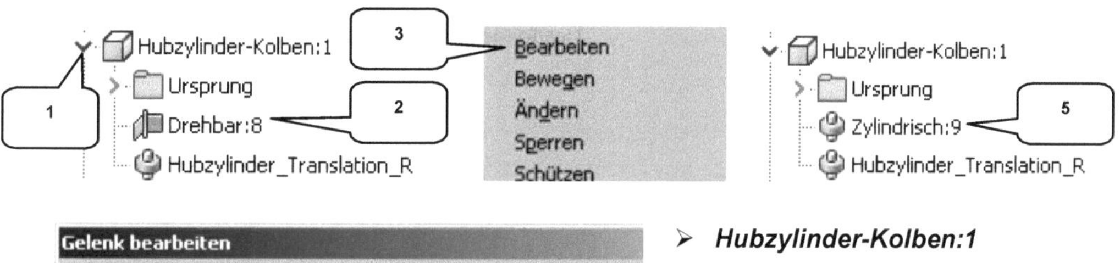

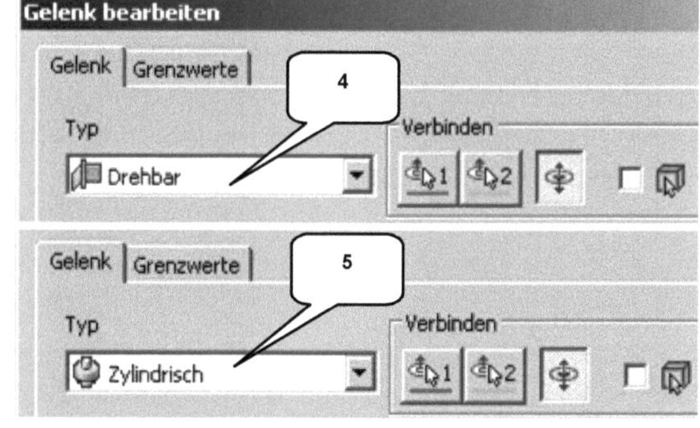

> **Hubzylinder-Kolben:1** erweitern (1)
> **Rechte Maustaste** Auf Gelenk **Drehbar** (2)
> **Bearbeiten** (3)

> Typ (alt): **Drehbar** (4)
> Typ (neu): **Zylindrisch** (5)
> ☐ **OK**

7.22.10 Überprüfung von Mechanismus und Redundanzen

Arbeitsbereich:
Dynamische Simulation

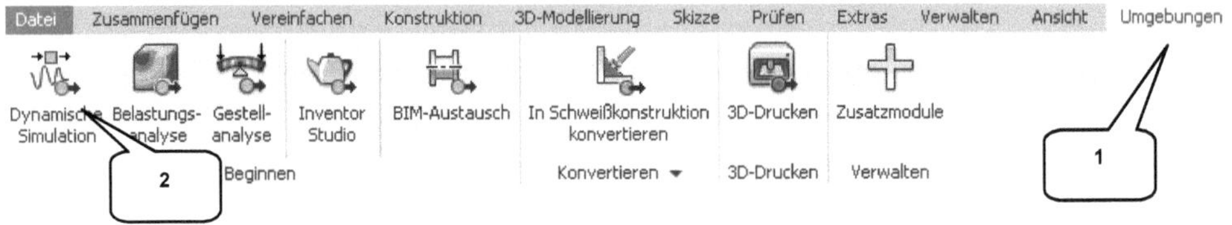

Ob das Ersetzen des Drehgelenkes durch ein zylindrisches Gelenk auch tatsächlich zu einer Minimierung der Redundanzen geführt hat, ist erneut zu überprüfen.

Grad der Redundanz (r)	5
Grad der Beweglichkeit (dom)	1
Anzahl der Körper	10
Anzahl mobiler Körper	9

> Register **Umgebungen** (1)
> **Dynamische Simulation** (2)

Status des Mechanismus

	Vorher	*Nachher*
Grad der Redundanz	6	5
Grad der Beweglichkeit	1	1
Anzahl der Körper	10	10
Anzahl mobiler Körper	9	9

Die restlichen Parameter sind zwar unverändert, aber die Redundanzen wurden von 6 auf 5 reduziert: das Ziel wurde damit erreicht.

Neben der Möglichkeit Gelenkverbindungen durch andere Gelenkverbindungen auszutauschen, gibt es auch die Option, Gelenkverbindungen durch einfache Abhängigkeiten zu ersetzen. Das Ergebnis ist allerdings dasselbe: überflüssige Gelenkzuweisungen im Bereich der Dynamischen Simulation werden damit unterbunden und Redundanzen minimiert.

Die Baugruppe sollte gespeichert werden, denn der Bereich der Dynamischen Simulation muss kurzfristig verlassen werden.

> 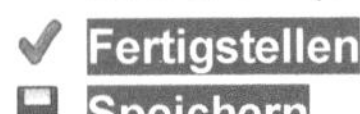 **OK** (Status des Mechanismus beenden)

✔ **Fertigstellen**

🖫 **Speichern**

7.22.11 Gelenkverbindungen durch einfache Abhängigkeiten ersetzen

Um eine weitere Redundanz aus der Baugruppe zu entfernen, soll das Drehgelenk zwischen den Bauteilen Hubzylinder-Kolben:2 und Hubrahmen:2 gelöscht und durch eine einfache axiale Abhängigkeit ersetzt werden.

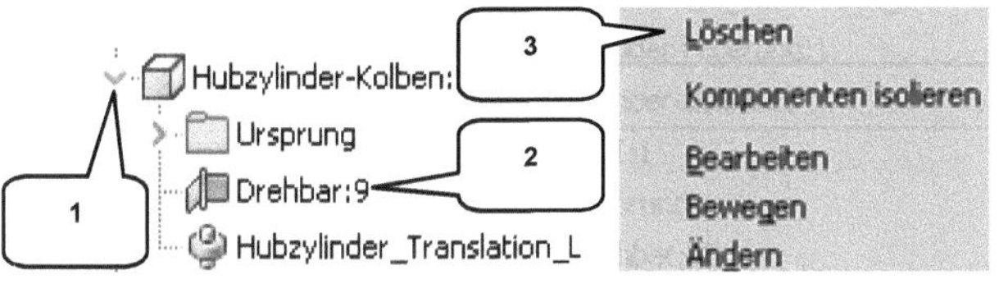

> **Hubzylinder-Kolben:2** erweitern (1)
> **Rechte Maustaste** auf Gelenk **Drehbar** (2)
> **Löschen** (3)

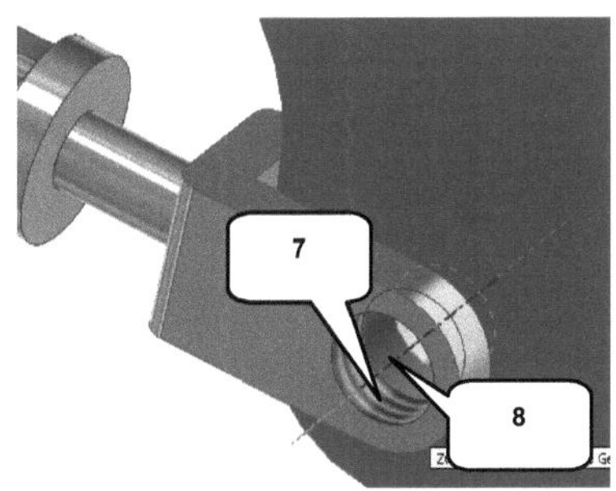
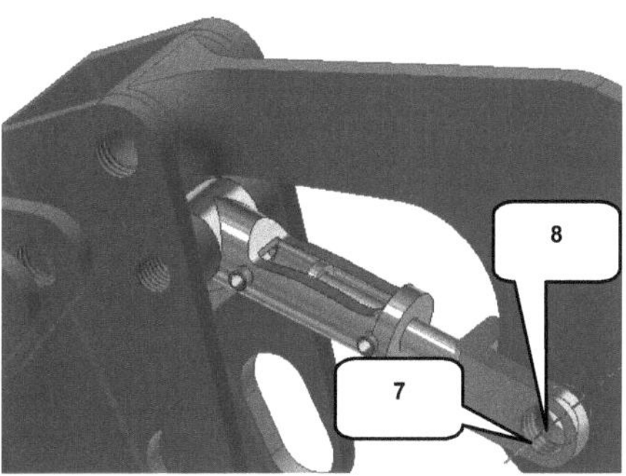

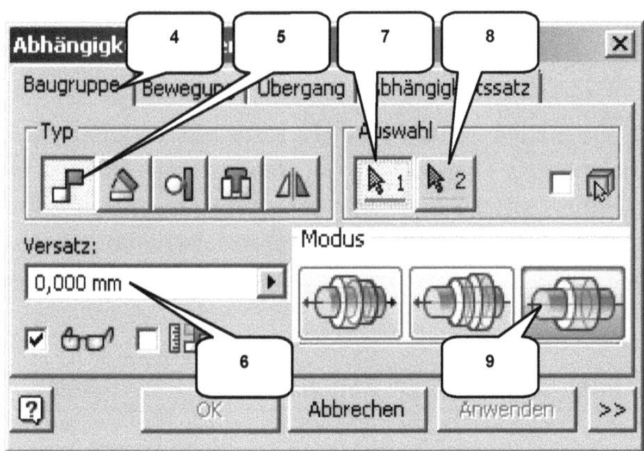

Abhängig machen
> Register **Baugruppe** (4)
> Typ: Passend (5)
> Versatz: 0 mm (6)
> Auswahl 1: Bohrung Hubzylinder-Kolben:2 (7)
> Auswahl 2: Bohrung Hubrahmen:2 (8)
> Modus: Passend (9)
> ⬛ OK

Speichern

Die neue Abhängigkeit (10) sollte jetzt im Browser zu sehen sein.

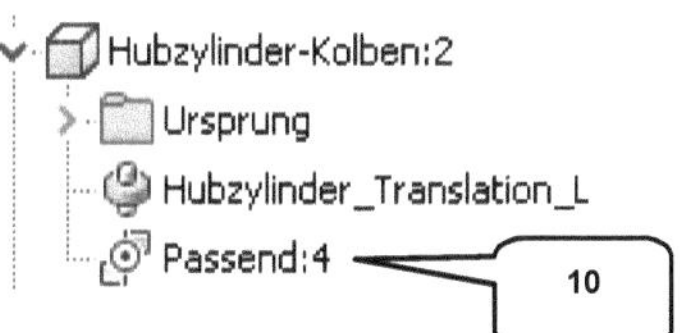

7.22.12 Überprüfung von Mechanismus und Redundanzen

Arbeitsbereich:
Dynamische Simulation

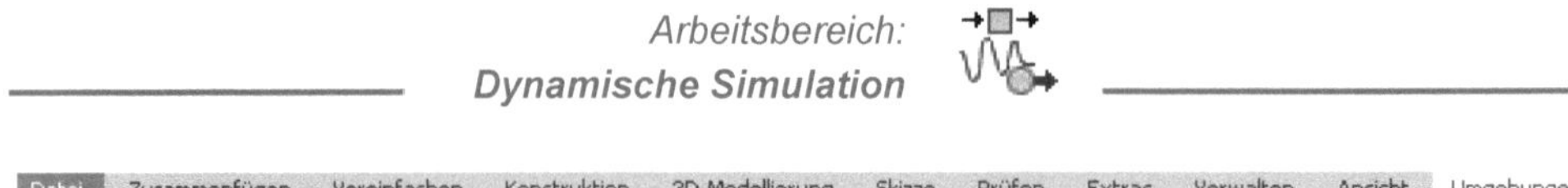

Im Bereich der Dynamischen Simulation sollte der Status des Mechanismus abgerufen und damit überprüft werden, ob die letzte Änderung eine Verbesserung brachte.

> Register **Umgebungen** (1)
> **Dynamische Simulation** (2)

> **Status des Mechanismus**

	Vorher	Nachher
Grad der Redundanz	5	4
Grad der Beweglichkeit	1	1
Anzahl der Körper	10	10
Anzahl mobiler Körper	9	9

Die Anzahl der Redundanzen wurde von 5 auf 4 reduziert und die restlichen Parameter sind unverändert. Die Optimierungsmaßnahmen zur Reduzierung der Redundanzen könnten mit Sicherheit noch weiter durchgeführt werden, allerdings besteht dann auch immer die Gefahr, dass letztendlich zu sehr in den Mechanismus eingegriffen und dessen Funktionalität beeinträchtigt wird. Vergleicht man den aktuellen Status des Mechanismus mit der anfänglichen Ausgangssituation, so sind deutliche Verbesserungen zu erkennen.

	Ausgangssituation	Aktueller Stand	Delta
Grad der Redundanz	13	4	**-9**
Grad der Beweglichkeit	4	1	**-3**
Anzahl der Körper	35	10	**-25**
Anzahl mobiler Körper	23	9	**-14**

An dieser Stelle soll noch einmal betont werden, dass Berechnungen im Bereich der Dynamischen Simulation durchaus auch mit Redundanzen möglich sind, allerdings kann es zu

Abweichungen in der Berechnung oder erhöhter Rechendauer kommen. In jedem Fall sollte vor der Optimierung einer Baugruppe genau überlegt werden, ob Aufwand und Nutzen des oftmals sehr hohen Bearbeitungsaufwandes zur Reduzierung von Redundanzen in einer gesunden Relation zueinander stehen. Generell sollten derartig einschneidende Bearbeitungen einer Baugruppe zumindest nicht in der Originaldatei, sondern möglichst in einer Kopie der Baugruppe durchgeführt werden.

➤   OK *OK* (Status des Mechanismus beenden)

7.23 *Festgelegte Bewegungen*
7.23.1 *Grundlagen: Festgelegte Bewegung*

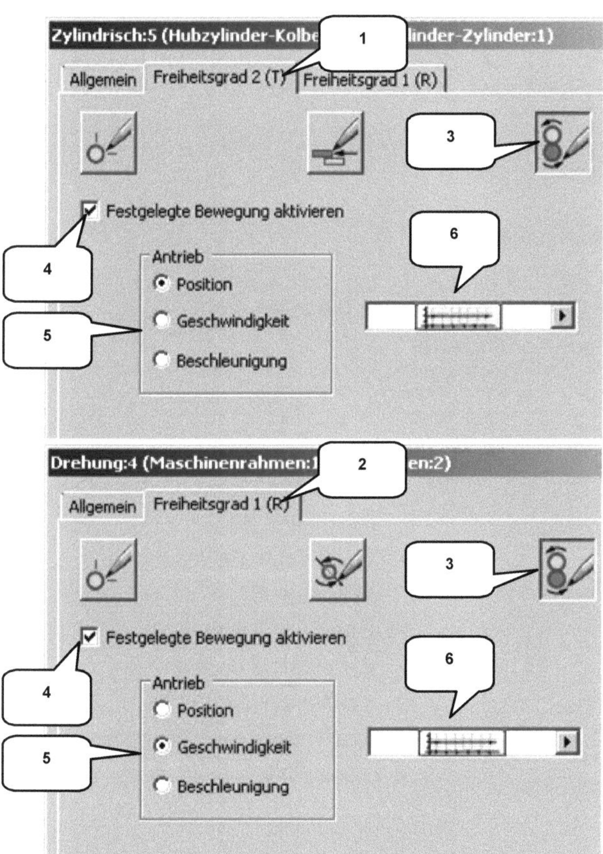

Werden im Bereich der Dynamischen Simulation *Antriebe* benötigt, so können diese z. B. über vorhandene Gelenkverbindungen definiert werden. Dabei sollte zuerst entschieden werden, welches Gelenk angetrieben werden soll. Danach ist mit *rechter Maustaste* auf das Gelenk zu klicken um im Kontextmenü die *Eigenschaften* auszuwählen. Besteht ein Gelenk aus verschiedenen Freiheitsgraden, so ist zu entscheiden, ob der Antrieb *translatorisch* (1) oder *rotatorisch* (2) erfolgen soll. Wurde der entsprechende Freiheitsgrad ausgewählt, so ist der Bereich der *festgelegten Bewegung* zu öffnen (3) und zu *aktivieren* (4). Im Anschluss daran kann aus den Antriebsoptionen *Position*, *Geschwindigkeit* und *Beschleunigung* (5) ausgewählt und der *Wert* definiert werden (6).

7.24 Gleichförmige Translation
7.24.1 Hubzylinder mit konstanter Geschwindigkeit beaufschlagen

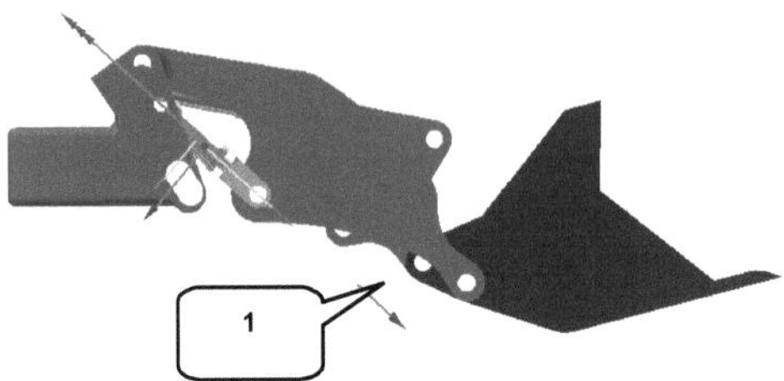

Die einfachste Form der Bewegung ist die gleichförmige Bewegung. Als Beispiel soll das Hubsystem in der folgenden Übung konstant nach oben bewegt werden, wofür der erste Hubzylinder mit einer gleichförmigen Geschwindigkeit zu beaufschlagen ist.

> Hubsystem ggf. noch einmal ganz nach unten ziehen (1)

> **Normverbindungen** erweitern (2)

> **Rechte Maustaste** auf zylindrische Gelenkverbindung der Bauteile
> **Hubzylinder-Zylinder:1, Hubzylinder-Kolben:1** (3)

> **Eigenschaften** (4)

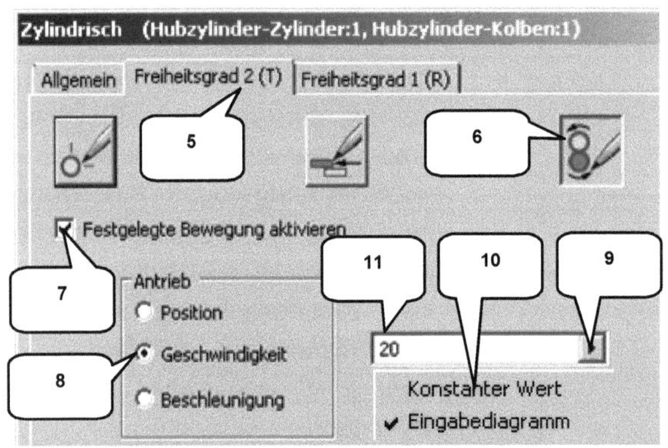

> Register **Freiheitsgrad (T)** (5)

> Festgelegte Bewegung bearbeiten (6)

> Festgelegte Bewegung aktivieren (7)

> Geschwindigkeit (8)

> Eingabefeld erweitern (9)

> Konstanter Wert (10)

> Geschwindigkeit: 20 mm/s (11)

>  **OK**

> **Speichern**

7.24.2 Ausführen und Aufzeichnen der Simulation

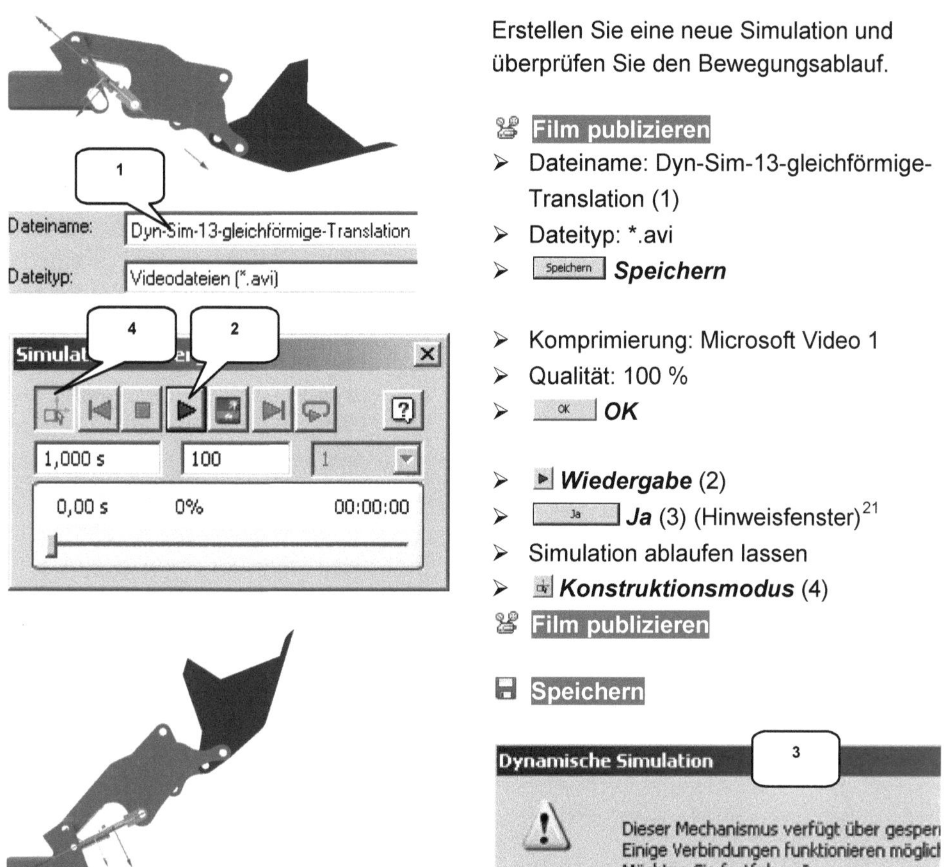

Erstellen Sie eine neue Simulation und überprüfen Sie den Bewegungsablauf.

Film publizieren

> Dateiname: Dyn-Sim-13-gleichförmige-Translation (1)
> Dateityp: *.avi
> Speichern **Speichern**

> Komprimierung: Microsoft Video 1
> Qualität: 100 %
> OK **OK**

> ▶ **Wiedergabe** (2)
> Ja **Ja** (3) (Hinweisfenster)[21]
> Simulation ablaufen lassen
> **Konstruktionsmodus** (4)

Film publizieren

Speichern

Der Hubapparat sollte sich während der Simulation gleichmäßig aufwärts bewegen und am Ende die oben dargestellte Position erreichen[22]. Der Antrieb des Hubapparates anhand einer festgelegten Bewegung war also erfolgreich. Ähnliche Resultate können erzielt werden, wenn Gelenke z. B. mit Kräften oder Drehmomenten beaufschlagt werden.

---

[21] Die Meldung des Programms auf vorhandene **Konflikte zwischen Freiheitsgraden/ Grenzen und festgelegten Bewegungen** kann mit Ja bestätigt werden, weil der Zeitpunkt dieses Konfliktes (gleichförmige Geschwindigkeit <> Begrenzung eines Drehgelenkes) nicht vor Ablauf der Simulationsdauer von einer Sekunde eintreten wird.

[22] Sollte sich der Hubapparat in der Simulation nicht nach oben bewegen, müsste der Wert der Geschwindigkeit auf (-)**20 mm/s** korrigiert (negiert) werden.

7.25 Gleichmäßig beschleunigte Translation
7.25.1 Grundlagen: Gelenkkraft

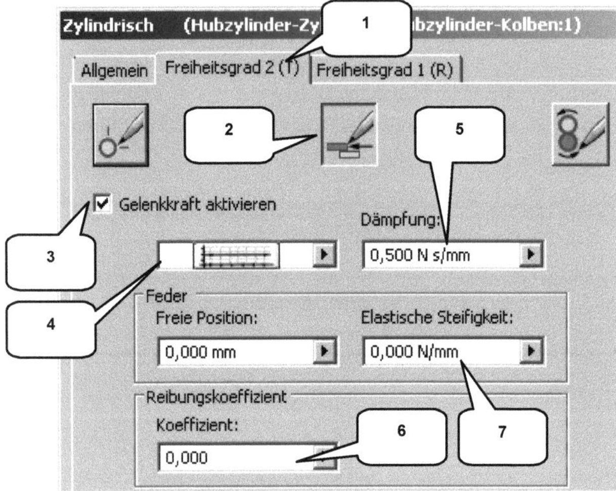

Sollen **Kräfte** oder **Drehmomente** in den Bewegungsablauf eines Mechanismus eingreifen, so können diese ebenfalls über die **Eigenschaften** eines Gelenkes definiert werden. In der Registerkarte des entsprechenden **Freiheitsgrades** (1) muss dann der Bereich der **Gelenkkraft** (bzw. des **Gelenkmoments**) geöffnet (2) und aktiviert werden (3). Neben der Werteeingabe (4) können außerdem Parameter wie Dämpfung (5), Reibung (6) und Steifigkeit (7) hinterlegt werden.

7.25.2 Hubzylinder gleichmäßig beschleunigen

Der gleichförmige Antrieb des Hubzylinders über eine konstante Geschwindigkeit soll jetzt wieder deaktiviert und durch eine gleichmäßig beschleunigte Bewegung ersetzt werden. Hierfür ist in derselben zylindrischen Gelenkverbindung anstelle der gleichförmigen Geschwindigkeit eine gleichmäßig beschleunigte Kraft zu platzieren.

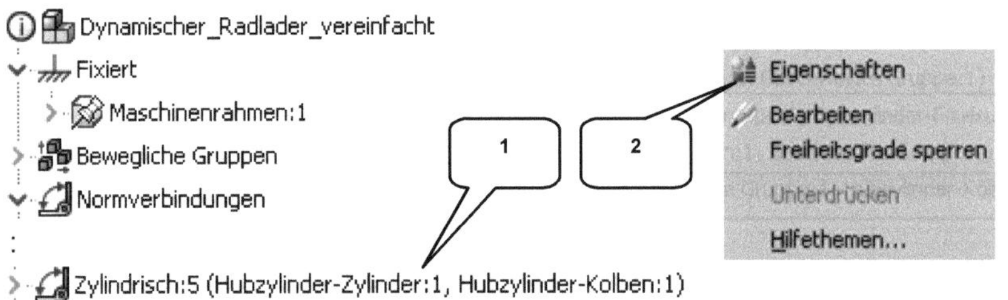

> **Rechte Maustaste** auf zylindrische Gelenkverbindung der Bauteile **Hubzylinder-Zylinder:1, Hubzylinder-Kolben:1** (1)
> **Eigenschaften** (2)

Deaktivieren Sie zuerst die noch aktive Bewegung, denn die konstante Beschleunigung soll über eine Antriebskraft definiert werden.

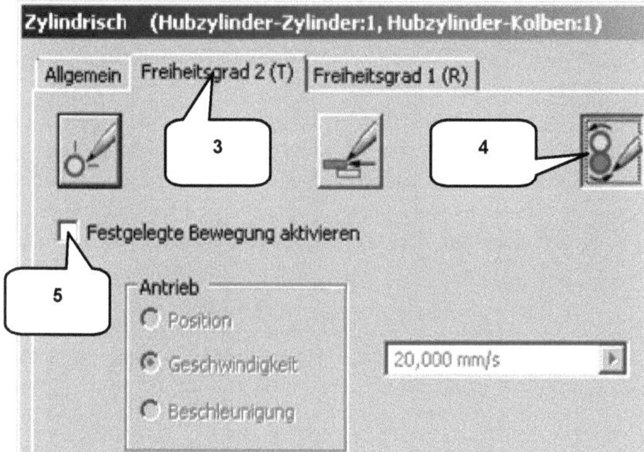

> Register *Freiheitsgrad (T)* (3)
> Festgelegte Bewegung bearbeiten (4)
> Festgelegte Bewegung deaktivieren (5)

Im Bereich der *Gelenkkraft* soll die gleichmäßig beschleunigte translatorische Kraft im Anschluss daran über das *Eingabediagramm* definiert werden.

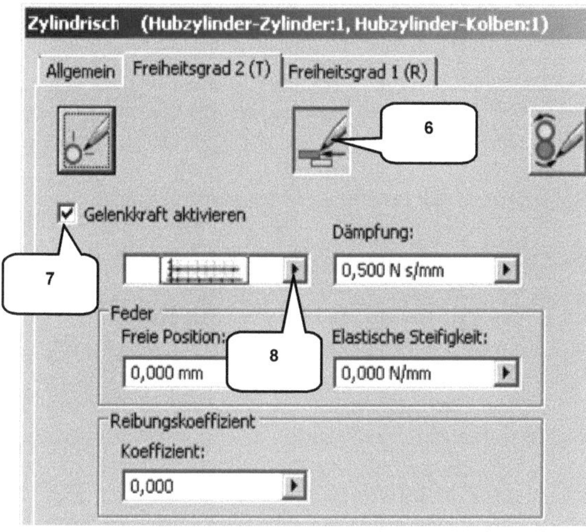

> Gelenkkraft bearbeiten (6)
> Gelenkkraft aktivieren (7)
> Eingabefeld erweitern (8)
> Eingabediagramm (9)

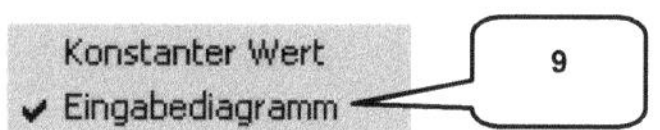

Mit dem *Eingabediagramm* steht im Bereich der Dynamischen Simulation ein weiteres Tool zur Verfügung, mit dem ungleichförmige Bewegungsabläufe definiert werden können.

Das Eingabediagramm besitzt einen grafischen Bereich, welcher den Kräfte- bzw. Drehmomentenverlauf über die Simulationsdauer wiederspiegelt und einen Eingabebereich, worin Art, Größe und Dauer von Kräften-/ oder Drehmomenten definiert werden können. Die Eingabewerte können gespeichert bzw. tabellarisch exportiert werden und ebenso können Eingabewerte in das Diagramm importiert werden.

Die Kraft im Hubzylinder soll jetzt über die Simulationsdauer von einer Sekunde konstant von 0 N auf 300 N erhöht werden, wofür diesmal das *Eingabediagramm* zu verwenden ist. Die Kurvendefinition soll außerdem gespeichert werden.

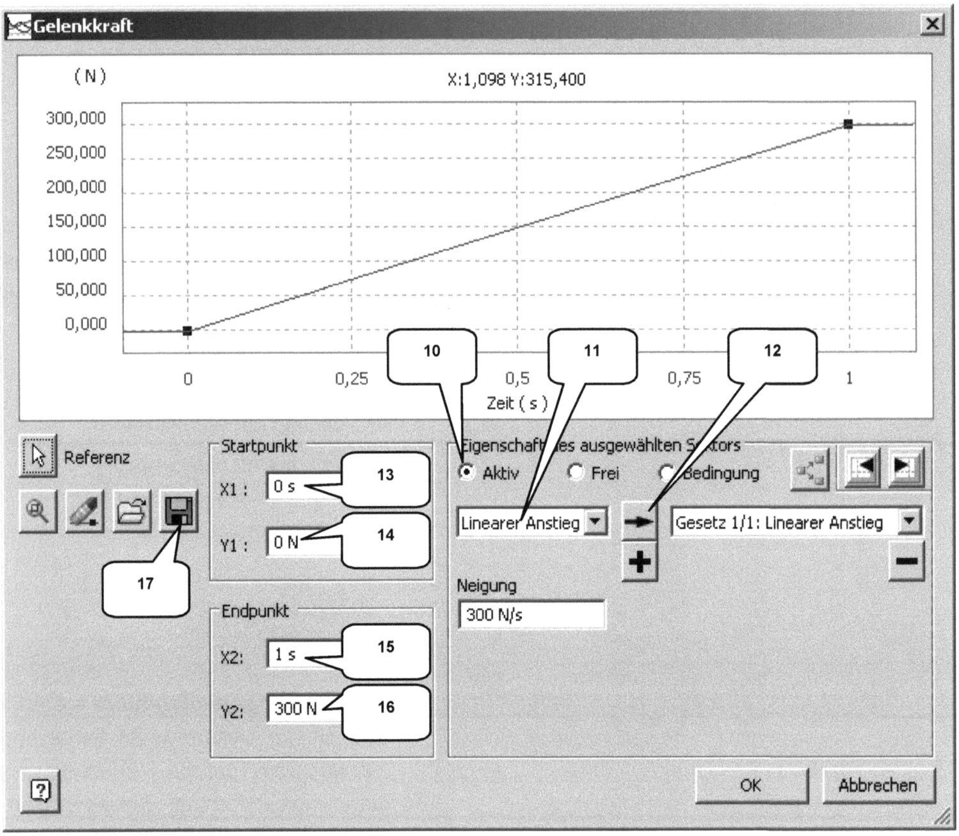

> Sektor: Aktiv (10)
> Gesetz: Linearer Anstieg (11)
> Aktuelles Gesetz ersetzen (12)
> Startzeit X1: 0 s (13)

> Startwert Y1: 0 N (14)
> Endzeit X2: 1 s (15)
> Endwert Y2: 300 N (16)
> Kurve speichern (17)

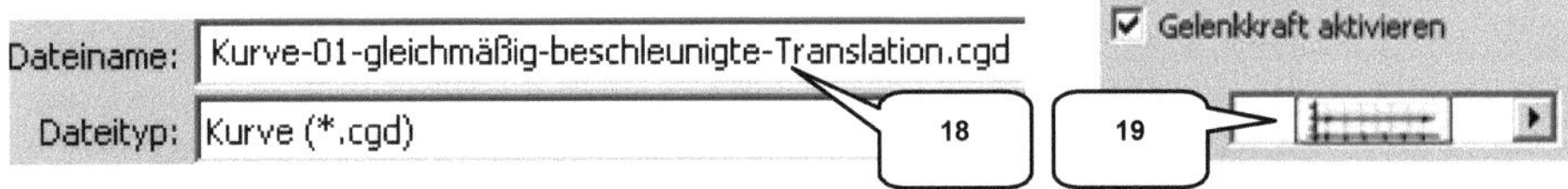

> Dateiname: Kurve-01-gleichmäßig-beschleunigte-Translation (18)
> Dateityp: *.cgd
> Speichern **Speichern**
> OK **OK** (Gelenkkraft)

Werden Kräfte oder Drehmomente über das Eingabediagramm definiert, so wird das Einga-
befenster (19) in den Gelenkeigenschaften grün dargestellt. So kann man in den Gelenkeigenschaften auf einen Blick erkennen, ob das Eingabediagramm bearbeitet wurde oder
nicht.

Die Gelenkeigenschaften können jetzt wieder geschlossen und die Baugruppe gespeichert
werden, um den neuen Antrieb in einer weiteren Simulation zu überprüfen.

>   <u>OK</u>   *OK* (Gelenkeigenschaften)

Speichern

7.25.3 Ausführen und Aufzeichnen der Simulation

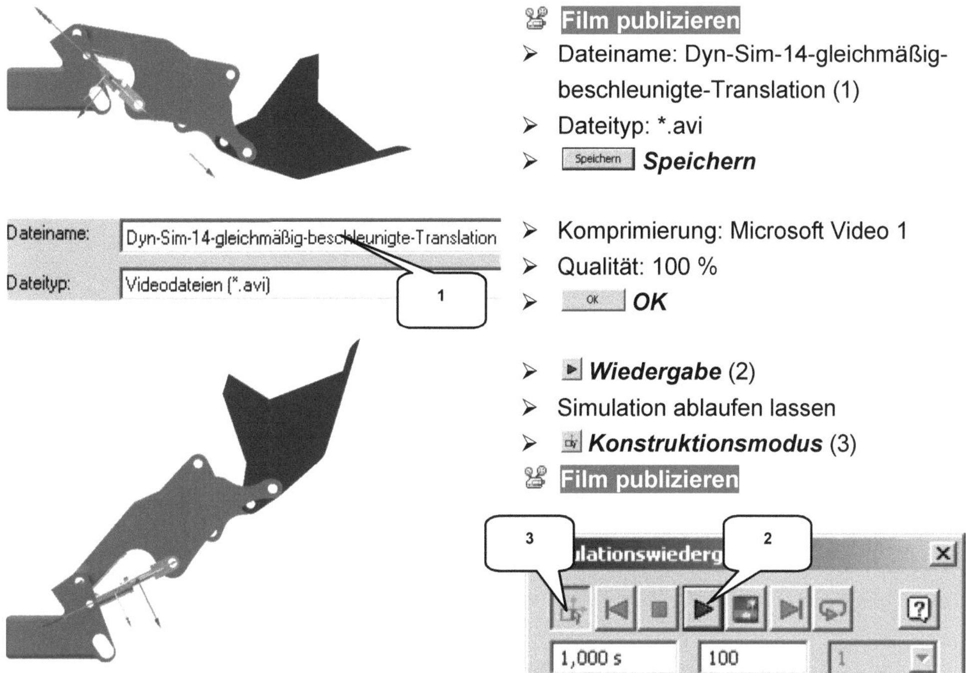

Film publizieren
> Dateiname: Dyn-Sim-14-gleichmäßig-
beschleunigte-Translation (1)
> Dateityp: *.avi
> Speichern *Speichern*

> Komprimierung: Microsoft Video 1
> Qualität: 100 %
> OK *OK*

> ▶ *Wiedergabe* (2)
> Simulation ablaufen lassen
> *Konstruktionsmodus* (3)
Film publizieren

Der Hubapparat sollte sich nach einiger Zeit langsam nach oben bewegen[23] und dann immer schneller werden, um letztendlich kräftig an der oberen Begrenzung des Drehgelenkes
anzuschlagen. Der gleichmäßig beschleunigte Bewegungsablauf ist deutlich zu erkennen.

---

[23] Sollte sich der Hubapparat in der Simulation nicht nach oben bewegen, müssten die Gelenkeigenschaften erneut
bearbeitet und der Endpunkt der Kraft (Y2) im Eingabediagramm auf (-)*300 N* (16) korrigiert (negiert) werden.

7.26 Ungleichmäßig beschleunigte Translation
7.26.1 Hubzylinder ungleichmäßig beschleunigen

Auch ungleichmäßig beschleunigte Antriebe können über das Eingabediagramm definiert werden, was in der folgenden Übung umzusetzen ist. Die vorhandene Kurvendefinition mit der aktuell gleichmäßig beschleunigten Bewegung soll gelöscht werden und ist durch eine ungleichmäßig beschleunigte Bewegung in Form einer harmonischen Sinuskurve zu ersetzen.

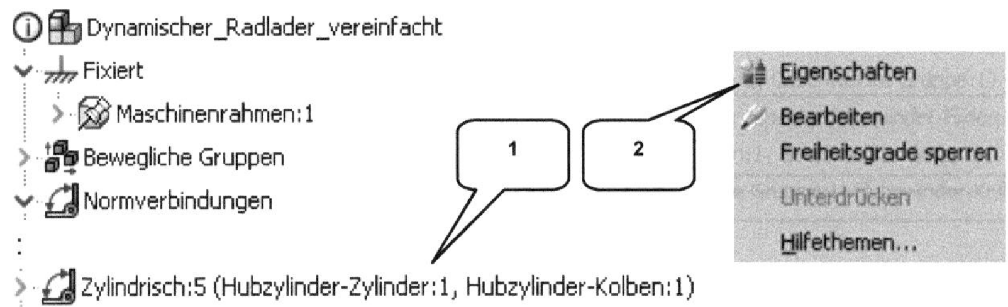

> **Rechte Maustaste** auf zylindrische Gelenkverbindung der Bauteile
> **Hubzylinder-Zylinder:1, Hubzylinder-Kolben:1** (1)
> **Eigenschaften** (2)

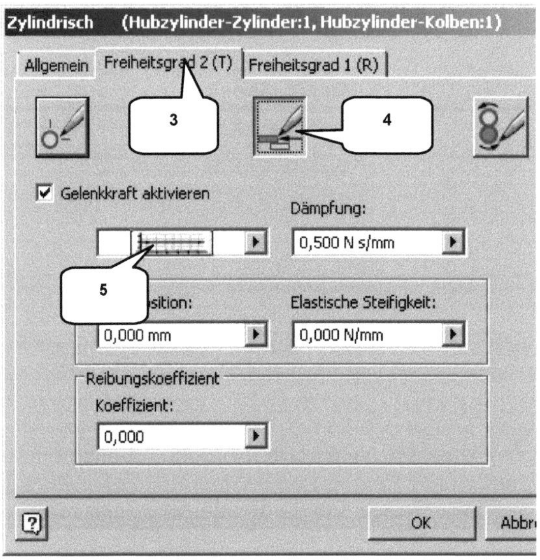

> Register **Freiheitsgrad (T)** (3)
> Gelenkkraft bearbeiten (4)
> Eingabediagramm (5)

Sobald das Eingabediagramm geöffnet wurde, sollten die aktuellen Einstellungen vorab gelöscht werden.

Hierfür bietet das Programm eine einfache Lösung: die Option **Kurvendefinition löschen**.

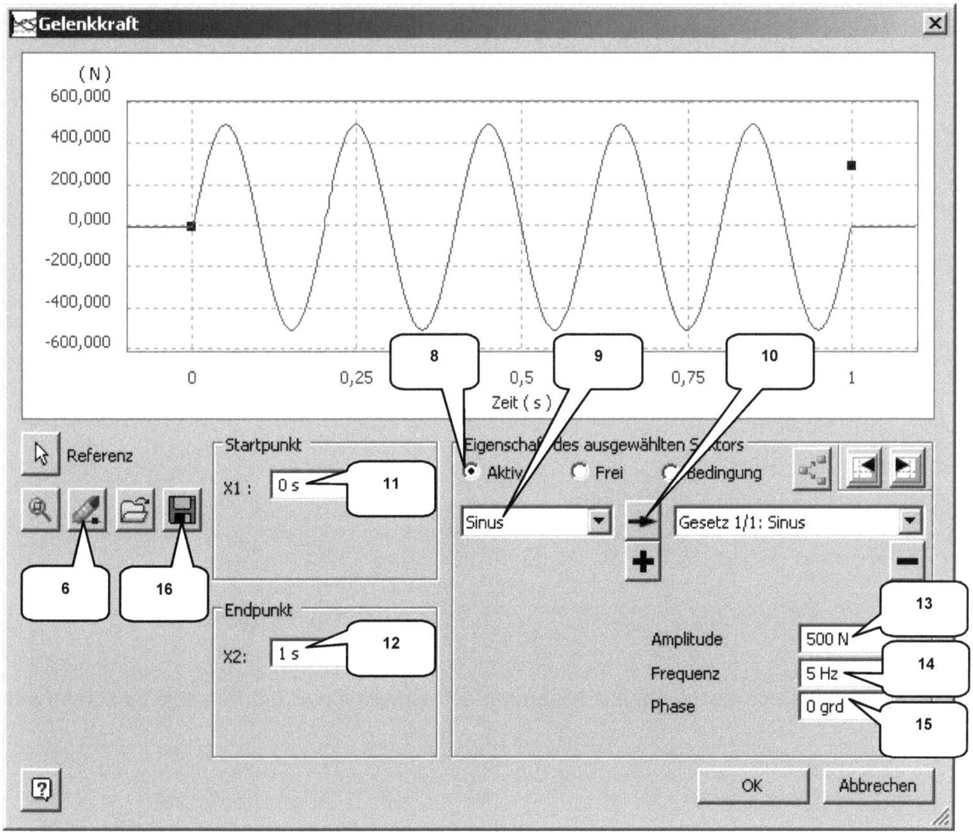

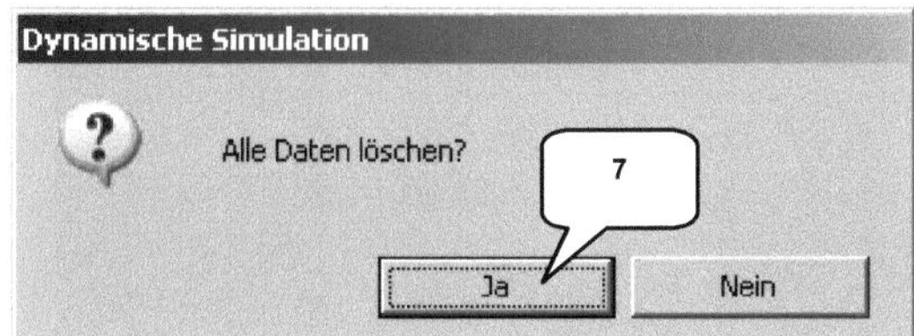

> ✎ ***Kurvendefinition löschen*** (6)

Das Programm fordert zur Sicherheit eine Bestätigung.

> [Ja] ***Ja*** (7)

Das Diagramm wird jetzt in den Ausgangszustand zurückgesetzt und die neuen Einstellungen können vorgenommen werden.

➤ Sektor: Aktiv (8)

➤ Gesetz: Sinus (9)

➤ Aktuelles Gesetz ersetzen (10)

➤ Startzeit X1: 0 s (11)

➤ Endzeit X2: 1 s (12)

➤ Amplitude: 500 N (13)

➤ Frequenz: 5 Hz (14)

➤ Phase: 0 ° (15)

➤ Kurve speichern (16)

➤ Dateiname: Kurve-02-ungleichmäßig-beschleunigte-Translation (17)

➤ Dateityp: *.cgd

➤ [Speichern] *Speichern*

➤ [OK] *OK* (Gelenkkraft)

➤ [OK] *OK* (Gelenkeigenschaften)

🖫 Speichern

7.26.2 Ausführen und Aufzeichnen der Simulation

Die ungleichmäßig beschleunigte Bewegung soll simuliert und als Video gespeichert werden.

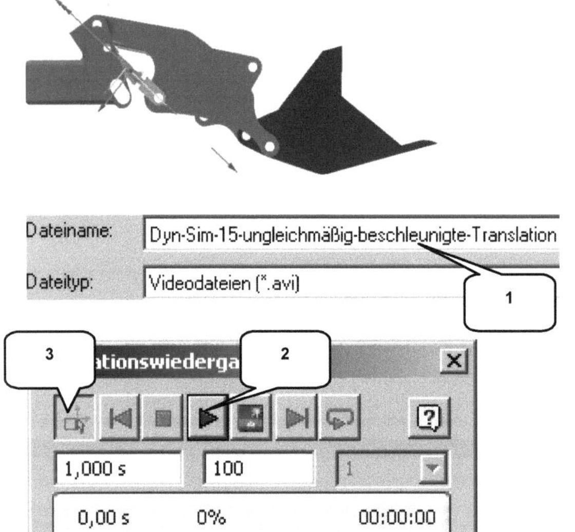

🎥 Film publizieren

➤ Dateiname: Dyn-Sim-15-ungleichmäßig-beschleunigte-Translation (1)

➤ Dateityp: *.avi

➤ [Speichern] *Speichern*

➤ Komprimierung: Microsoft Video 1

➤ Qualität: 100 %

➤ [OK] *OK*

➤ ▶ *Wiedergabe* (2)

➤ Simulation ablaufen lassen

➤ 🎞 *Konstruktionsmodus* (3)

🎥 Film publizieren

7.26.3 Öffnen der Einstellungen der gleichmäßig beschleunigten Translation

Der ungleichmäßig beschleunigte Antrieb des ersten Hubzylinders muss zuerst wieder durch einen gleichmäßig beschleunigten Antrieb ersetzt werden, wofür die Eigenschaften der zylindrischen Gelenkverbindung zu bearbeiten sind.

> **Rechte Maustaste** auf zylindrische Gelenkverbindung der Bauteile
> **Hubzylinder-Zylinder:1, Hubzylinder-Kolben:1** (1)
> **Eigenschaften** (2)

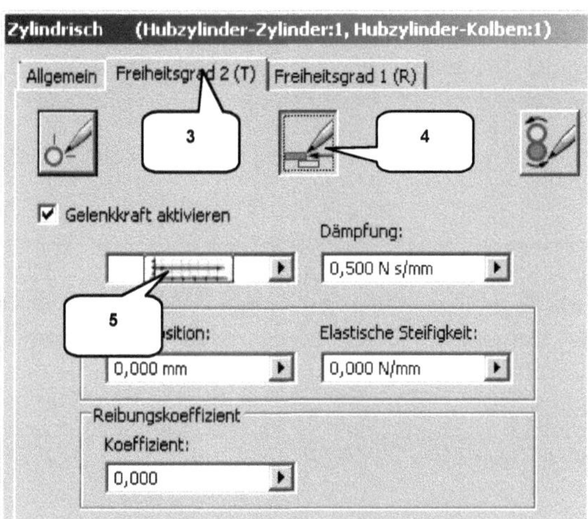

Wechseln Sie in das Register des translatorischen Freiheitsgrades und aktivieren Sie das Eingabediagramm der Gelenkkraft.

> Register **Freiheitsgrad (T)** (3)
> Gelenkkraft bearbeiten (4)
> Eingabediagramm (5)

Die aktuellen Eingabewerte sind wieder zu löschen.

> **Kurvendefinition löschen** (6)

Das Programm fordert zur Sicherheit eine Bestätigung.

> **Ja** (7)

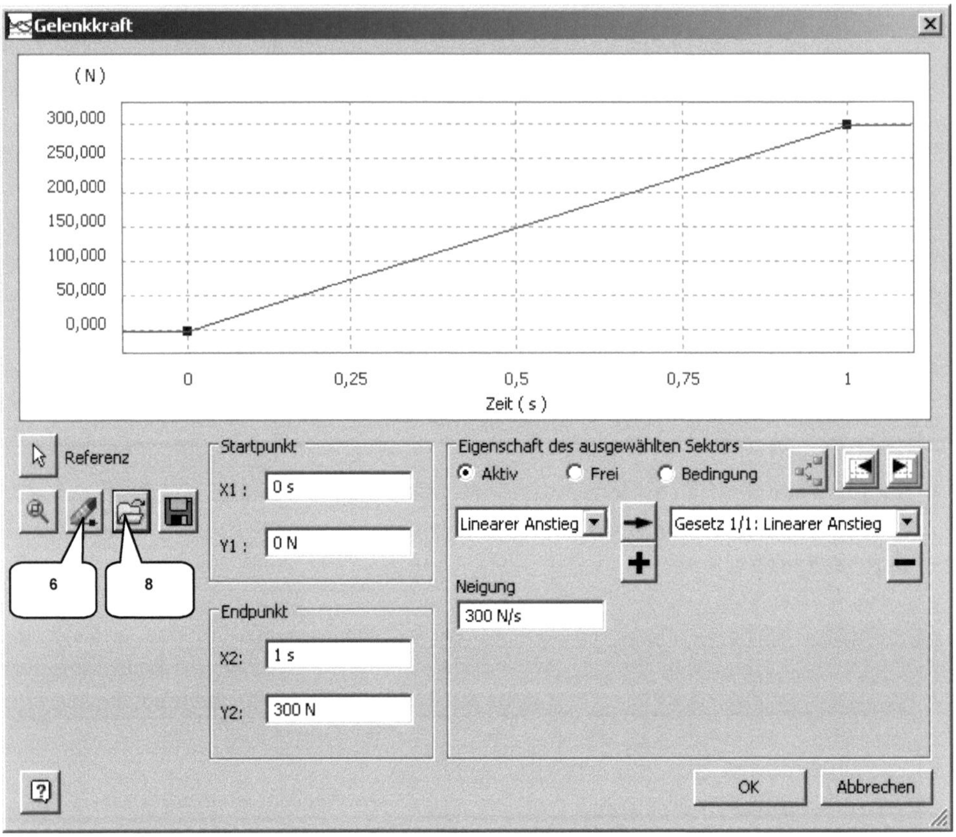

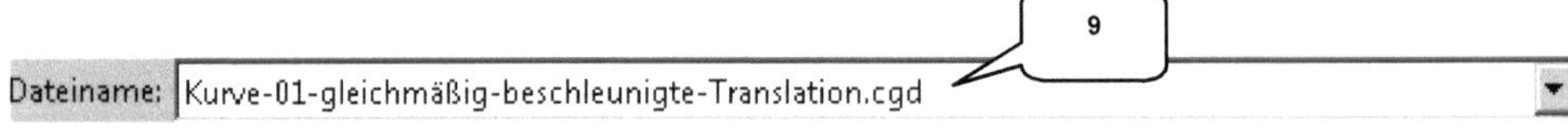

Sobald das Eingabediagramm bereinigt wurde, können über den Befehl *Öffnen* die in einer vorherigen Übung bereits gespeicherten Eingabewerte der gleichmäßig beschleunigten Translation importiert werden.

> ⌂ *Öffnen* (8)
> Pfad zum Projektordner wählen
> Dateiname: Kurve-01-gleichmäßig-beschleunigte-Translation (9)
> Dateityp: *.cgd
> [Öffnen] *Öffnen*
> [OK] *OK* (Gelenkkraft)
> [OK] *OK* (Gelenkeigenschaften)

7.27 Ausgabediagramm
7.27.1 Grundlagen: Ausgabediagramm

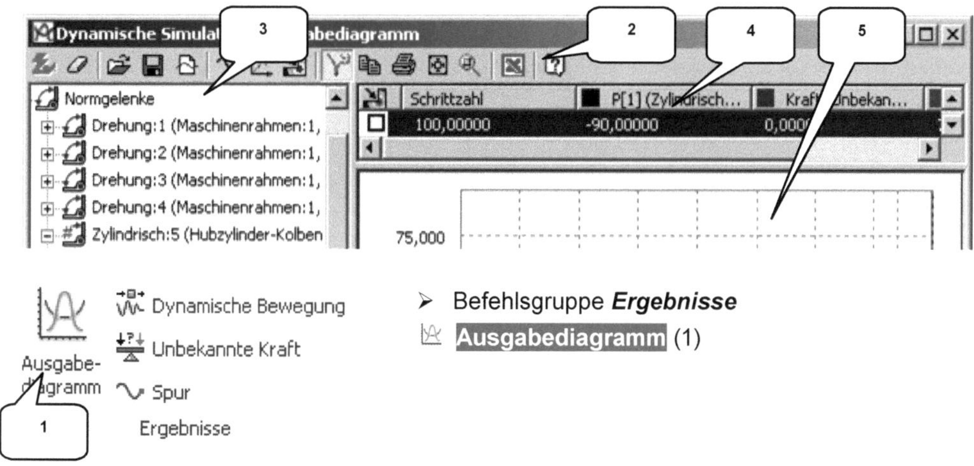

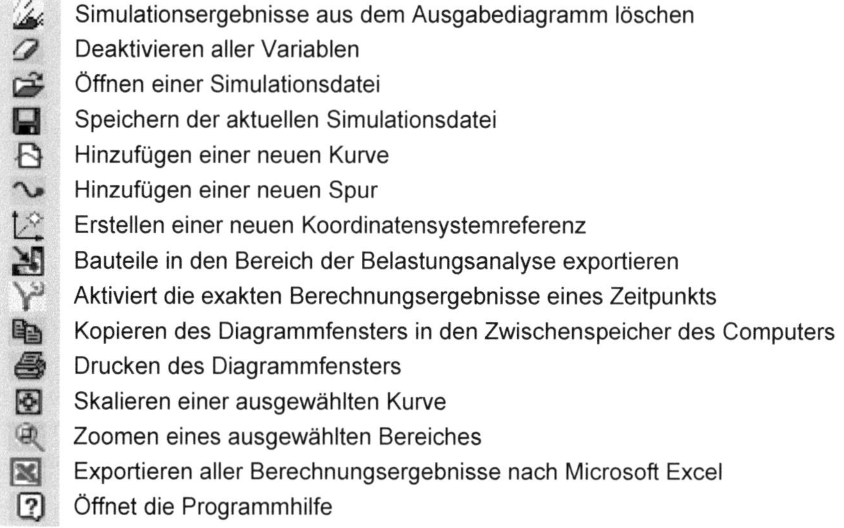

Das **Ausgabediagramm** enthält alle Berechnungsergebnisse einer Simulation und stellt diese tabellarisch sowie grafisch dar. Es beinhaltet eine **Werkzeugleiste** (2), den **Browser** (3), die **Zeitschritte** (4) und das **Diagrammfenster** (5) und die folgenden **Befehle**:

	Simulationsergebnisse aus dem Ausgabediagramm löschen
	Deaktivieren aller Variablen
	Öffnen einer Simulationsdatei
	Speichern der aktuellen Simulationsdatei
	Hinzufügen einer neuen Kurve
	Hinzufügen einer neuen Spur
	Erstellen einer neuen Koordinatensystemreferenz
	Bauteile in den Bereich der Belastungsanalyse exportieren
	Aktiviert die exakten Berechnungsergebnisse eines Zeitpunkts
	Kopieren des Diagrammfensters in den Zwischenspeicher des Computers
	Drucken des Diagrammfensters
	Skalieren einer ausgewählten Kurve
	Zoomen eines ausgewählten Bereiches
	Exportieren aller Berechnungsergebnisse nach Microsoft Excel
	Öffnet die Programmhilfe

Im **Browser** des Ausgabediagramms findet man die bereits bekannten Ordner **Norm-** und **Kraftgelenke**, den Ordner **Benutzervariablen**, den Ordner **Referenzrahmen** (wenn eigene Koordinaten definiert wurden) und die Ordner **Spuren** sowie **Exportieren nach FEM**.

Der Ordner **Exportieren nach FEM** listet alle Bauteile und Zeitschritte auf, welche für einen Export in den Bereich der Belastungsanalyse bereits vorbereitet wurden. Im Bereich auf der rechten Seite werden alle dargestellten Variablen tabellarisch aufgelistet (derzeit sollte lediglich die Spalte **Zeit** darin zu finden sein). Durch einen Klick auf den Button **Gesamte Auswahl aufheben** (6) kann alles wieder zurückgesetzt werden.

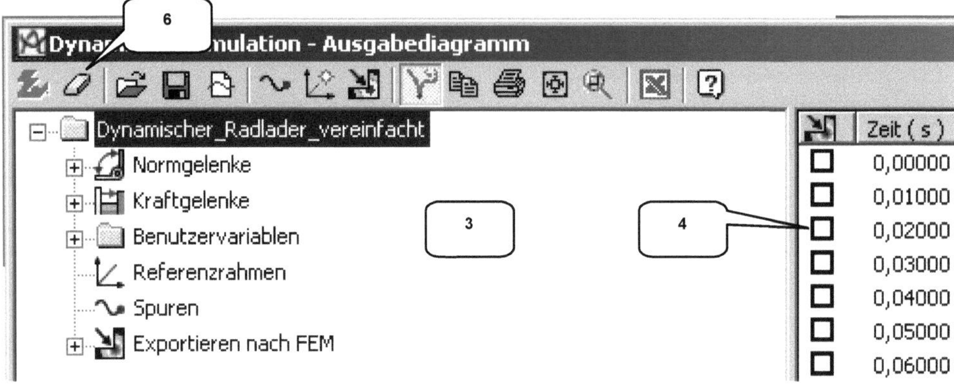

7.27.2 Kraft im zweiten Hubrahmen ermitteln

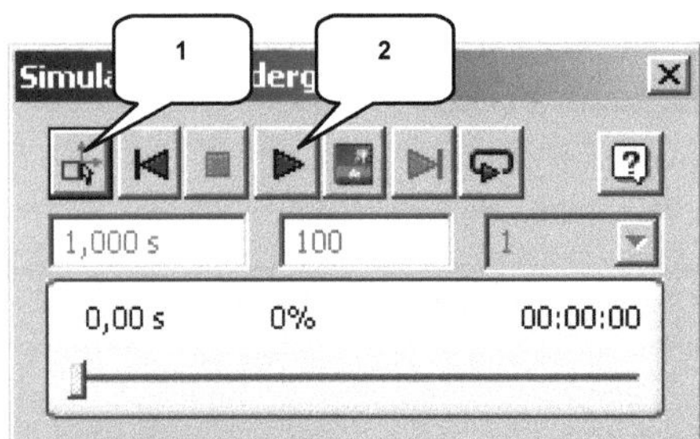

Die Simulation sollte jetzt noch einmal wiederholt werden, wobei das Ausgabediagramm geöffnet bleiben muss. Nach der Simulation darf diesmal nicht wieder in den **Konstruktionsmodus** zurückgekehrt werden!

> **Konstruktionsmodus** (1)
> **Wiedergabe** (2)

Weil der zweite Hubrahmen des Radladers später in den Bereich der Belastungsanalyse überführt werden soll, müssen vorab einige Randbedingungen geklärt werden. Z. B. muss ein Simulationszeitpunkt ermittelt werden, an dem besonders hohe Belastungen zu erwarten sind. Zur Bestimmung dieses Zeitpunkts wäre es sinnvoll, die Belastungen in den Gelenken des zweiten Hubrahmens zu betrachten.

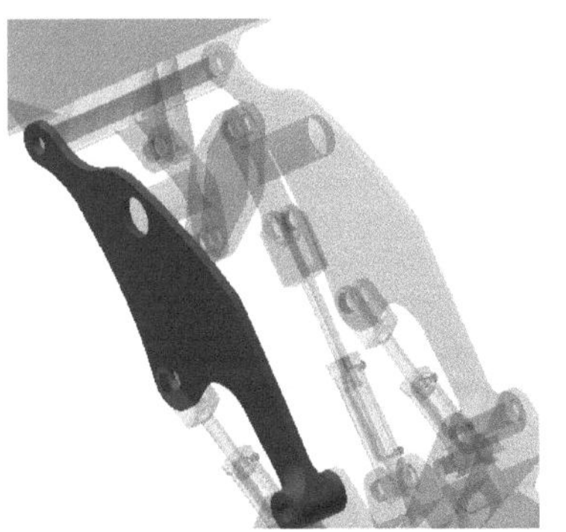

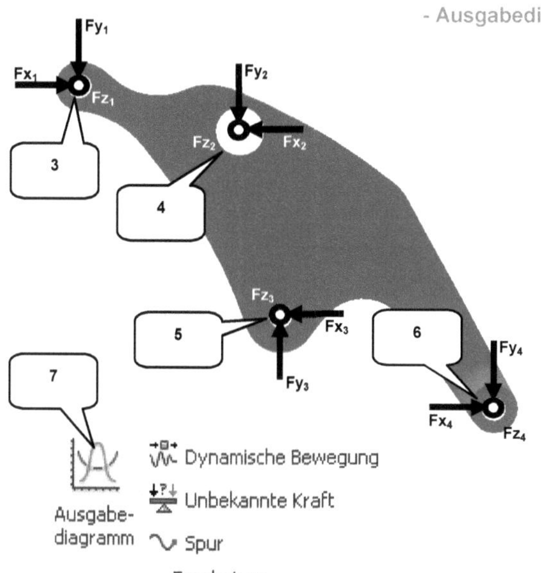

Zur Bestimmung des richtigen Zeitpunkts für die Belastungsanalyse kommen grundsätzlich vier Gelenkverbindungen infrage: das Drehgelenk zwischen Schaufel und Hubrahmen (3), das Drehgelenk zwischen Kipphebel und Hubrahmen (4), das Drehgelenk zwischen Hubzylinder-Kolben und Hubrahmen (5) und das Drehgelenk zwischen Hubrahmen und Maschinengehäuse (6).

Öffnen Sie das **Ausgabediagramm**, um die folgenden Änderungen durchzuführen.

➢ Befehlsgruppe *Ergebnisse*
 Ausgabediagramm (7)

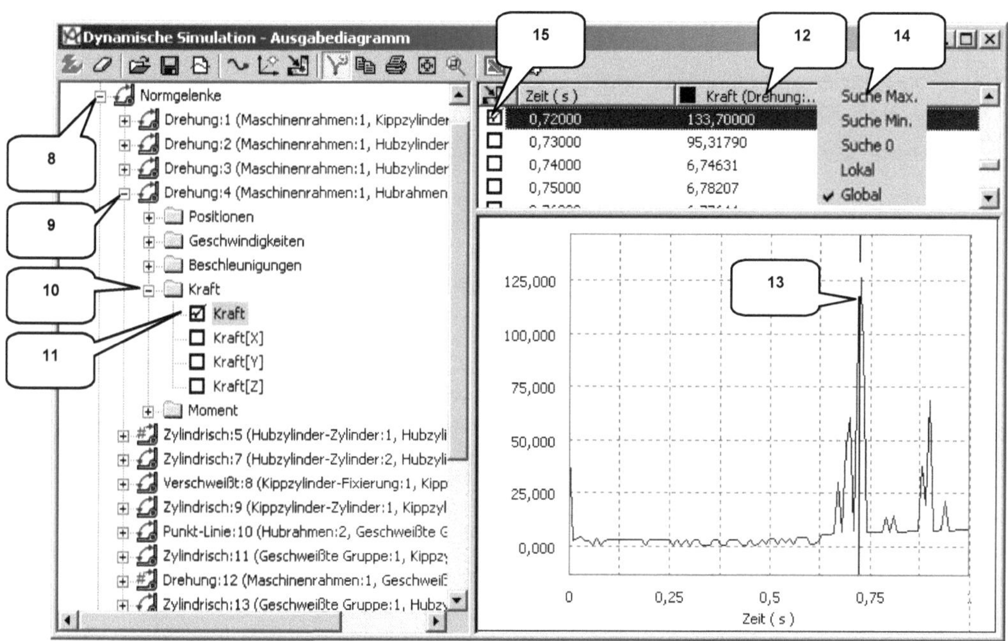

Erweitert man den Ordner **Normgelenke** im Befehlsfenster, müsste im Drehgelenk **Maschinenrahmen:1, Hubrahmen:2** im Ordner **Kraft** die kombinierte **Kraft** bereits aktiviert worden sein.

> Ordner **Normgelenke** erweitern (8)
> **Drehgelenk** der Bauteile **Maschinenrahmen** und **Hubrahmen:2** erweitern (9)
> Ordner **Kraft** erweitern (10)
> Aktivieren: **Kraft** (11)

In der tabellarischen Darstellung des Diagramms wird jetzt eine weitere Spalte **Kraft** (12) angezeigt. Sie spiegelt den Kraftverlauf des Drehgelenkes über den gesamten Simulationszeitraum wider. Betrachtet man das Diagramm etwas genauer, so ist darin zu sehen, dass diese Kraft auf Position (13) ihren Maximalwert zu erreichen scheint. Klickt man jetzt mit der linken Maustaste per Doppelklick darauf, so erscheint eine vertikale schwarze Linie. Außerdem wird die entsprechende Zeile in der darüberliegenden Tabelle markiert. Ob man mit dieser Vorgehensweise tatsächlich den maximalen Wert der Kraft dieses Gelenkes ermitteln kann, ist allerdings fraglich. Eine präzise Auskunft darüber kann lediglich mit der Suchfunktion erfolgen.

> **Rechte Maustaste** auf die Überschrift der Spalte **Kraft** (12)
> Suche Max. (14)

Das Programm ermittelt das Maximum dieser Spalte und aktiviert die entsprechende Zeile. Der **maximale Kraftaufwand**[24] dieses Gelenkes könnte in etwa bei **133 N** liegen und zum Zeitpunkt von etwa **0,72 s** stattfinden (<u>Kraft und Zeitpunkt können abweichen!</u>).

7.27.3 Ergebnisse speichern und exportieren

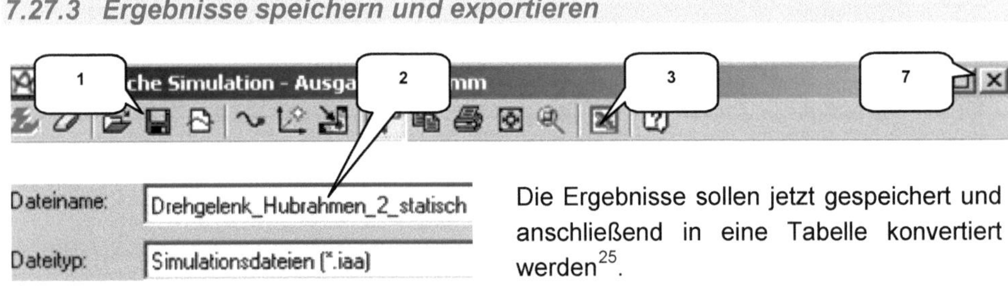

Die Ergebnisse sollen jetzt gespeichert und anschließend in eine Tabelle konvertiert werden[25].

---

[24] In der Praxis sollten Sie stets verschiedene Maximalwerte von Kräften und Drehmomenten in unterschiedlichen Gelenkverbindungen ermitteln, um Vergleichswerte zu schaffen. Die Untersuchung eines einzelnen Wertes ist selten aussagekräftig genug, um auch realistische Werte für auftretende Spannungen in einem Bauteil ermitteln zu können.

[25] Einige der Befehle im Programm erfordern eine vollständig installierte Version von Microsoft® Excel. So z. B. die Gewindefunktion im Programm oder auch die hier angesprochene Möglichkeit, Berechnungsergebnisse aus dem Bereich der Dynamischen Simulation in eine Tabelle zu exportieren. Sollte kein Microsoft® Excel vorhanden sein, muss dieser Schritt übersprungen werden.

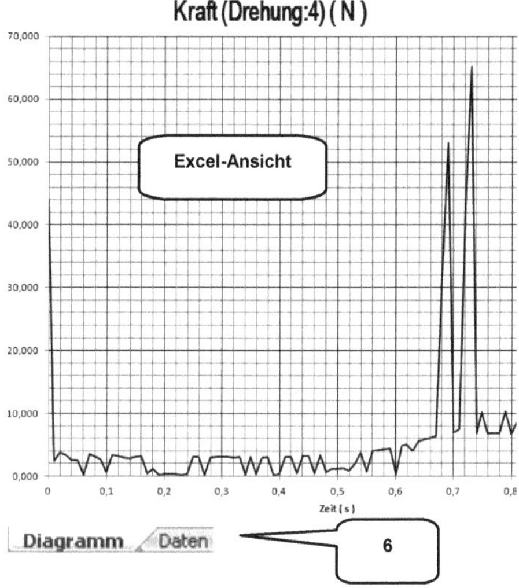

> ***Simulation speichern*** (1)
> Dateiname:
> Drehgelenk_Hubrahmen_2_statisch (2)
> Dateityp: *.iaa
> ⬛ Speichern ***Speichern***

> ***Daten nach Excel exportieren*** (3)
> Möchten Sie die ausgewählte Kurve in Excel exportieren?: ⬛ Ja ***Ja***
> Speicherung ... pro Schritt: *1* Schritt (4)
> ⬛ OK ***OK***

In Excel findet man einen Reiter ***Diagramm*** mit dem Kurvenverlauf und einen Reiter ***Daten*** (6) mit den Berechnungsergebnissen. Speichern und schließen Sie Excel und auch das Ausgabediagramm.

⬛ Speichern (Excel) (5)
> Dateiname:
> Drehgelenk_Hubrahmen_2_statisch (6)
> Dateityp: Excel-Arbeitsmappe
> ⬛ Speichern ***Speichern***

✖ Schließen (Microsoft® Excel)
> ***Ausgabediagramm schließen***
> ⬛ ***Konstruktionsmodus***
⬛ Speichern (Inventor)

7.28 Externe Kräfte
7.28.1 Grundlagen: Kraft und Drehmoment

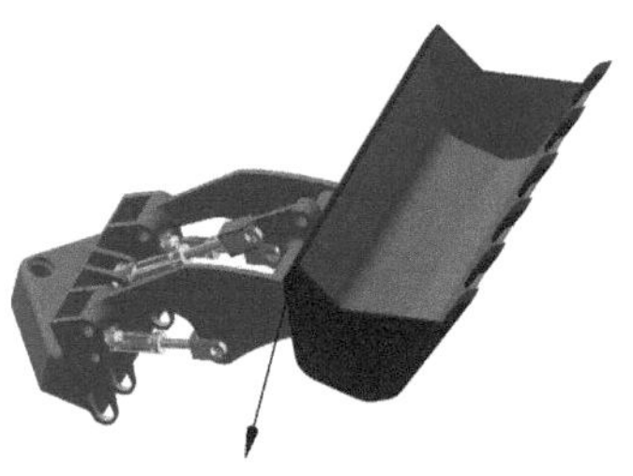

Um das Verhalten eines Mechanismus unter Einwirkung einer zusätzlichen Last zu untersuchen, können externe **Kräfte** beaufschlagt werden, deren Wirkrichtung entlang vorhandener Kanten, lotrecht zu Flächen oder Ebenen oder durch Richtungsvektoren definiert werden kann.

7.28.2 Externe Kräfte definieren

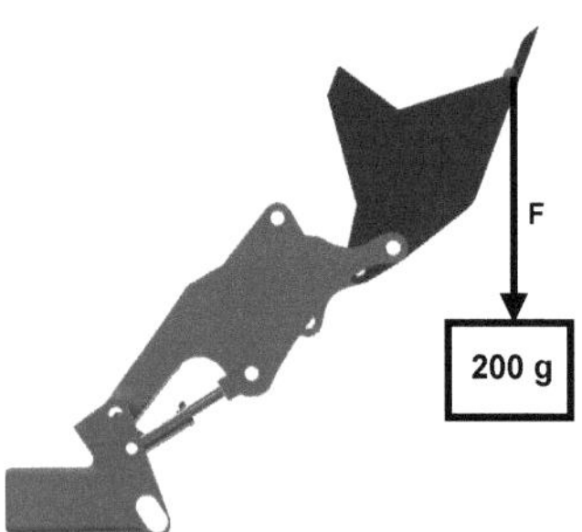

In der folgenden Übung soll eine in Richtung der Schwerkraft wirkende Kraft simuliert werden, die an der Schaufel angreift. Sie könnte z. B. durch ein Gewicht hervorgerufen werden, das mit der Schaufel durch ein Stahlseil verbunden wurde.

> Befehlsgruppe **Laden**
> Kraft (1)

Zuerst ist die Position zu bestimmen an der die Kraft angreifen soll, wofür die markierte Ecke an der Schaufel auszuwählen ist. Anschließend sind Größe und Wirrichtung der Kraft und zu definieren. Es soll ein Gewicht von 0,2 Kg simuliert werden was frei an einem Seil hängt. Die Kraft (ca. 2 N) wirkt in Richtung der Schwerkraft, also in negativer Y-Richtung des Koordinatensystems.

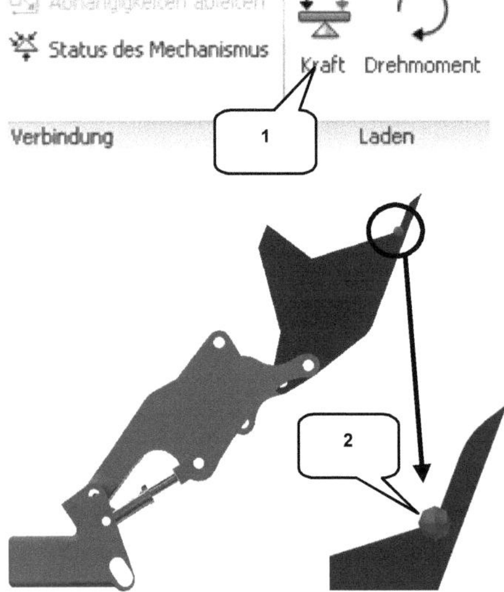

> Position: Ecke der Schaufel wählen (2)
> Feste Belastungsrichtung (3)
> Befehlsfenster >> erweitern (4)
> Vektorkomponenten verwenden (5)

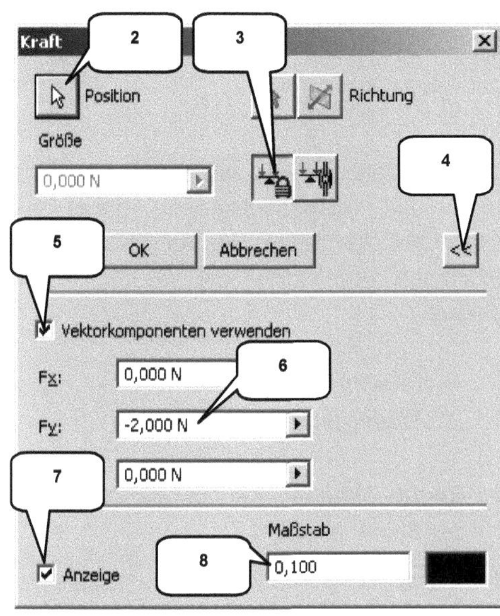

- F_Y: -2 N (6)
- Aktivieren: Anzeige (7)
- Maßstab: 0,1 (8)
- ⎐ OK ⎐ *OK*

Die zusätzliche Kraft, wird im Browser anschließend im Ordner ***externe Belastungen*** dargestellt (9). Speichern Sie die Baugruppe und führen Sie eine weitere Simulation durch.

🖫 **Speichern**

7.28.3 Ausführen und Aufzeichnen der Simulation

🎞 **Film publizieren**
- Dateiname:
  Dyn-Sim-16-externe-Kraft (1)
- Dateityp: *.avi
- ⎐ Speichern ⎐ *Speichern*

- Komprimierung: Microsoft Video 1
- Qualität: 100 %
- ⎐ OK ⎐ *OK*

- ▶ *Wiedergabe* (2)
- Simulation ablaufen lassen
- ⎐ *Konstruktionsmodus* (3)

🎞 **Film publizieren**

Dem Hubapparat sollte es jetzt wesentlich schwerer fallen nach oben zu fahren: die zusätzliche Kraft zeigt also ihre Wirkung. Weitere Betrachtungen sind im Ausgabediagramm durchzuführen.

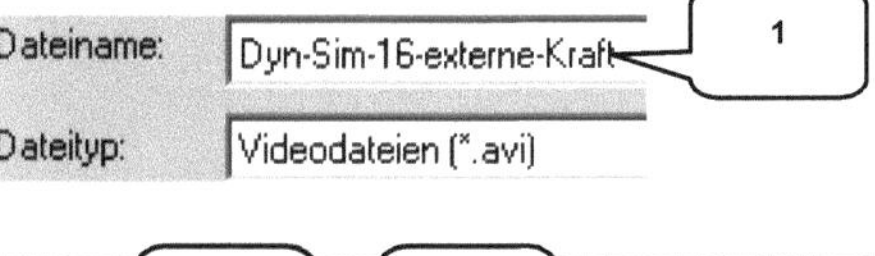

7.28.4 Kraft im Hubrahmen unter zusätzlicher Last ermitteln

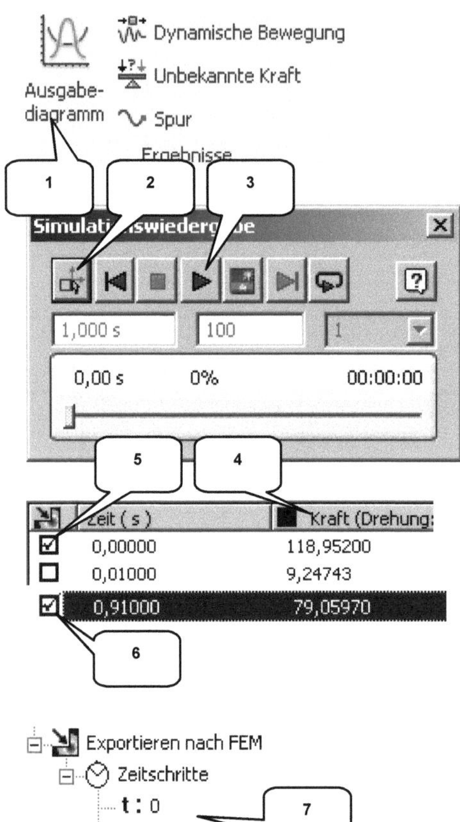

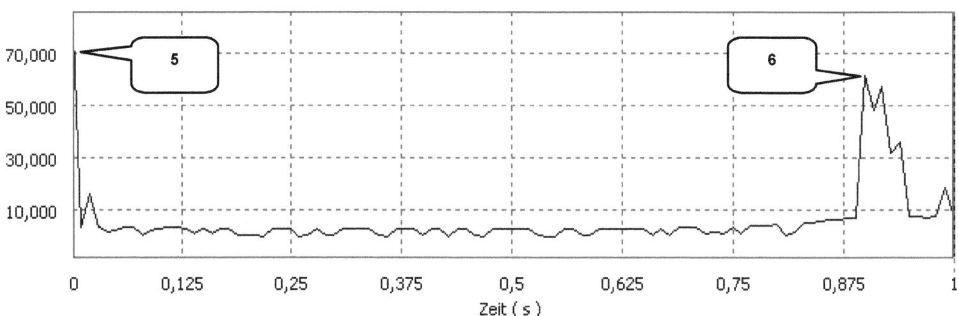

Ausgabediagramm (1)

Die Simulation muss wiederholt werden, ohne das Ausgabediagramm dabei zu schließen. Aktivieren Sie den Konstruktionsmodus und starten Sie die Simulation erneut.

> *Konstruktionsmodus* (2)
> *Wiedergabe* (3)

> *Rechte Maustaste* auf die Überschrift der Spalte *Kraft* (4)
> Suche Max.

Der Maximalwert der Kraft in diesem Gelenk liegt zum Zeitpunkt *t = 0 s* bei ca. *119 N*. Einen ebenfalls hohen Wert von in etwa *79 N* findet man bei *t = 0,91 s*. Beide Zeitschritte sollten zusätzlich im Zeitschrittfenster markiert werden (5, 6). Das Ausgabediagramm kann jetzt geschlossen und die Baugruppe gespeichert werden.

> *Ausgabediagramm schließen*
> *Konstruktionsmodus*
> **Speichern**

7.29 Spuren
7.29.1 Grundlagen: Spur

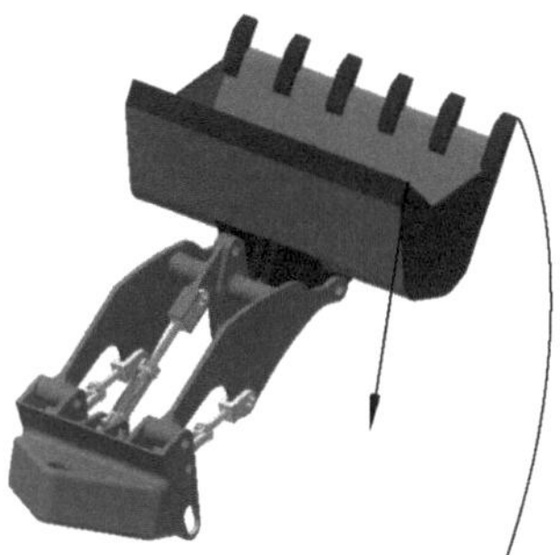

Spuren spiegeln Bewegungsbahnen von Bauteilen wider und können diese auch in 2D-Skizzen exportieren. Die Darstellung der kinematischen Werte kann dabei entweder vektoriell oder als Kurvenverlauf erfolgen. Der abgeleitete Bewegungspfad (Spur) entspricht der Anordnung vieler Positionspunkte des Referenzbauteils während des Simulationsverlaufes. Die als 2D-Skizze abgeleitete Spur kann anschließend einem beliebigen Bauteil der Baugruppe zugeordnet und darin integriert werden.

7.29.2 Spur einfügen

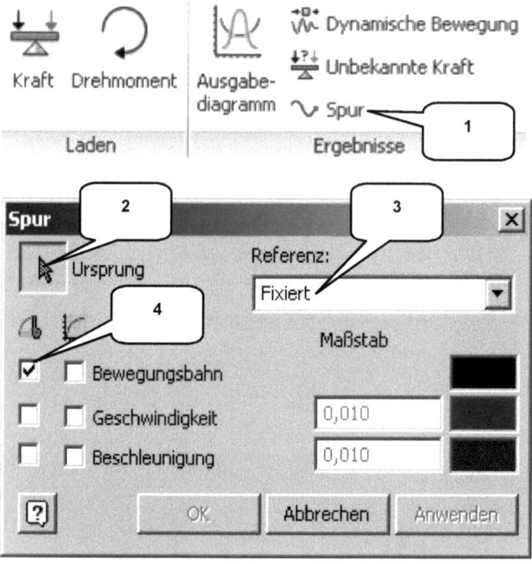

> Befehlsgruppe **Ergebnisse**
> Spur (1)

Die Bewegungsbahn eines Punktes an der Schaufel soll während der Simulation abgeleitet werden, wofür ein Eckpunkt der Schaufel zu wählen ist.

> Ursprung: Ecke Schaufel (2)
> Referenz: Fixiert (3)
> Aktivieren: Bewegungsbahn (4)
> OK *OK*

Um die Bewegungsbahn aufzeichnen zu können muss erneut simuliert werden.

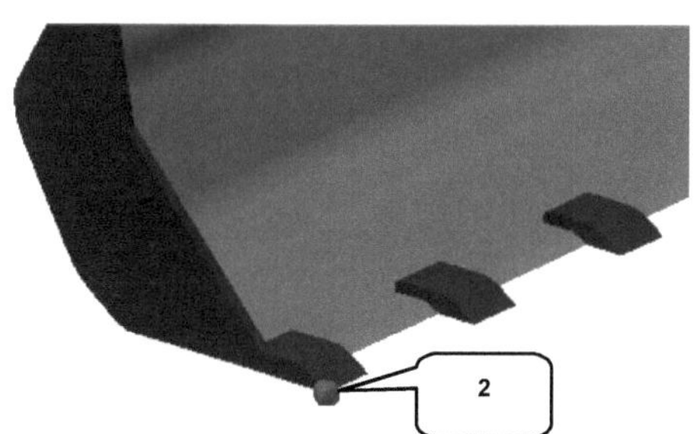

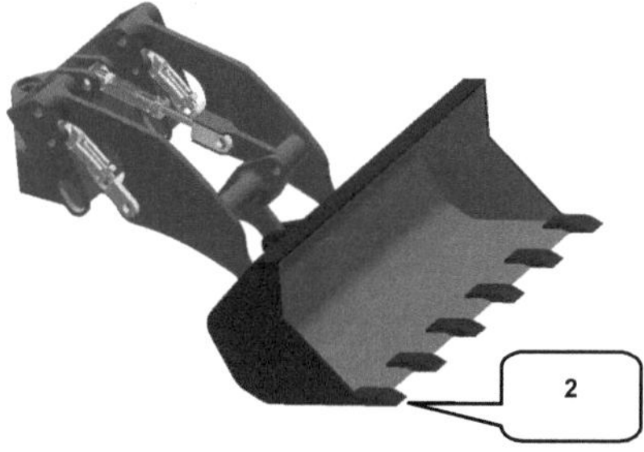

7.29.3 Ausführen und Aufzeichnen der Simulation

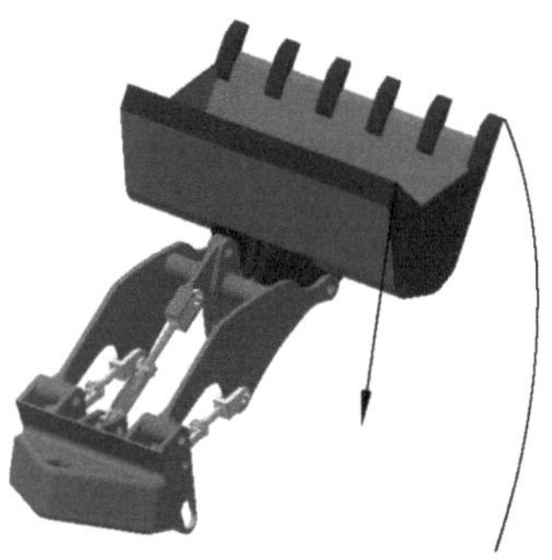

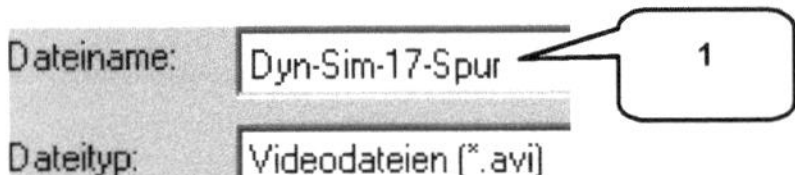

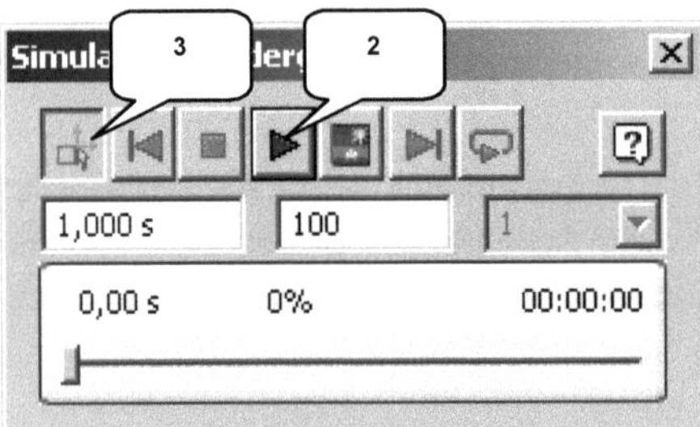

♟ **Film publizieren**
- ➢ Dateiname: Dyn-Sim-17-Spur (1)
- ➢ Dateityp: *.avi
- ➢ Speichern *Speichern*

- ➢ Komprimierung: Microsoft Video 1
- ➢ Qualität: 100 %
- ➢ OK *OK*

- ➢ ▶ *Wiedergabe* (2)
- ➢ Simulation ablaufen lassen
- ➢ *Konstruktionsmodus* (3)

♟ **Film publizieren**

Der Hubapparat führt den bereits bekannten Bewegungsablauf durch und das Programm zeichnet dabei den Pfad des Referenzpunkts an der Schaufel auf (4).

Dieser Pfad soll jetzt in eine Skizze exportiert werden, die in ein weiteres Bauteil zu integrieren ist. Hierfür soll das Ausgabediagramm wieder geöffnet werden.

Speichern Sie die Baugruppe zuvor.

💾 **Speichern**

7.29.4 Spuren als Skizze in andere Bauteile exportieren

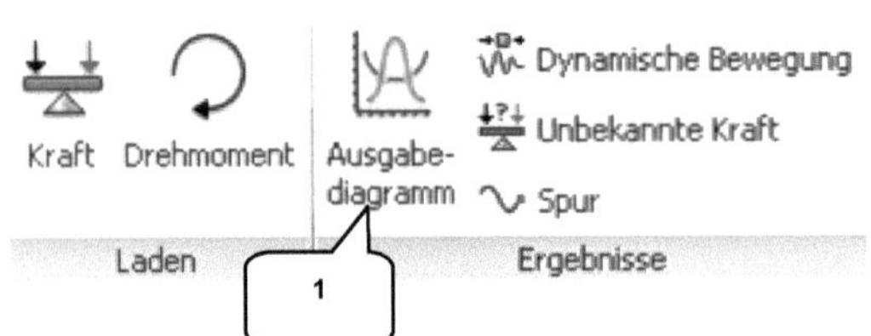

Ausgabediagramm (1)

- ➢ ▶ *Wiedergabe*

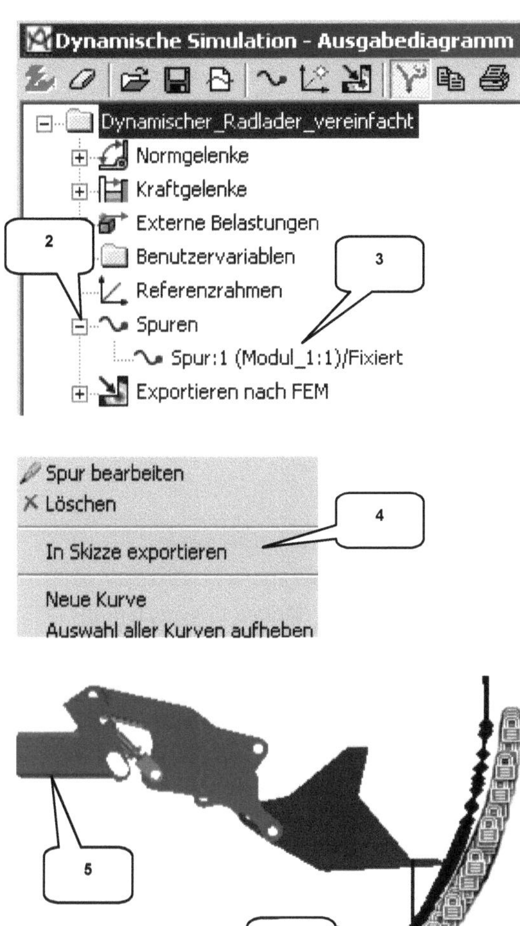

Erweitert man im Browser den Ordner **Spuren** (2) so findet man darin die zuletzt erstellte **Spur:1** (3). Der Klick mit der rechten Maustaste darauf öffnet das Kontextmenu, worin die Option **In Skizze exportieren** zu aktivieren ist.

➢ **Rechte Maustaste** auf **Spur:1** (3)
➢ **In Skizze exportieren** (4)

Das Programm erwartet nun die Auswahl eines in der Baugruppe enthaltenen Bauteils, in welches die Skizze mit der Bewegungsbahn (spur) integriert werden soll. Verwenden Sie dafür das Bauteil **Maschinenrahmen**.

➢ **Maschinenrahmen** anklicken (5)

Nach einer kurzen Berechnungszeit erstellt das Programm die neue Skizze im Maschinenrahmen. Öffnet man das Bauteil, so kann die neue Skizze darin bearbeitet werden.

Betrachtet man die Bewegungsbahn etwas genauer, so ist zu erkennen, dass sie aus einzelnen fixierten Punkten besteht. Sie entsprechen der jeweiligen Position des Spur-Punktes zum zugehörigen Zeitschritt. Die einzelnen Punkte werden durch Splines miteinander verbunden.

Das Bauteil **Maschinenrahmen.ipt** kann jetzt wieder **geschlossen** werden aber die Baugruppe **Dynamischer _Radlader_vereinfacht.iam** muss weiterhin geöffnet bleiben.

7.30 Bauteile für eine Belastungsanalyse vorbereiten
7.30.1 Bauteil und lasttragende Flächen auswählen

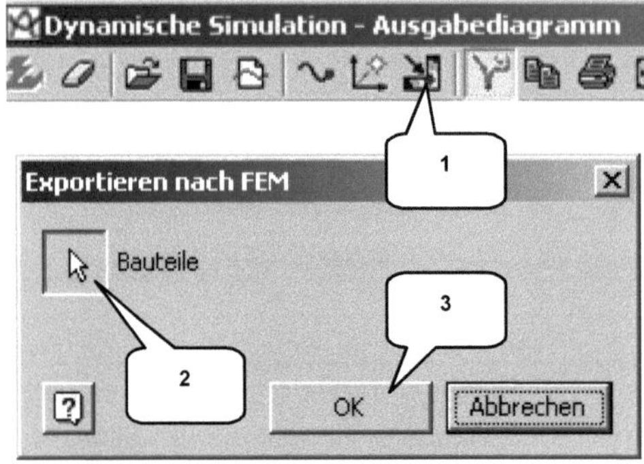

Nachdem die zu analysierenden Zeitpunkte bereits festgelegt wurden, muss das Bauteil noch definiert werden, das später im Bereich der Belastungsanalyse analysiert werden soll. Der dafür benötigte Befehl ⬆ *Exportieren nach FEM* kann direkt aus dem Ausgabediagramm heraus geöffnet werden.

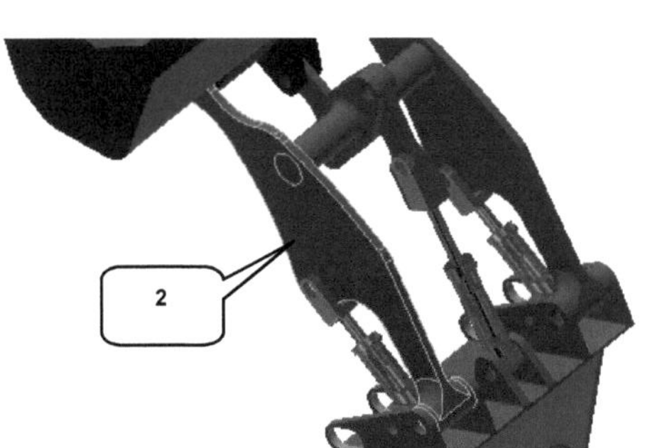

> ⬆ *In FEM exportieren* (1)
> Bauteil: Hubrahmen:2 anklicken (2)
> ⬜ OK *OK* (Modell überbestimmt)
> ⬜ OK *OK* (3)

Das Programm erwartet jetzt die Auswahl der lasttragenden Flächen, womit die Flächen der bestehenden Gelenkverbindungen gemeint sind mit denen der Hubrahmen an den angrenzenden Bauteilen befestigt wurde.

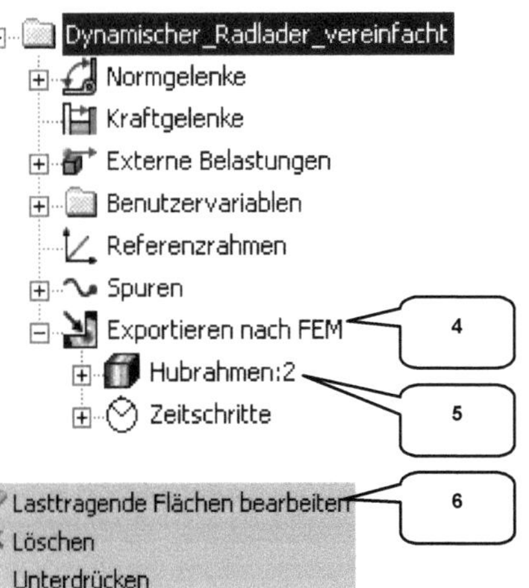

HINWEIS: Sollte das Fenster *Auswahl lasttragender Flächen für FEM* nicht automatisch geöffnet werden, so kann es alternativ auch manuell gestartet werden. Hierfür ist im Browser des *Ausgabediagramms* der Ordner *Exportieren nach FEM* (4) zu erweitern, dann mit *rechter Maustaste* auf das darin enthaltene Bauteil *Hubrahmen:2* (5) zu klicken und im Kontextmenü die Option *Lasttragende Flächen bearbeiten* (6) zu starten.

Die einzelnen Gelenkverbindungen des Hubrahmens zu den angrenzenden Bauteilen sollten jetzt nacheinander überprüft und gegebenenfalls korrigiert werden. Hierfür sind die jeweiligen Gelenke im Befehlsfenster auszuwählen und den geometrischen Elementen zuzuweisen.

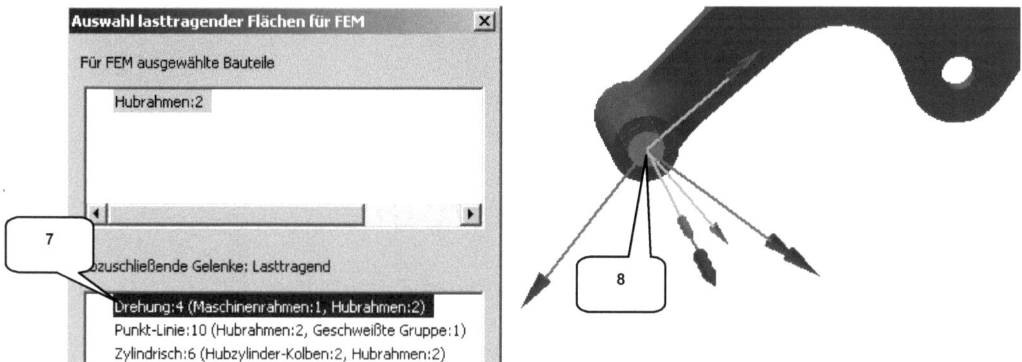

> Aktivieren: Drehgelenk *Maschinenrahmen:1, Hubrahmen:2* (7)
> Auswahl: Markierte Bohrungsfläche am Hubrahmen (8)

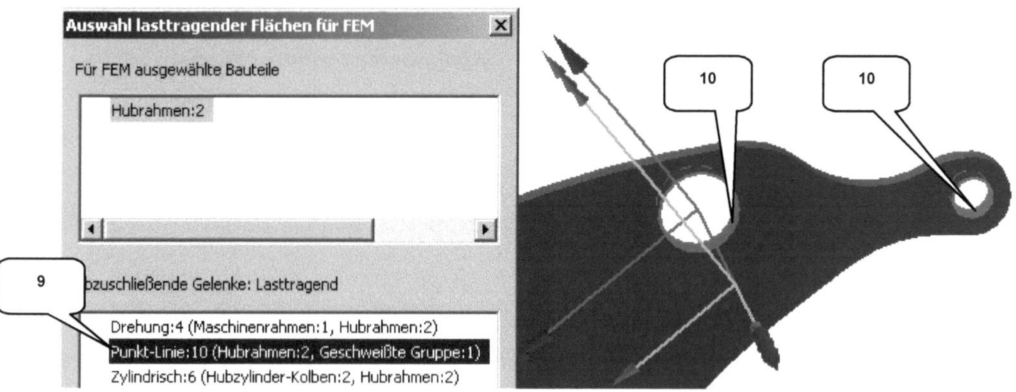

> Aktivieren: Punkt-Linien-Gelenk *Hubrahmen:2, Geschweißte Gruppe:1* (9)
> Auswahl: Markierte Bohrungsflächen am Hubrahmen (10)
> <u>OK</u> *OK*

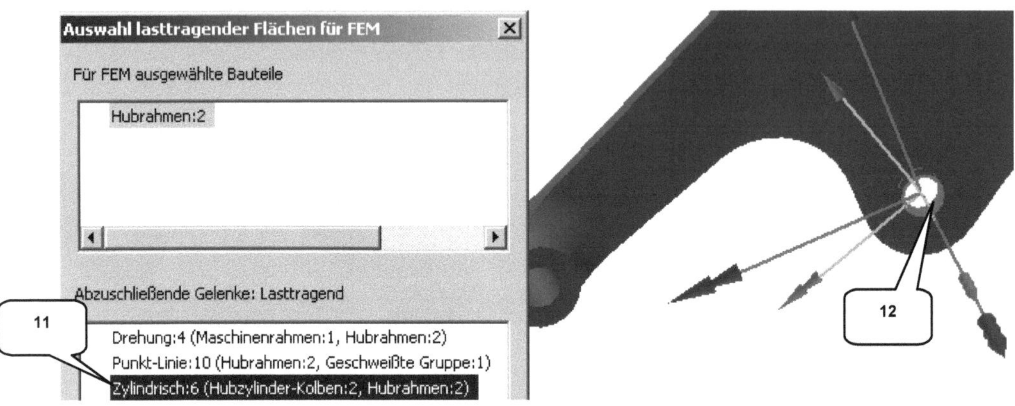

> Aktivieren: Zylindrisches Gelenk *Hubzylinder-Kolben:2, Hubrahmen:2* (11)
> Auswahl: Markierte Bohrungsfläche am Hubrahmen (12)
> OK *OK*

Auch das Ausgabediagramm kann jetzt wieder geschlossen werden. Aktivieren Sie den Konstruktionsmodus und speichern Sie die Baugruppe. Verlassen Sie den Bereich der Dynamischen Simulation und schließen Sie die Baugruppe abschließend

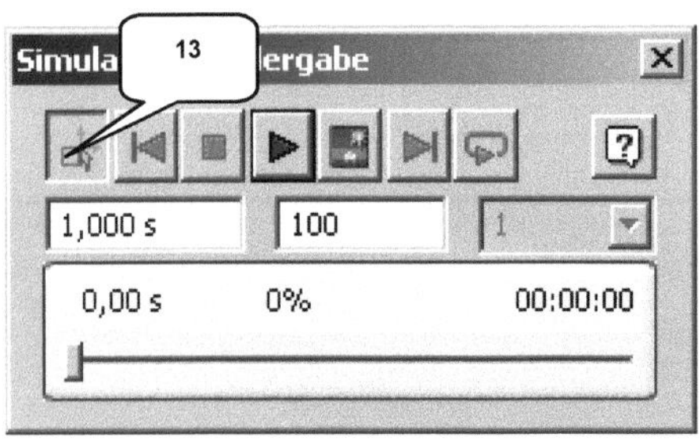

> *Ausgabediagramm schließen*
> *Konstruktionsmodus* (13)

✓ Fertigstellen
💾 Speichern (Baugruppe)
> *Schließen* (Baugruppe)

Wie genau die zuletzt für den Export vorbereiteten Simulationsergebnisse im Bereich der *Belastungsanalyse (FEM)* weiterverarbeitet werden können, wird im Buch:

> *Autodesk® Inventor® - Belastungsanalyse (FEM)*

genauer erläutert. Einen Auszug daraus finden Sie auf den folgenden Seiten dieses Buches.

Der Autor des Buches hofft, dass Sie bei der Arbeit mit dem Programm und dem Übungs-projekt viel Spaß hatten. Der Inhalt des Buches wurde sorgfältig geprüft. Leider können Feh-ler nicht ausgeschlossen werden.

Wenn Ihnen während der Arbeit mit dem Buch Fehler auffallen sollten oder wenn Sie Ideen zur Verbesserung des Inhaltes haben, ist Ihnen der Autor für jeden Hinweis per E-Mail dankbar. Konstruktive Anmerkungen können jederzeit an:

> ***schlieder@cad-trainings.de***

gesendet werden.

Vielen Dank.

Auszug aus dem Inventor-Buch: BELASTUNGSANALYSE

Bauteile und Baugruppen können in Autodesk® Inventor® einer *FEM-Analyse* unterzogen werden. Dort wird ihr strukturmechanisches Verhalten unter Last simuliert, um daraus Rückschlüsse auf kritische Bereiche ziehen zu können, deren Optimierung dann bereits während der Konstruktionsphase möglich ist. Die Studien können zu einem bestimmten Zeitpunkt und mit fest definierten Lasten und Auflagern stattfinden, oder parametrisch unter Verwendung beliebiger Variablen. Auch Analysen der Eigenfrequenzen eines Bauteils sind möglich. Weiterhin können Bauteile einer Topologieoptimierung unterzogen werden. Unter Beachtung aller Lasten und Auflager berechnet das Programm dabei die Möglichkeiten, welche Bereiche eines Bauteils entfernt werden können, ohne die Stabilität des Bauteils wesentlich zu beeinflussen. Somit kann das Konstruktionsprinzip der minimalen Masse konsequent umgesetzt werden.

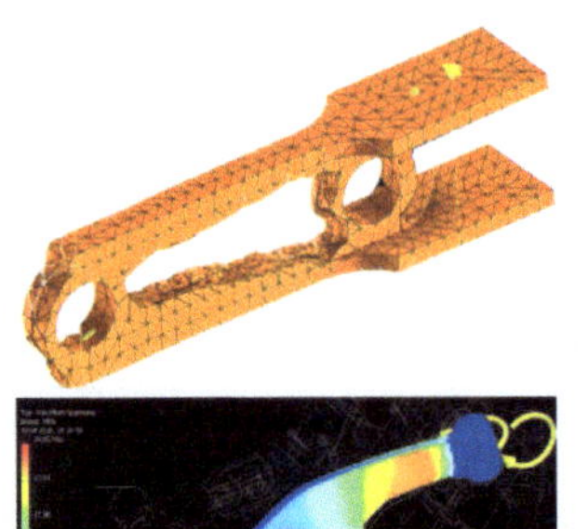

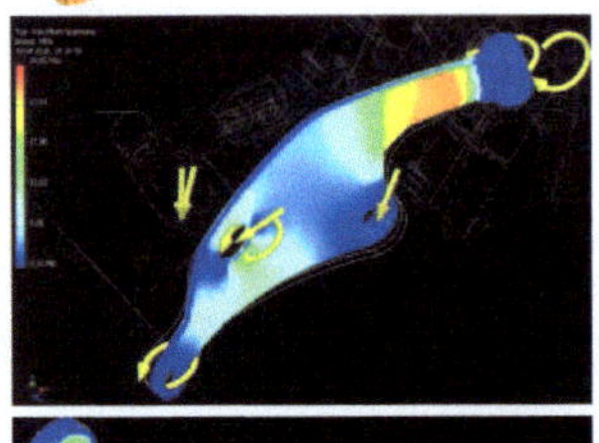

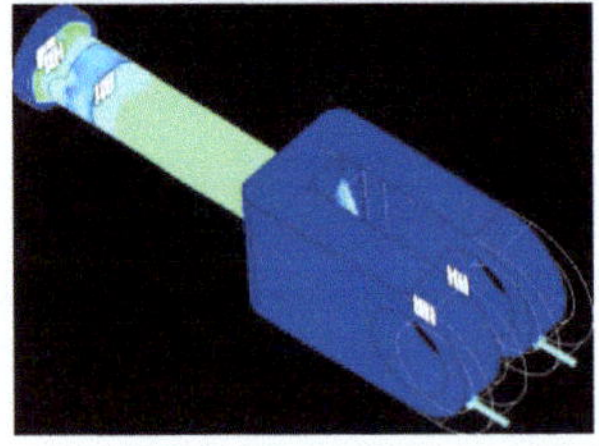

Die folgenden Bereiche werden behandelt:

- Erstellen von Einzelpunkt-Studien, parametrischen Studien und Modalanalysen
- Parameter aus der dynamischen Simulation in den FEM-Bereich übernehmen
- Platzieren und Bearbeiten von Abhängigkeiten, Kräften, Drehmomenten oder Drücken
- Generieren und Verfeinern von FEM-Netzen
- Präzisieren von Bauteiloberflächen
- Besonderheiten der Kontakteigenschaften zwischen Bauteiloberflächen
- Der Umgang mit dünnwandigen Bauteilen
- Erstellen, Animieren und Aufzeichnen von Bauteilverformungen
- Topologische Optimierung von Bauteilen mit dem Formengenerator
- Exportieren der Simulationsergebnisse

Weitere Informationen zu diesem und anderen Büchern erhalten Sie auf der Website:

- ***http://www.cad-trainings.de***

LEICHT VERSTÄNDLICH - KOMPLEXES ÜBUNGSBEISPIEL

Christian Schlieder

Autodesk® Inventor® 2020

BELASTUNGSANALYSE (FEM)

Viele praktische Übungen am
Konstruktionsobjekt
RADLADER

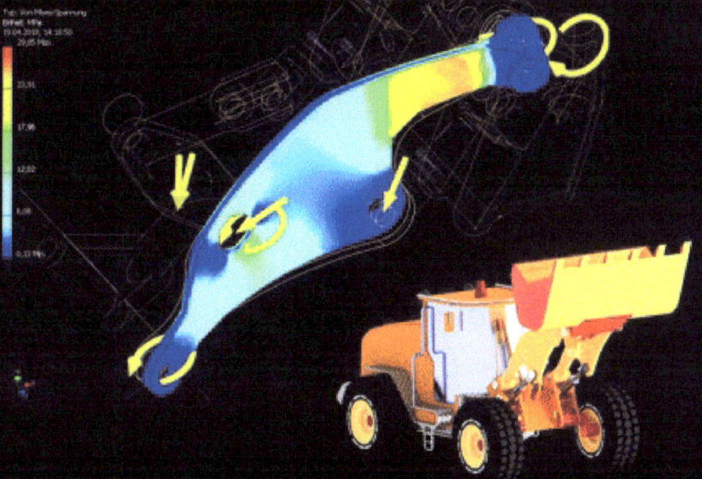

Modalanalysen, Einzelpunkt-Studien, parametrische Studien,
Datenmigration aus der dynamischen Simulation, Platzieren von
Lasten und Auflagern, Erstellen und Bearbeiten von FEM-Netzen,
Präzisieren von Kontaktflächen, Vorbereiten dünnwandiger Teile,
Topologieoptimierung mit dem Formengenerator, Ergebnisexport

INHALTSVERZEICHNIS

- Die Baugruppe im Überblick -

5.4   Die Baugruppe im Überblick

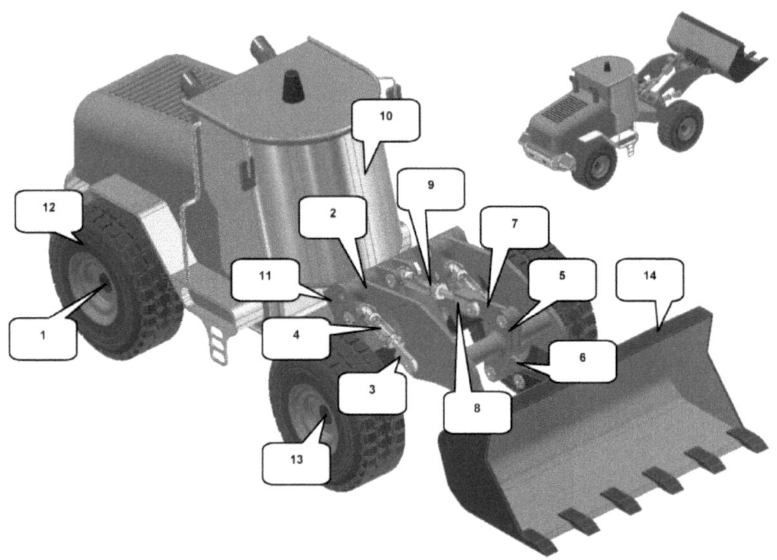

1) Hinterradachse	6) Kippschwinge	11) Maschinenrahmen
2) Hubrahmen	7) Kippzylinder-Fixierung	12) Rad
3) Hubzylinder-Kolben	8) Kippzylinder-Kolben	13) Radbolzen
4) Hubzylinder-Zylinder	9) Kippzylinder-Zylinder	14) Schaufel
5) Kipphebel	10) Maschinengehäuse	

6 Die Umgebung der Belastungsanalyse

6.1 Funktionen der Belastungsanalyse

Weil die Fertigungskosten eines Bauteils erheblich während der Konstruktionsphase beeinflusst werden, sollten bereits hier möglichst viele Varianten eines Bauteils untersucht und miteinander verglichen werden. Die theoretisch ermittelte optimale Variante des Bauteils kann dann anschließend als Prototyp gefertigt werden, um weitere Analysen daran durchzuführen.

Im Bereich der Inventor® Belastungsanalyse können Bauteile und Baugruppen auf ihr Verhalten im Lastfall untersucht werden. Dabei können verschiedene Materialeigenschaften und Konstruktionsvarianten miteinander verglichen werden, lokal ermittelte Bereiche mit höheren Spannungen genauer untersucht und die optimierten Ergebnisse zurück in das Bauteil übertragen werden. Alle Simulationsergebnisse können als Bewegungsablauf animiert und aufgezeichnet, bzw. als Simulationsbericht exportiert werden.

6.2 Arten der Inventor®-Belastungsanalyse

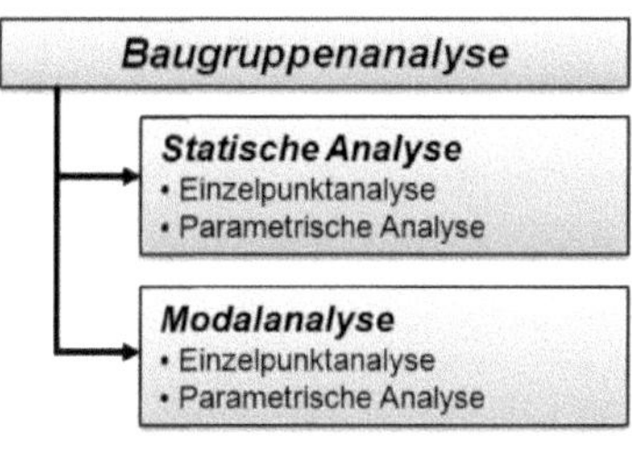

Die Belastungsanalyse ermöglicht grundsätzlich die Studie an Bauteilen und Baugruppen, wobei eine Baugruppenanalyse letztendlich auch auf eine Optimierung ausgewählter Bauteile ausgerichtet ist.

Baugruppen und Bauteile können als:

> *Statische Analyse (Einzelpunkt)*[1]
> *Statische Studie (parametrisch)*[2]
> *Modalanalyse (Einzelpunkt)*[3]
> *Modalanalyse (parametrisch)*[4]

untersucht werden.

Wurden alle konstruktiven Schwachstellen

---

[1] Objektstudie mit fest definierten Randbedingungen.
[2] Objektstudie mit variablen Randbedingungen.
[3] Objektstudie zu den Eigenschwingungen mit fest definierten Randbedingungen.
[4] Objektstudie zu den Eigenschwingungen mit variablen Randbedingungen.

- Grundlegender Aufbau des Analysebereiches -

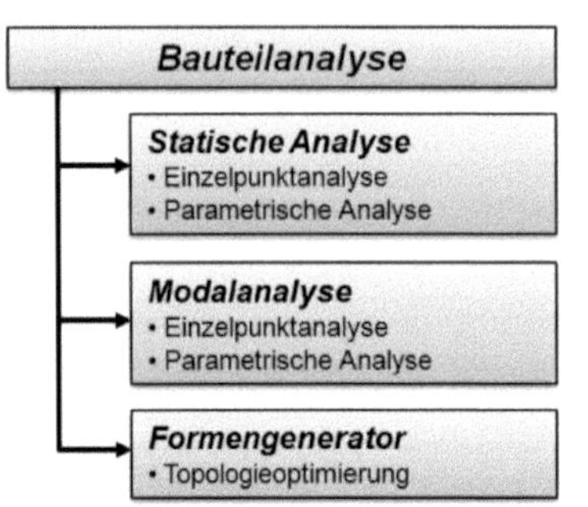

eines Bauteils ermittelt und korrigiert, so kann es weiterhin anhand einer:

> *Topologieoptimierung*[5]

Mit dem Inventor®-Formen Generator gestaltet werden. Hier wird geprüft, inwieweit eine Gewichts- und Massenreduktion möglich ist, ohne die Stabilität des Bauteils kritisch zu beeinflussen.

6.3   Grundlegender Aufbau des Analysebereiches
6.3.1   Baugruppe DYNAMISCHER_RADLADER_VEREINFACHT öffnen

In der folgenden Übung soll das Bauteil *Hubrahmen.ipt* analysiert werden. Es wurde zu diesem Zweck bereits im Bereich der dynamischen Simulation analysiert (siehe Buch Autodesk® Inventor® 2018 - Dynamische Simulation), konfiguriert und für den Export in den Bereich der Belastungsanalyse vorbereitet. Um diese, für das Bauteil bereits definierten Randbedingungen auch in der Umgebung der Belastungsanalyse verfügbar zu machen, muss allerdings die gesamte Baugruppe *Dynamischer_Radlader_vereinfacht.iam* geöffnet werden (würde nur das Bauteil geöffnet werden, wären keine Randbedingungen wie Lasten oder Auflager verfügbar).

An dieser Stelle sollte auch noch einmal geprüft werden, ob das korrekte Projekt geöffnet wurde.

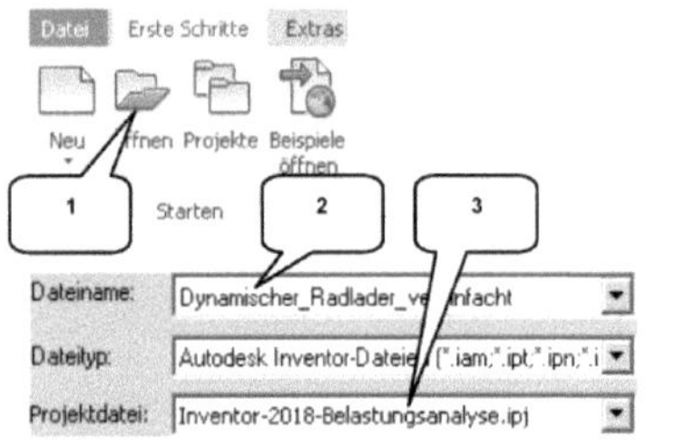

Öffnen (1)
> Order: Projektordner wählen
> Dateiname: Dynamischer_Radlader_vereinfacht (2)
> Dateityp: *.iam
> Überprüfen des Projektes (Inventor-2018-Belastungsanalyse.ipj) (3)
> Öffnen | *Öffnen*

---

[5] Berechnungsverfahren zur Gewichts- und Massenreduktion von Bauteilen unter Beachtung der Randbedingungen.

6.3.2 Befehlsgruppen in der Belastungsanalyse

Im Bereich der **Belastungsanalyse** sollten die **Befehlsgruppen** zuerst auf ihre Vollständigkeit kontrolliert werden.

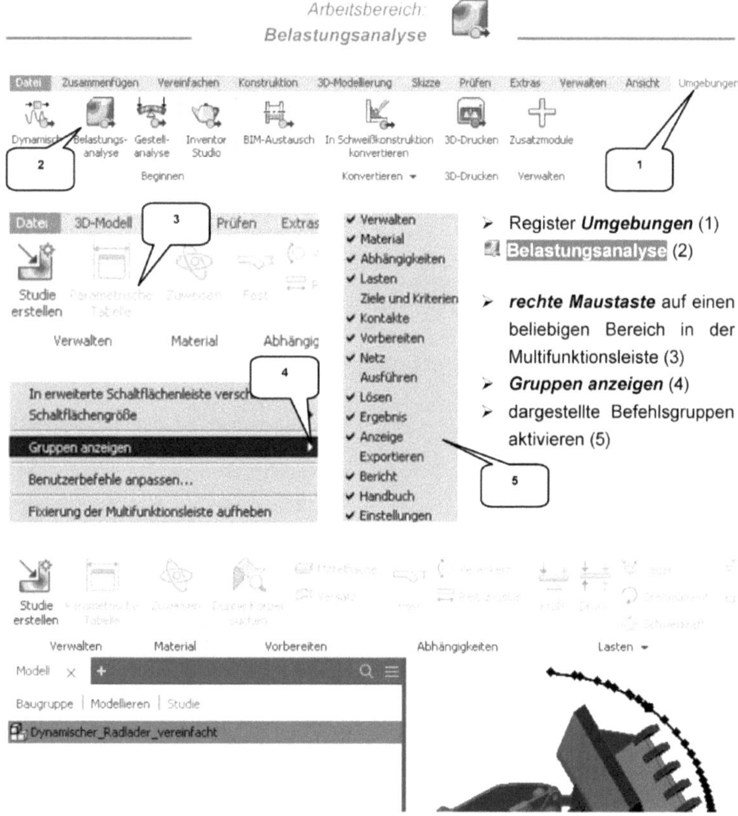

> Register **Umgebungen** (1)
>
> **Belastungsanalyse** (2)
>
> **rechte Maustaste** auf einen beliebigen Bereich in der Multifunktionsleiste (3)
>
> **Gruppen anzeigen** (4)
>
> dargestellte Befehlsgruppen aktivieren (5)

Die folgenden **Befehlsgruppen** finden Sie im Bereich der **Belastungsanalyse**.

- Grundlegender Aufbau des Analysebereiches -

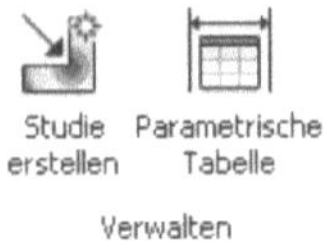

Verwalten

Studie erstellen | Parametrische Tabelle

Verwalten

- ➢ Erstellen von Studien
- ➢ Aktivieren der parametrischen Tabelle

Material

Zuweisen

Material

- ➢ Überschreiben vorhandener Materialien

Abhängigkeiten

Fest | Verankern | Reibungslos

Abhängigkeiten

- ➢ Hinzufügen von Abhängigkeiten (Auflager)

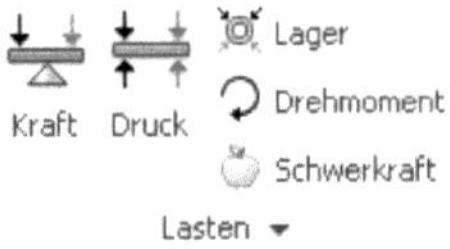

Lasten

Kraft | Druck | Lager | Drehmoment | Schwerkraft

Lasten ▼

- ➢ Hinzufügen von Lasten (Kräfte, Drücke, Drehmomente)

Kontakte

Automatisch | Manuell

Kontakte

- ➢ Spezifizieren von Kontaktflächen zwischen Bauteilen einer Baugruppe

Vorbereiten

Dünne Körper suchen | Mittelfläche | Versatz

Vorbereiten

- ➢ Vereinfachen dünner Bauteile

Netz

Netzansicht

Netz

- ➢ Erstellen und Verfeinern der FEM-Netzstruktur

- Grundlegender Aufbau des Analysebereiches -

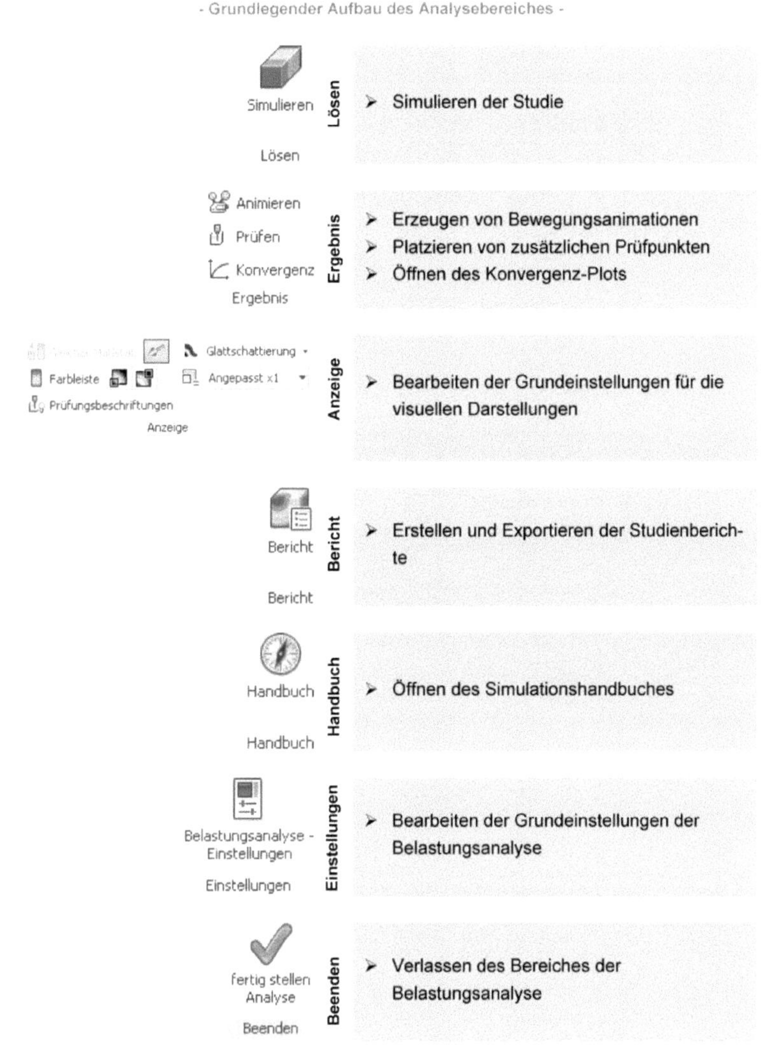

6.3.3   Browser

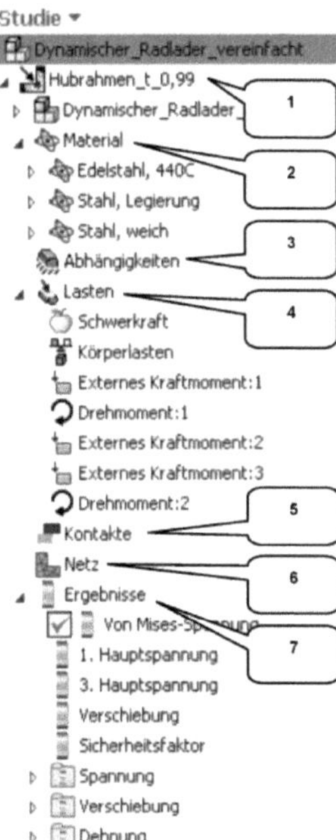

Der **Browser** der Belastungsanalyse spiegelt alle Einga-bewerte und die Ergebnisse einer Simulation wider. Die folgenden **Ordner** können darin vorhanden sein:

➤ **Studie** (1)

Die Studie findet man (nach der Bauteil- bzw. Baugrup-penbezeichnung) an oberster Stelle im Browser. Sie ent-hält die grundlegenden Eigenschaften, wie z. B. Name oder Typ.

➤ **Material** (2)

Im Ordner **Material** werden alle Bauteile einer Baugrup-pe aufgelistet, deren Material überschrieben wurde.

➤ **Abhängigkeiten** (3)

Im Ordner **Abhängigkeiten** werden alle Randbedingun-gen hinterlegt, mit denen die Bauteile befestigt wurden.

➤ **Lasten** (4)

Im Ordner **Lasten** werden alle Belastungen hinterlegt, die auf die Bauteile wirken.

➤ **Kontakte** (5)

Werden Baugruppen analysiert, dann sind im Ordner **Kontakte** alle Kontaktbedingungen zwischen den Bautei-len hinterlegt.

➤ **Netz** (6) und **Ergebnisse** (7)

Die beiden Ordner **Netz** und **Ergebnisse** beinhalten die Netzstruktur und die Berechnungsergebnisse.

7 Studien statisch bestimmter Bauteile

7.1 Randbedingungen definieren

Von **statisch bestimmten Bauteilen** soll in diesem Zusammenhang gesprochen werden, wenn Bauteile innerhalb von Baugruppen bereits im Bereich der dynamischen Simulation analysiert und dort für den Export in den Bereich der Belastungsanalyse vorbereitet wurden.

Einmal davon abgesehen, dass die Aufbereitung einer Baugruppe im Bereich der dynamischen Simulation sehr aufwändig ist, können Bauteile im Bereich der Belastungsanalyse sehr schnell analysiert werden, weil ihnen lediglich noch ein passendes Material zugewiesen werden muss. Denn es müssen weder Abhängigkeiten noch Lasten gesetzt werden, weil das Bauteil bereits aus dem Bereich der dynamischen Simulation heraus durch verschiedene Kräfte und Momente vollständig statisch bestimmt präsentiert wird.

Eine solche Bestimmung der Kräfteverhältnisse im Bereich der dynamischen Simulation ist auch äußerst präzise. D.h. die Berechnungsergebnisse werden immer wesentlich genauer sein, als würden alle Lasten und Auflager erst im Bereich der Belastungsanalyse definiert werden.

7.1.1 Grundlagen: Neue Studie erstellen

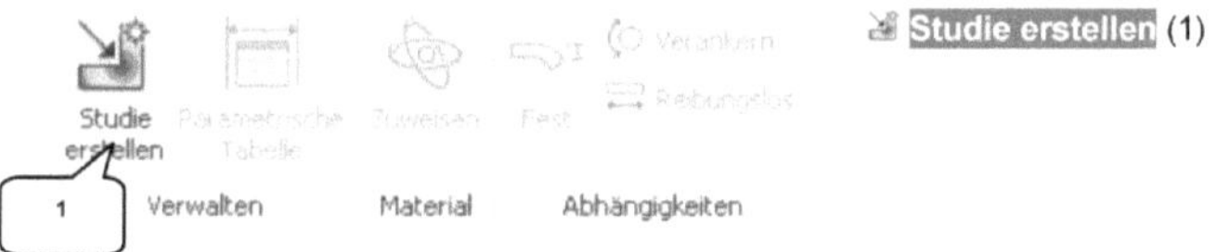

Mit dem Erstellen einer **neuen Studie** wird die grundlegende Richtung der Analyse festgelegt. D.h. auf welche Eigenschaften ein Bauteil bzw. einer Baugruppe eigentlich untersucht werden soll.

Studienbezeichnung und **Konstruktionsziel** werden zuerst definiert. Weiterhin sind der **Studientyp**, bei Baugruppen die **Kontakteigenschaften** und gegebenenfalls weitere Einstellungen im **Modellzustand** festgelegt.

Die Eigenschaften einer Studie können jederzeit wieder geändert und bearbeitet werden indem mit der **rechten Maustaste** im Browser auf die Studie geklickt und die Option **Studieneigenschaften bearbeiten** des Kontextmenüs gewählt wird.

7.1.2   Einzelpunkt-Studie erstellen

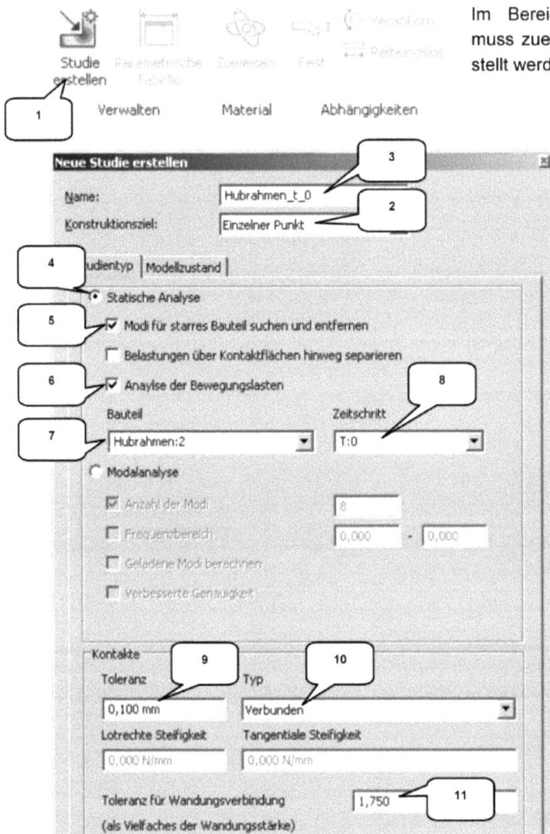

Im Bereich der Belastungsanalyse muss zuerst eine neue ⚙ **Studie** erstellt werden.

Als **Konstruktionsziel** kann die Option **Einzelner Punkt** übernommen werden und als Bezeichnung **Hubrahmen_t_0**. Weiterhin soll eine **statische Analyse** des Bauteils erfolgen, wobei zusätzlich die Option **Modi für starres Bauteil suchen und entfernen**[6] zu aktivieren ist. Um einen bestimmten Zeitpunkt der Analyse auswählen zu können, der bereits im Bereich der dynamischen Simulation vorbereitet wurde, müssen zusätzlich die Option **Analyse der Bewegungslasten** aktiviert, das Bauteil **Hubrahmen:2** ausgewählt und der **Zeitschritt T:0** festgelegt werden. Die Einstellungen im Bereich **Kontakte** sind ebenfalls zu prüfen.

---

[6] Die Option „Modi für starres Bauteil suchen und entfernen" hilft dem Programm, statisch nicht einwandfrei definierte Randbedingungen um fehlende Abhängigkeiten zu ergänzen und somit überflüssige Freiheitsgrade zu eliminieren. Das verhindert unnötige Fehlermeldungen und minimiert die benötigte Rechenkapazität.

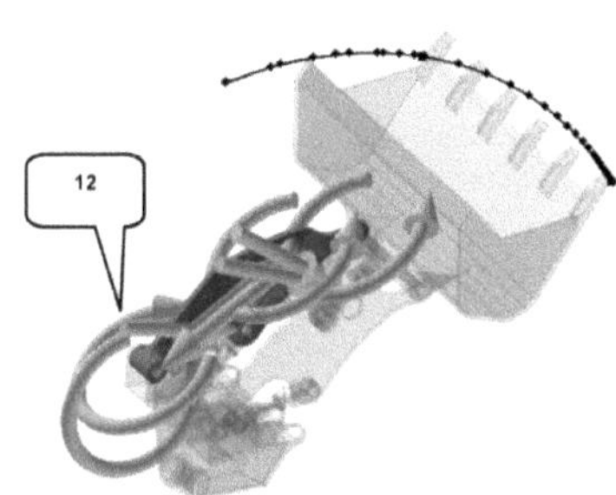

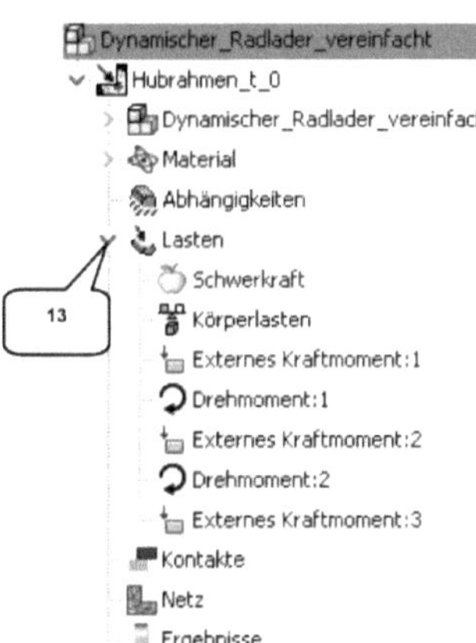

Studie erstellen (1)

- ➤ Konstruktionsziel: Einzelner Punkt (2)
- ➤ Name: Hubrahmen_t_0 (3)
- ➤ Studientyp: Statische Analyse (4)
- ➤ Aktivieren: Modi für starres Bauteil ... (5)
- ➤ Aktivieren: Analyse für Bewegungslast. (6)
- ➤ Bauteil: Hubrahmen:2 (7)
- ➤ Zeitschritt: T:0 (8)
- ➤ Toleranz: 0,1 mm (9)
- ➤ Typ: Verbunden (10)
- ➤ Toleranz für Wandungsverb.: 1,75 (11)
- ➤ *OK* **OK**

Wurde die Studie erstellt so aktiviert das Programm auch die restlichen Befehle. Außerdem wird die Darstellung der Baugruppe verändert: Das zu analysierende Bauteil wird farblich dargestellt und alle zum Simulationszeitpunkt wirkenden Lasten werden mit gelben Pfeilen (12) symbolisiert.

Wird im Browser der Ordner *Lasten* (13) erweitert, so findet man darin alle Kräfte und Momente. Sie wurden bereits im Bereich der dynamischen Simulation ermittelt ($\sum F_{x,y,z}=0$; $\sum M_{x,y,z}=0$) und in den Bereich der Belastungsanalyse übertragen.

7.1.3 Grundlagen: Handbuch

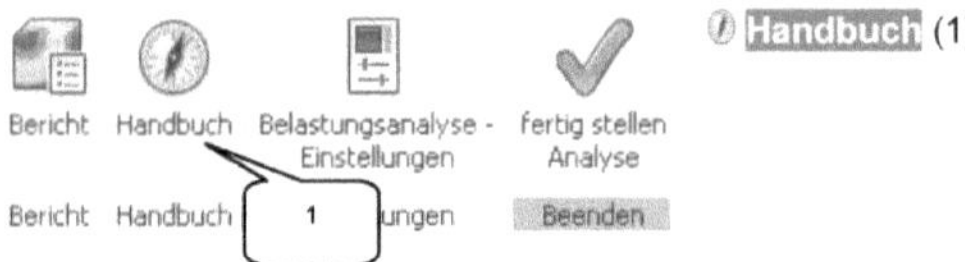

Handbuch (1)

Startet man den Befehl *Handbuch* so wird der Browser geöffnet. Hier kann zwischen zwei verschiedenen Optionen auswählt werden:

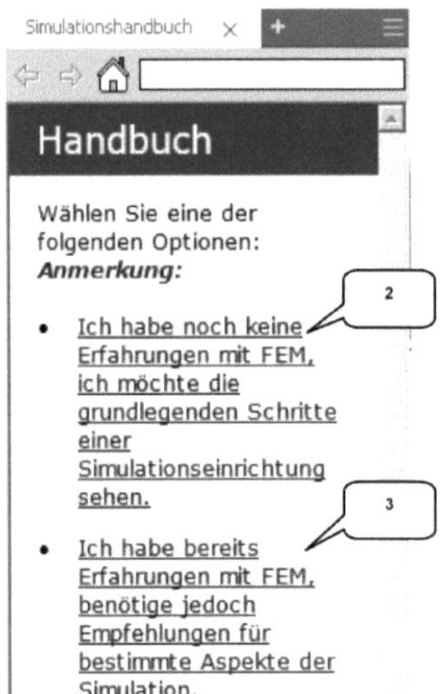

1) *Ich habe noch keine Erfahrungen mit FEM...* (2) öffnet im Browser einen FEM-Grundlagenbereich, worin grundlegende Schritte zum Einrichten und Ausfüllen einer FEM-Analyse erklärt werden. Hierbei geht es z. B. um das Erstellen einer Simulation, das Zuweisen von Materialien oder das Definieren von Abhängigkeiten bis hin zur eigentlichen Simulation.

2) *Ich habe bereits Erfahrungen mit FEM...* (3) wird im Browser einen erweiterten Auswahlbereich öffnen. Hier können weiterführende Handbücher zu den Bereichen: Belastungen, Abhängigkeiten, Kontakte, Netzdarstellung und der Auswertung der Berechnungsergebnisse geöffnet werden.

7.1.4 Grundlagen: Belastungsanalyse-Einstellungen

Der Befehl *Belastungsanalyse - Einstellungen* ermöglicht die Definition der (wie der Name schon sagt) grundlegenden Einstellungen für den Bereich der Belastungsanalyse.

Im Register *Allgemein* (2) werden die Standardvorgaben des *Studientyps* (statische Analyse oder Modalanalyse) (3), des *Vorgabeziels* (Einzelpunktanalyse oder parametrische Analyse) (4) ausgewählt, sowie Vorgaben zur Behandlung von *Kontaktflächen* (5) für die Analyse von Baugruppen definieren.

Im Register *Berechnung* (6) werden die Randbedingungen der Berechnungseigenschaften festgelegt. Die *maximale Anzahl der H-Verfeinerungen* (7) kann zwischen 0 und 5 variieren (0 entspricht einem geringen Grad der Verfeinerung - also sehr großen Netzelementen - und 5 entspricht einem sehr hohen Grad der Verfeinerung - also einem sehr feinen Netz).

- Randbedingungen definieren -

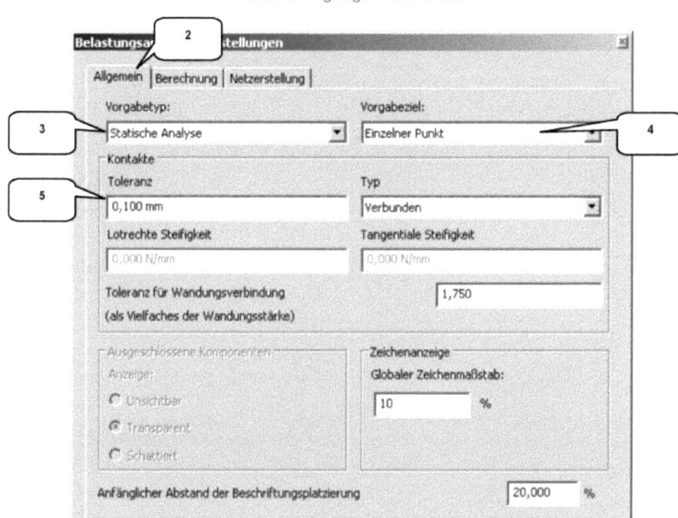

Die Berechnungen werden anhand des vorgegebenen H-Wertes solange verfeinert, bis die **Stopp-Bedingung** (8) erfüllt wurde. Sie wird als Prozentangabe (von 0...100%) hinterlegt und beeinflusst ebenfalls die Genauigkeit der Rechenergebnisse.

Eine weitere Option der Beeinflussung der Berechnungsgenauigkeit ist die Definition des **Schwellenwerts für H-Verfeinerungen** (9). Er definiert die Häufigkeit der Verfeinerungen lokaler Bereiche. Dieser Wert kann zwischen 0 und 1 festgelegt werden, wobei 0 einer maximalen Verfeinerung (viele Bereiche mit erhöhter lokaler Netzdichte) und 1 wenigen Verfeinerungen (wenige Bereiche mit erhöhter lokaler Netzdichte) entspricht. Der Standardwert liegt bei 0,75.

Im Register **Netzerstellung** (10) werden die geometrischen Vorgaben für die Erstellung der einzelnen Netzelemente festgelegt: Je kleiner die Elementgrößen definiert werden, desto genauer sind zwar die Berechnungsergebnisse, desto höher ist allerdings auch der Rechen- und damit verbundene Zeitaufwand.

- Randbedingungen definieren -

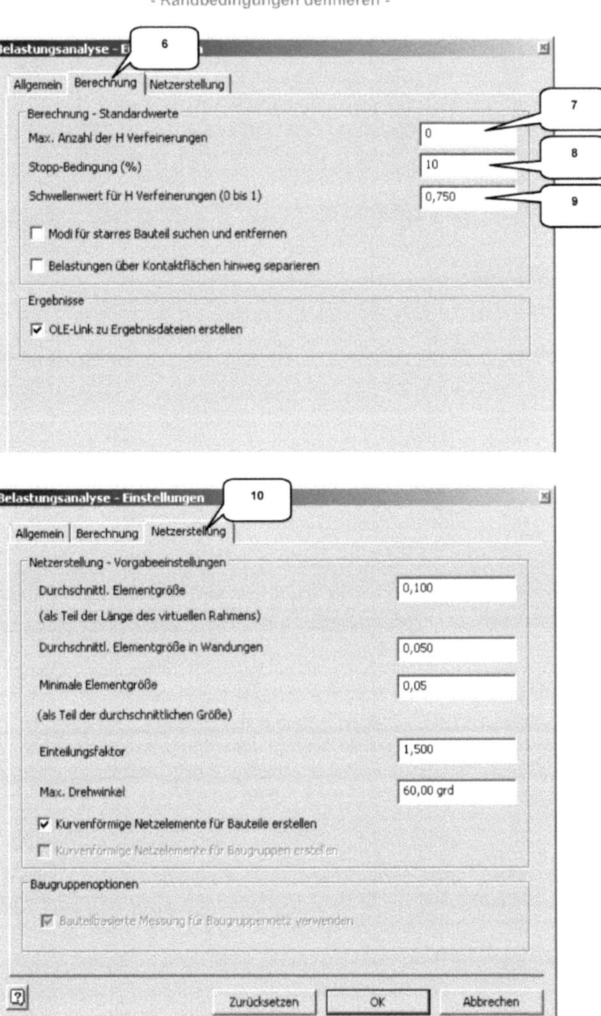

7.1.6 Materialien zuweisen

Zunächst sollten die **Materialien** überprüft werden.

Materialien zuweisen (1)

Im geöffneten Befehlsfenster werden jetzt alle Bauteile der Baugruppe aufgelistet. Auch
wenn letztendlich nur ein einziges Bauteil einer Studie unterzogen werden soll, müssen
dennoch alle Bauteile mit einem gültigen Material versehen werden.

Die ① **Hinweis-Symbole** in der Spalte **Originalmaterial** weisen darauf hin, dass derzeit
keine gültigen Materialien vorhanden sind: jedes Bauteilmaterial muss also überschrieben
werden. Hierfür ist mit der linken Maustaste auf die entsprechende Zelle zu klicken und das
jeweilige Material aus dem Menü auszuwählen.

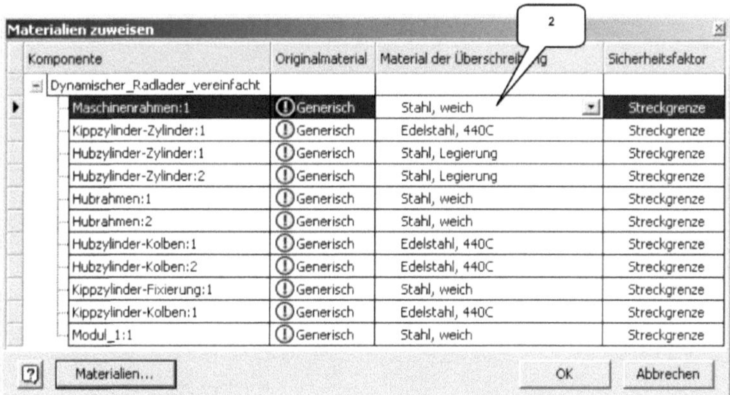

Komponente	Originalmaterial	Material der Überschreibung	Sicherheitsfaktor
Dynamischer_Radlader_vereinfacht			
Maschinenrahmen:1	①Generisch	Stahl, weich	Streckgrenze
Kippzylinder-Zylinder:1	①Generisch	Edelstahl, 440C	Streckgrenze
Hubzylinder-Zylinder:1	①Generisch	Stahl, Legierung	Streckgrenze
Hubzylinder-Zylinder:2	①Generisch	Stahl, Legierung	Streckgrenze
Hubrahmen:1	①Generisch	Stahl, weich	Streckgrenze
Hubrahmen:2	①Generisch	Stahl, weich	Streckgrenze
Hubzylinder-Kolben:1	①Generisch	Edelstahl, 440C	Streckgrenze
Hubzylinder-Kolben:2	①Generisch	Edelstahl, 440C	Streckgrenze
Kippzylinder-Fixierung:1	①Generisch	Stahl, weich	Streckgrenze
Kippzylinder-Kolben:1	①Generisch	Edelstahl, 440C	Streckgrenze
Modul_1:1	①Generisch	Stahl, weich	Streckgrenze

Materialien...   OK   Abbrechen

> Markierte Zelle anklicken (2)
> Material: Stahl, weich
> Spalte **Material der Überschreibung** komplett übernehmen wie dargestellt
> OK **OK**

7.2 Durchführen der Simulation
7.2.1 Grundlagen: Simulieren

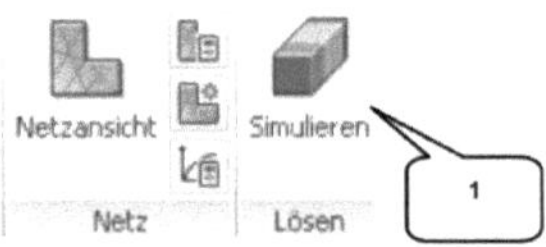

Simulieren (1)

Der Befehl **Simulieren** startet die Berechnung des Programms anhand der vorgegebenen Lasten und Auflager.

Bei einer Einzelpunktstudie wird im gleichnamigen Befehlsfenster automatisch die Option **Nur aktueller Konfigurationssatz** (2) aktiviert (die Simulation erfolgt dann anhand festgelegter Parameter). Bei parametrischen Studien stehen weiterhin die Optionen **Kompletter Konfigurationssatz** (3) (alle Parameterkombinationen werden berechnet) und **Intelligenter Konfigurationssatz** (4) (die Basiskonfiguration und der Rest wird interpoliert) zur Verfügung.

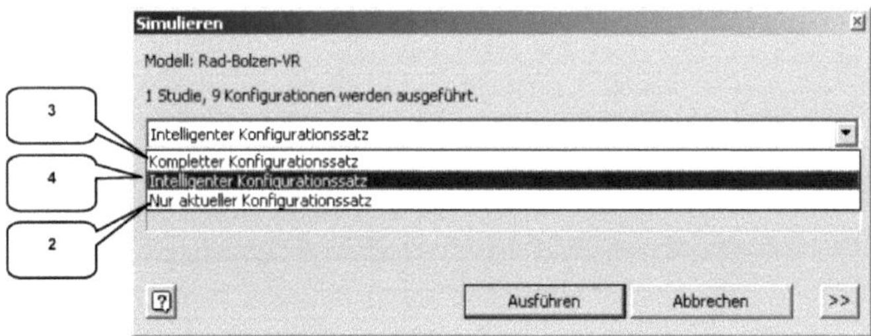

7.2.2 Simulation ausführen

Nachdem die Materialien zugeordnet wurden, kann die Simulation bereits gestartet werden.

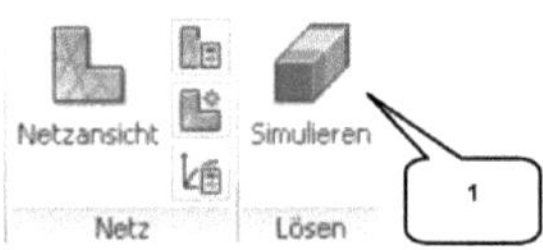

Simulieren (1)
>  **Ausführen**

7.3   Ergebnisanalyse

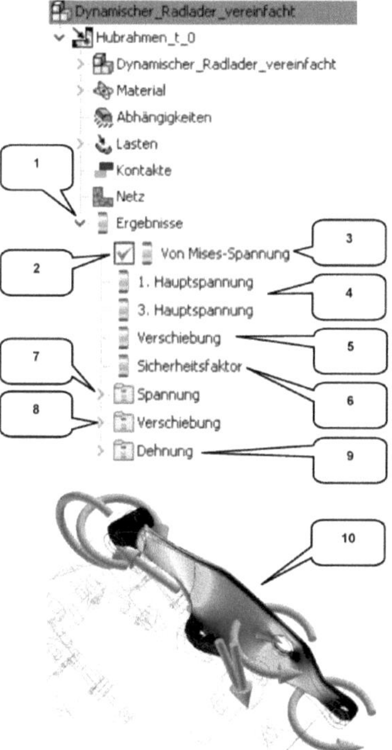

Nachdem die Simulation vollständig durchgeführt wurde kann im Browser der Ordner ***Ergebnisse*** (1) erweitert werden. Er enthält alle Berechnungsergebnisse einer Simulation, welche per Doppelklick darauf aktiviert werden können. Welches der Ergebnisse aktuell aktiviert ist, wird durch das ☑ ***Haken-Symbol*** gekennzeichnet (2).

Außer bei Modalanalysen werden nach einer Simulation automatisch die Ergebnisse der ***Von Mises-Spannung***[7] (3) (auch Vergleichsspannung bzw. Gestaltänderungshypothese) im Browser aktiviert und im Zeichenbereich dargestellt.

Weiterhin können die ***1.*** und ***3. Hauptspannung*** (4), die ***Verschiebung*** (5) (Verformung) und der ***Sicherheitsfaktor*** (6) angezeigt werden.

Im unteren Bereich des Browsers findet man außerdem die drei Ordner ***Spannung*** (7), ***Verschiebung*** (8) und ***Dehnung*** (9). Sie beinhalten die verschiedenen Normal- und Schub- und Tangentialspannungen.

HINWEIS: Sollte das Bauteil (10) nach der Simulation lediglich ***grau*** und nicht ***farblich*** dargestellt werden, so muss die entsprechende Grundeinstellung überprüft werden: Hierfür ist im Register ***Ansicht*** des Programms zu kontrollieren, ob in der Befehlsgruppe ***Darstellung*** die Option ***Texturen*** aktiviert ist.

---

[7] Die Von Mises-Spannung (nach Richard Edler von Mises) ist die am häufigsten verwendete Methode zur Berechnung von Belastungszuständen in Bauteilen.

- Ergebnisanalyse -

7.3.1   Kräfte und Momente

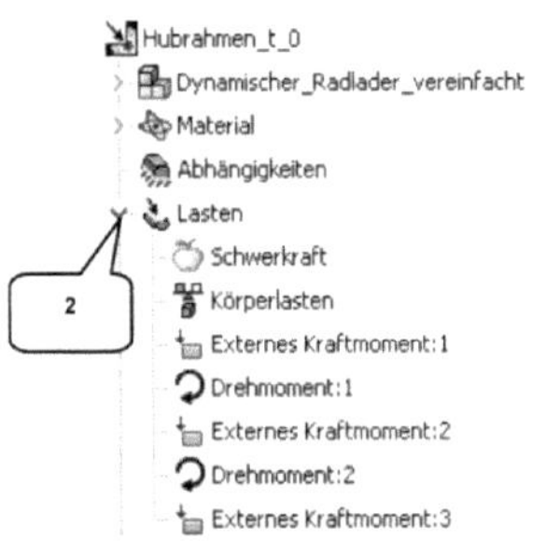

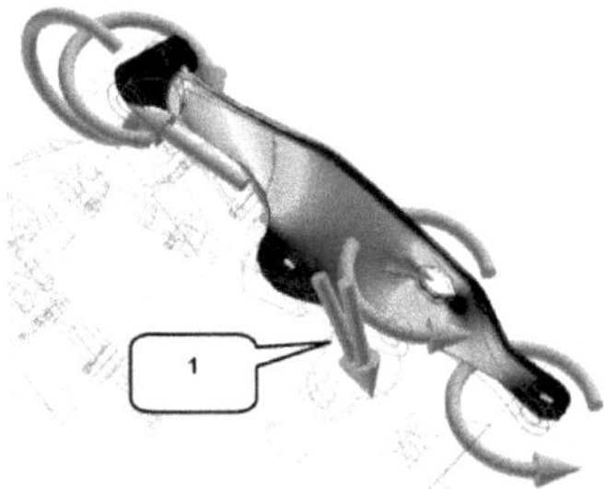

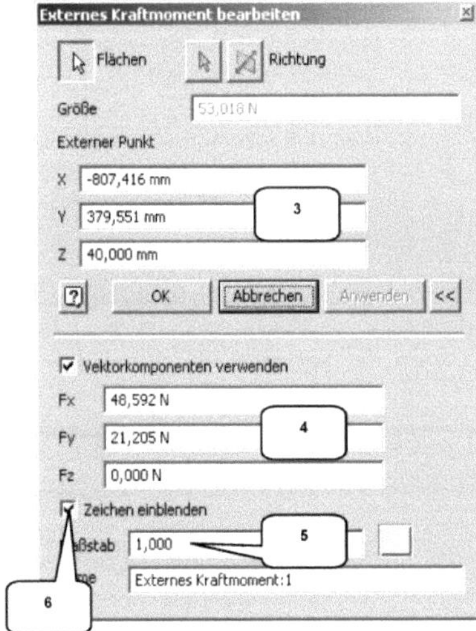

Betrachtet man den Arbeitsbereich des Programms, so ist zu erkennen, dass alle zum Zeitpunkt der Simulation auf das Bauteil **Hubrahmen** wirkenden Lasten durch verschiedene **Pfeile** (1) dargestellt werden, deren rein symbolische Darstellung nicht aussagekräftig ist.

Ihre genaue Größe, Position und Wirkrichtung kann nur bestimmt werden, wenn im Browser der Ordner **Lasten** (2) erweitert und die entsprechende Kraft oder das entsprechende Drehmoment bearbeitet wird (**rechte Maustaste > Bearbeiten**). Im Befehlsfenster können dann der theoretisch berechnete Kraftangriffspunkt (3) und die einzelnen Kraftvektoren (4) entnommen werden.

Sollten die symbolisch dargestellten Kraftvektoren den Blick auf das Bauteil zu sehr verdecken, können die Pfeile entweder im Fenster über den Faktor **Maßstab** (5) verkleinert, oder generell ausgeblendet werden (6).

7.3.2   Grundlagen: Begrenzungsbedingungen

Sollen nicht nur ein symbolischer Kraftvektor, sondern alle Lasten- und Auflagerbedingungen zeitgleich ausgeblendet werden, so können die **Begrenzungsbedingungen** deaktiviert werden.

7.3.3   Begrenzungsbedingungen deaktivieren

Die **Begrenzungsbedingungen** sind zu deaktivieren.

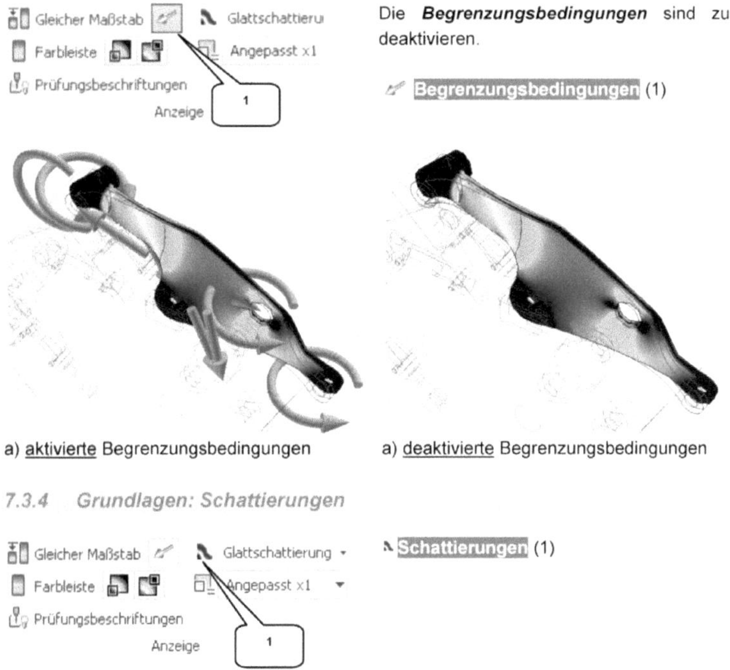

a) <u>aktivierte</u> Begrenzungsbedingungen   a) <u>deaktivierte</u> Begrenzungsbedingungen

7.3.4   Grundlagen: Schattierungen

Wurde eine Simulation erfolgreich ausgeführt, so werden die Berechnungsergebnisse auch im Bauteil/ in der Baugruppe selbst farblich dargestellt. Das Farbspektrum reicht dabei von Blau (geringe Werte) bis rot (erhöhte Werte).

Eine *Farbleiste* (2) zeigt passend zum Farbverlauf die ermittelten Berechnungsergebnisse an. Die *Farbübergänge* auf dem Bauteil selbst können in drei verschiedenen Optionen dargestellt werden:

> ➤ Option: *Glattschattierung* (mit weichen Farbübergängen) (3)
> ➤ Option: *Konturschatten* (mit harten Farbübergängen) (4)
> ➤ Option: *Keine Schattierung* (einfarbig) (5)

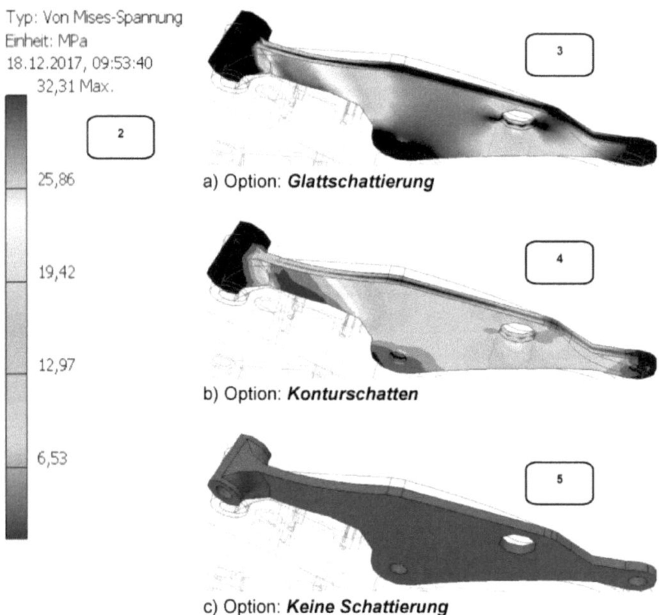

a) Option: *Glattschattierung*

b) Option: *Konturschatten*

c) Option: *Keine Schattierung*

- Ergebnisanalyse -

7.3.5 Grundlagen: Farbleisteneinstellungen

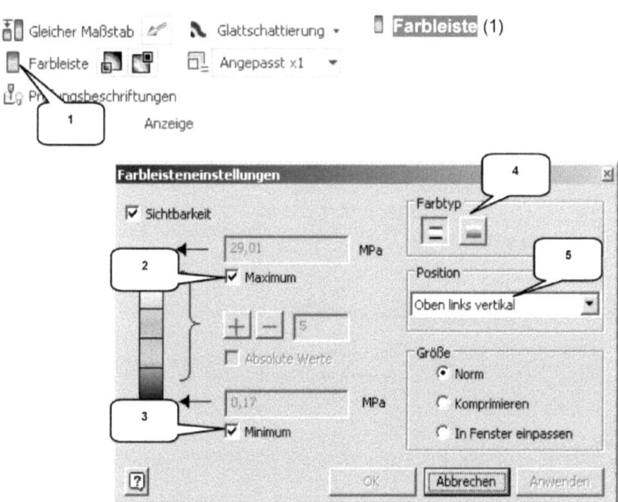

Nach Befehlsstart öffnet sich das Fenster **Farbleisteneinstellungen**. Hier können u. a. der **Maximal**- (2) und der **Minimalwert** (3) begrenzt (Einschränken der Farbverlauf-Bandbreite), der **Farbtyp** von farbig auf schwarz-weiß geändert (4) oder die **Positionierung** der Farbleiste (5) eingestellt werden.

7.3.6 Grundlagen: Gleicher Maßstab

Die Option **Gleicher Maßstab** wird z. B. bei der parametrischen Untersuchung von Bauteilen aktiviert. Die Farbleiste bezieht sich dann nicht mehr auf einzelne Ergebniswerte, sondern richtet sich nach den maximalen und minimalen Ergebnissen parametrischer Sätze.

- Ergebnisanalyse -

7.3.7 Grundlagen: Verschiebungsanzeige

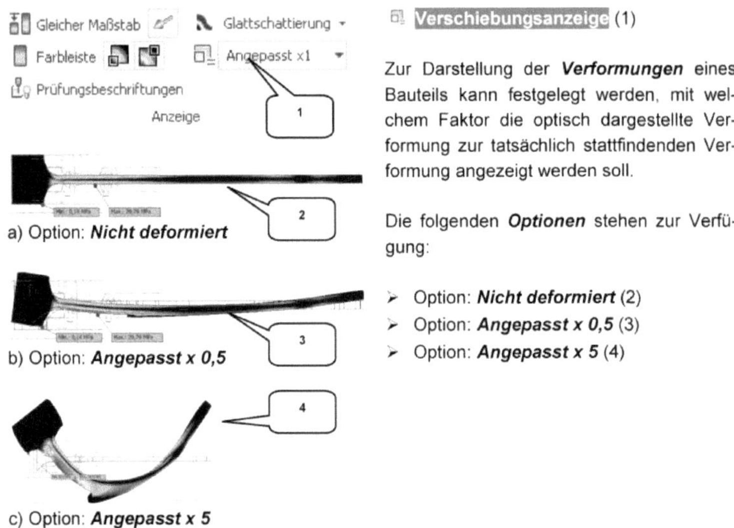

Verschiebungsanzeige (1)

Zur Darstellung der *Verformungen* eines Bauteils kann festgelegt werden, mit welchem Faktor die optisch dargestellte Verformung zur tatsächlich stattfindenden Verformung angezeigt werden soll.

Die folgenden *Optionen* stehen zur Verfügung:

> Option: *Nicht deformiert* (2)
> Option: *Angepasst x 0,5* (3)
> Option: *Angepasst x 5* (4)

7.3.8 Grundlagen: Maximal- und Minimalwertdarstellungen

Bei der *Maximalwertdarstellung* kennzeichnet das Programm den Bereich des berechneten Maximalwertes, je nachdem welches Ergebnis im Browser aktiviert wurde (z. B. Spannung oder Verschiebung). Bei der *Minimalwertdarstellung* kennzeichnet das Programm den kleinsten Wert.

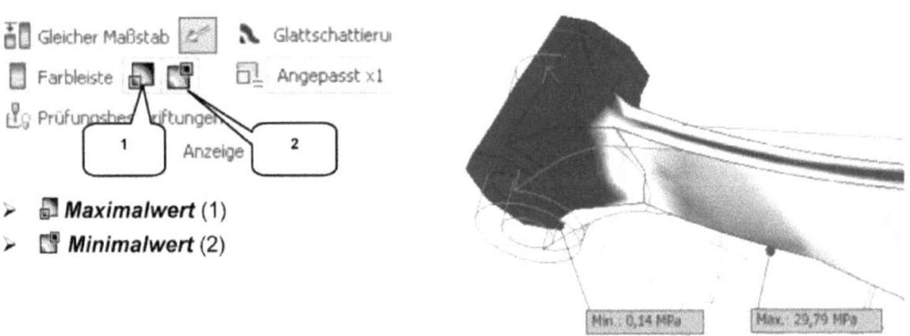

> **Maximalwert** (1)
> **Minimalwert** (2)

- Ergebnisanalyse -

7.3.9 Maximalwert der Von Mises-Spannung lokalisieren

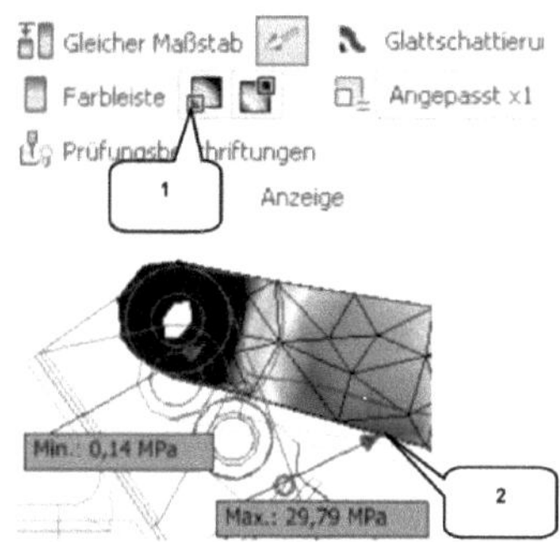

Der Bereich des Maximalwertes der Von Mises-Spannung soll jetzt lokalisiert werden, wofür die entsprechende Option zu aktivieren ist.

➤ Aktivieren: **Maximalwert** (1)

Im aktuellen Beispiel wurde der Maximalwert der Von Mises-Spannung an der Position (2) mit ca. **30 MPa**[8] ermittelt.

7.3.10 Grundlagen: Netzeinstellungen und Netzansicht

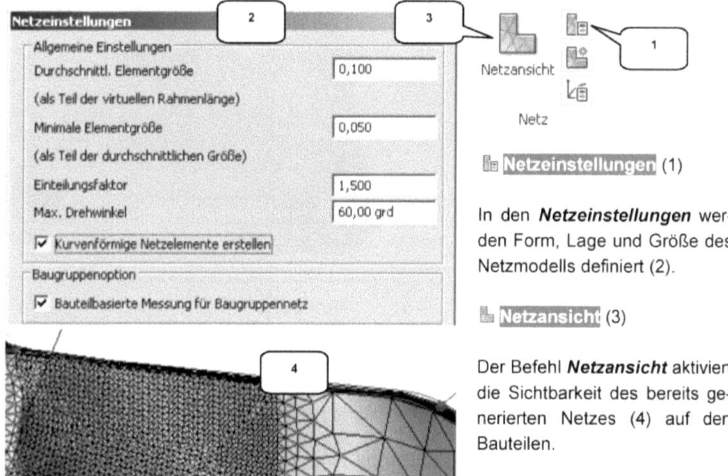

Netzeinstellungen (1)

In den **Netzeinstellungen** werden Form, Lage und Größe des Netzmodells definiert (2).

Netzansicht (3)

Der Befehl **Netzansicht** aktiviert die Sichtbarkeit des bereits generierten Netzes (4) auf den Bauteilen.

---

[8] Position und Größe von Maximal- und Minimalwert können stark variieren. Je höher der eingestellte Grad der Netzverfeinerung desto höher auch die jeweiligen Maximalwert. Die vom Programm ermittelten Maximalwerte sollten also immer in Relation zur definierten Netzverfeinerung betrachtet werden und können nicht unbearbeitet in weiterführende Berechnungen übernommen werden.

7.3.11 Netzdarstellung aktivieren

Die allgemeinen Netzeinstellungen müssen nicht erneut überprüft werden, da diese bereits in den ***Belastungsanalyse-Einstellungen*** (vorangegangenes Kapitel) definiert wurden. Darauf basierend hat das Programm bereits ein Netz erstellt, welches nur noch mittels Befehl **Netzansicht** (1) aktiviert werden muss. Betrachtet man das Netz genauer, so ist zu erkennen, dass das Netz bei großen Oberflächen relativ grob und bei kleineren Oberflächen (wie z. B. Rundungen oder in der Nähe von Kanten und Bohrungen) etwas feiner generiert wurde. Das Programm entscheidet hier allein anhand der geometrischen Form eines bestimmten Bereiches, bzw. der lokalen Größe einer Oberfläche.

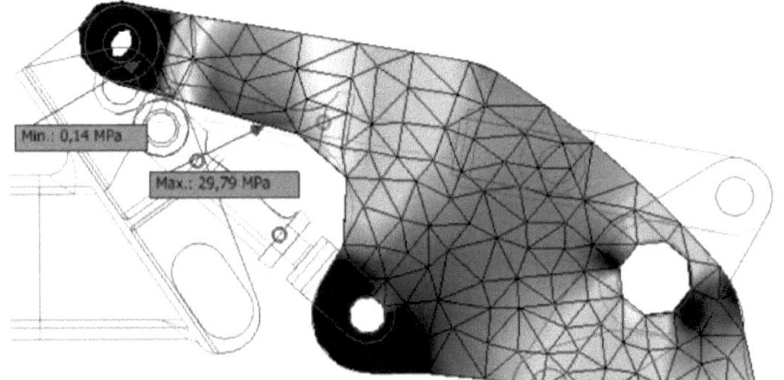

Wie auch in diesem Beispiel ist es allerdings nicht so, dass sehr stark beanspruchte Bauteilbereiche vom Programm automatisch erkannt und dort mit einem feineren Netz versehen werden da lediglich die Bauteilgeometrie dabei eine Rolle spielt. Genau diese Bereiche sind es allerdings, die speziell betrachtet werden müssen und daher auch mit einem feineren Netz zu versehen sind. Leider bietet das Programm keine Möglichkeit, bestimmte Teilbereiche einer gesamten Fläche zu verfeinern. Das ist nur an Bauteilecken und -kanten möglich. Lokal begrenzte Netzverfeinerungen von Flächenbereichen innerhalb einer großen Fläche können ausschließlich dann vorgenommen werden, wenn die Bauteiloberflächen vorab im Modellbereich dafür vorbereitet wurden. Hierfür muss der Bereich der Belastungsanalyse vorerst wieder verlassen werden.

 **Fertigstellen** (2)

#

A

B

O

P

R

S